CHANYE ZHUANLI FENXI BAOGAO

产业专利分析报告

（第78册）——低轨卫星通信技术

国家知识产权局学术委员会◎组织编写

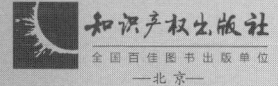
知识产权出版社
全国百佳图书出版单位
—北京—

图书在版编目（CIP）数据

产业专利分析报告.第78册，低轨卫星通信技术/国家知识产权局学术委员会组织编写.—北京：知识产权出版社，2020.6

ISBN 978-7-5130-6929-8

Ⅰ.①产… Ⅱ.①国… Ⅲ.①专利—研究报告—世界 ②低轨道—卫星通信—专利—研究报告—世界 Ⅳ.①G306.71②TN927

中国版本图书馆 CIP 数据核字（2020）第 081731 号

内容提要

本书是低轨卫星通信行业的专利分析报告。报告从该行业的专利（国内、国外）申请、授权、申请人的已有专利状态、其他先进国家和地区的专利状况、同领域领先企业的专利壁垒等方面入手，充分结合相关数据，展开分析，并得出分析结果。本书是了解该行业技术发展现状并预测未来走向，帮助企业做好专利预警的必备工具书。

责任编辑：卢海鹰　王玉茂	责任校对：王　岩
封面设计：博华创意·张冀	责任印制：刘译文

产业专利分析报告（第78册）
——低轨卫星通信技术
国家知识产权局学术委员会　组织编写

出版发行：知识产权出版社有限责任公司	网　　址：http://www.ipph.cn
社　　址：北京市海淀区气象路50号院	邮　　编：100081
责编电话：010-82000860 转 8541	责编邮箱：wangyumao@cnipr.com
发行电话：010-82000860 转 8101/8102	发行传真：010-82000893/82005070/82000270
印　　刷：天津嘉恒印务有限公司	经　　销：各大网上书店、新华书店及相关专业书店
开　　本：787mm×1092mm　1/16	印　　张：14.5
版　　次：2020年6月第1版	印　　次：2020年6月第1次印刷
字　　数：312千字	定　　价：70.00元
ISBN 978-7-5130-6929-8	

出版权专有　侵权必究
如有印装质量问题，本社负责调换。

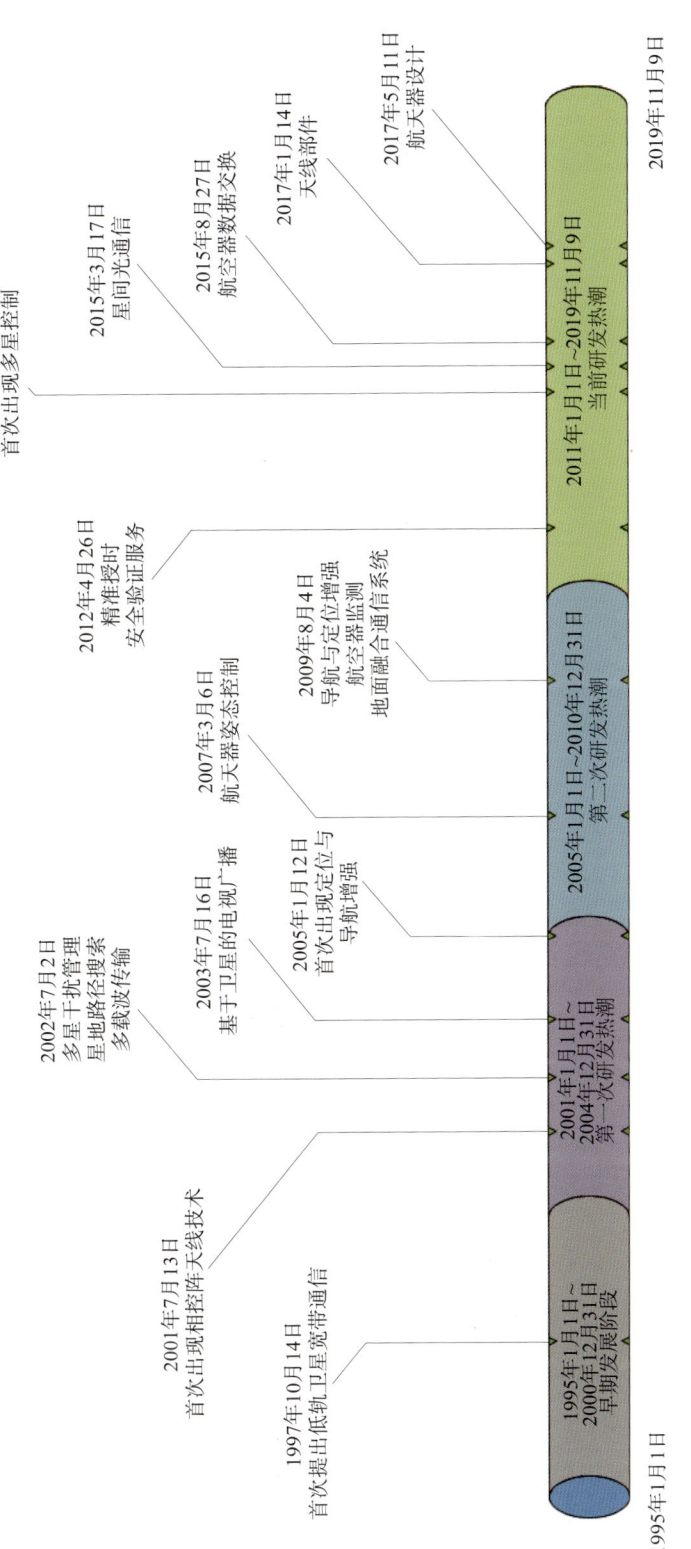

图6-1-44 波音低轨卫星技术专利演进分析

（正文说明见第140页）

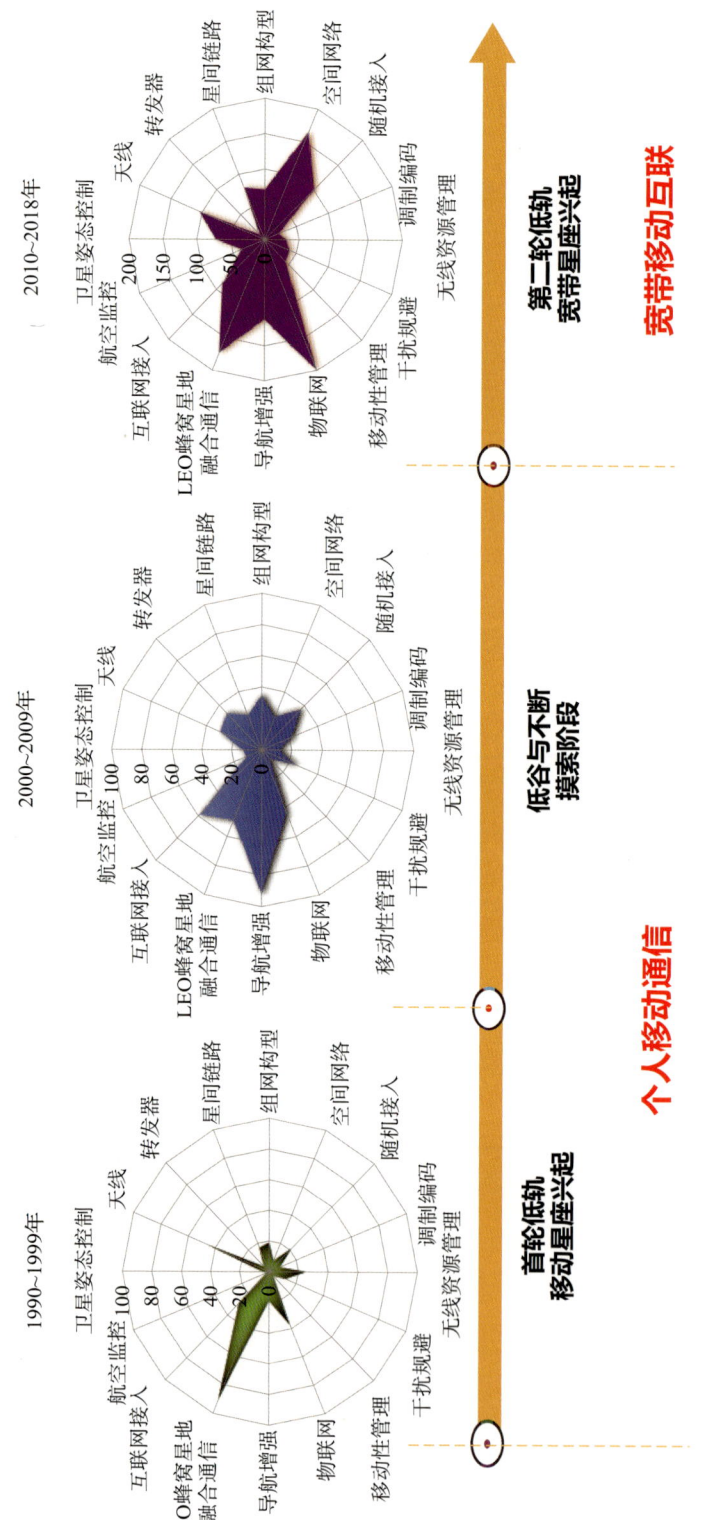

图8-1-1 低轨卫星通信关键技术专利发展阶段

(正文说明见第195页)

编委会

主　任：贺　化

副主任：郑慧芬　雷春海

编　委：张小凤　孙　琨　朱晓琳　刘　稚
　　　　　李　原　闫　娜　邹文俊　杨　明
　　　　　鄢春根　甘友斌　江洪波　范爱红
　　　　　郭　荣

前 言

2019年是中华人民共和国成立70周年，是全面建成小康社会、实现第一个百年奋斗目标的关键之年。在以习近平同志为核心的党中央的坚强领导下，国家知识产权局认真贯彻落实党中央、国务院决策部署，聚焦创新驱动和改革开放两个轮子，强化知识产权创造、保护、运用。为推动产业高质量发展，围绕国家重点产业持续开展专利分析研究，深化情报分析，提供精准支撑，充分发挥知识产权在国家治理中的作用。

在国家知识产权局学术委员会的领导和指导下，专利分析普及推广项目始终坚持"源于产业、依靠产业、推动产业"核心原则，突出情报分析工作定位和功能，围绕国家100余个重点产业、重大技术和重大项目开展研究，形成一批高质量的研究成果，通过出版《产业专利分析报告》（第1~70册）推动成果落地生根，逐步形成与产业紧密联系和互动合作的良好格局。

这一年，专利分析普及推广项目在求变求新的理念引领下，锐意进取，广开渠道，持续引导和鼓励具备相应研究能力的社会力量承担研究工作，得到社会各方的热情支持和积极响应。10项课题经立项评审脱颖而出，中国科学院、北京空间科技信息研究所等科研院所，清华大学、北京大学等高校，江西省陶瓷知识产权信息中心、中国煤炭工业协会生产力促进中心等企事业单位或单独或联合承担了具体研究工作。各方主动发挥独特优势，组织近150名研究人员，历时7个月，圆满完成了各项研究任务，形成一批凸显行业特色的研究成果和方法论。同时，择优选取其中8项成果以《产业专利分析报告》（第71~78册）

系列丛书的形式出版。这 8 项报告所涉及的产业方向分别是混合增强智能、自主式水下滑翔机技术、新型抗丙肝药物、中药制药装备、高性能碳化物先进陶瓷材料、体外诊断技术、智能网联汽车关键技术、低轨卫星通信技术，均属于我国科技创新和经济转型的核心产业。

专利分析普及推广项目的发展离不开社会各界一如既往的支持与帮助，各级知识产权局、行业协会、科研院所等为课题的顺利开展贡献了巨大的力量，近百名行业和技术专家参与课题指导工作，《产业专利分析报告》（第 71～78 册）的出版凝聚着社会各界智慧。

专利分析成果的生命力在于推广和应用。在新冠肺炎疫情期间，国家知识产权局结合实际，组织力量编制并发布多份抗击新冠病毒肺炎专利信息研报，广泛推送至科研专班和相关专家，充分发挥专利信息对疫情防控科研攻关的专业支撑与引导作用，助力打赢疫情防控阻击战。希望各方能够充分吸收《产业专利分析报告》的内容，积极发挥专利信息对政策决策、技术创新等方面的智力支撑作用。

由于报告中专利文献的数据采集范围和专利分析工具的限制，加之研究人员水平有限，报告的数据、结论和建议仅供社会各界借鉴研究。

《产业专利分析报告》丛书编委会
2020 年 5 月

项目联系人

孙　琨　010 - 62086193/sunkun@ cnipa. gov. cn

低轨卫星通信技术产业专利分析课题研究团队

一、项目指导

国家知识产权局： 贺　化　郑慧芬　雷春海

二、项目管理

国家知识产权局专利局： 张小凤　孙　琨　王　涛

三、课题组

承 担 单 位： 北京空间科技信息研究所

课题负责人： 郭　荣

课题组组长： 秦　凡

统 稿 人： 秦　凡　于　潇　薛培元　白　杰

主要执笔人： 于　潇　薛培元　白　杰　秦　凡　熊松宁　陈　东
　　　　　　　黄伟才

课题组成员： 于　潇　薛培元　白　杰　熊松宁　陈　东　李　博
　　　　　　　丁　睿　郝时光　及　莉　周玉新　张　伟　李　帅
　　　　　　　黄伟才

四、研究分工

数据检索： 薛培元　于　潇　白　杰

数据清理： 于　潇　白　杰

数据标引： 于　潇　白　杰　秦　凡　薛培元　黄伟才

图表制作： 于　潇　薛培元　白　杰　秦　凡　黄伟才

报告执笔： 于　潇　薛培元　白　杰　秦　凡　熊松宁　陈　东
　　　　　　　黄伟才

报告统稿： 秦　凡　于　潇　薛培元　白　杰

报告编辑： 郭　荣　薛培元　于　潇　白　杰　李　博　黄伟才
　　　　　　　秦　凡

报告审校： 郭 荣 秦 凡

五、报告撰稿

于 潇：主要执笔第1章第1.1~1.4节，第2章第2.1~2.3节，第3章第3.1~3.6节，第6章第6.2节

白 杰：主要执笔第4章第4.1~4.7节

薛培元：主要执笔第5章第5.1~5.6节

黄伟才：主要执笔第6章第6.1节

秦 凡：主要执笔第6章第6.3节，第7章第7.1~7.3节

陈 东：主要执笔第8章第8.1~8.2节

熊松宁：主要执笔第8章第8.3~8.4节

六、合作单位

中国空间技术研究院通信事业部、东方红卫星移动通信有限公司

目　　录

第 1 章　研究概况 / 1
　　1.1　研究背景 / 1
　　1.2　国内外技术发展现状 / 2
　　　1.2.1　国外技术发展情况 / 2
　　　1.2.2　国内技术发展情况 / 4
　　　1.2.3　全球技术发展趋势 / 5
　　1.3　研究目的 / 6
　　　1.3.1　发展现状和未来前景判断 / 6
　　　1.3.2　掌握整个行业的专利风险 / 7
　　　1.3.3　发现技术创新和专利布局机会 / 7
　　1.4　研究方法和对象 / 7
　　　1.4.1　技术分解 / 7
　　　1.4.2　数据检索与处理 / 9
　　　1.4.3　相关术语或现象说明 / 10

第 2 章　低轨卫星通信技术专利总览 / 11
　　2.1　全球专利分析 / 11
　　　2.1.1　专利申请趋势 / 11
　　　2.1.2　主要申请人分析 / 12
　　　2.1.3　专利地域分布 / 13
　　　2.1.4　技术分支构成 / 13
　　　2.1.5　法律状态统计 / 14
　　2.2　中国专利分析 / 14
　　　2.2.1　专利申请趋势 / 14
　　　2.2.2　主要申请人分析 / 15
　　　2.2.3　主要省市专利申请排名 / 16
　　　2.2.4　法律状态统计 / 16
　　2.3　小　　结 / 17

第 3 章　星上系统专利分析 / 18

3.1　卫星姿态控制 / 18
3.1.1　技术概况 / 18
3.1.2　专利申请趋势分析 / 19
3.1.3　专利申请地域分析 / 20
3.1.4　主要申请人分析 / 20
3.1.5　关键技术分析 / 21
3.2　星载天线 / 22
3.2.1　技术概况 / 22
3.2.2　专利申请趋势分析 / 22
3.2.3　专利申请地域分析 / 23
3.2.4　主要申请人分析 / 24
3.2.5　关键技术分析 / 25
3.3　转发器 / 29
3.3.1　技术概况 / 29
3.3.2　专利申请趋势分析 / 30
3.3.3　专利申请地域分析 / 30
3.3.4　主要申请人分析 / 31
3.3.5　关键技术分析 / 31
3.4　星间链路 / 32
3.4.1　技术概况 / 32
3.4.2　专利申请趋势分析 / 33
3.4.3　专利申请地域分析 / 33
3.4.4　主要申请人分析 / 34
3.4.5　关键技术分析 / 34
3.5　组网构型 / 35
3.5.1　技术概况 / 35
3.5.2　专利申请趋势分析 / 35
3.5.3　专利申请地域分析 / 36
3.5.4　主要申请人分析 / 36
3.5.5　关键技术分析 / 37
3.6　小　　结 / 38

第4章　无线通信专利分析 / 40
4.1　空间网络技术 / 40
4.1.1　技术概况 / 40
4.1.2　专利申请分析 / 42
4.1.3　关键技术分析 / 45
4.2　随机接入 / 47

4.2.1　随机接入整体分析 / 47
4.2.2　多址接入分析 / 52
4.2.3　信号同步分析 / 57
4.2.4　技术功效矩阵分析 / 61
4.3　调制编码 / 62
4.3.1　技术概况 / 62
4.3.2　专利申请分析 / 63
4.3.3　关键技术分析 / 66
4.4　干扰规避技术 / 66
4.4.1　技术概况 / 66
4.4.2　专利申请分析 / 68
4.4.3　关键技术分析 / 70
4.5　无线资源管理 / 71
4.5.1　技术概况 / 71
4.5.2　专利申请分析 / 73
4.5.3　关键技术分析 / 75
4.6　移动性管理 / 77
4.6.1　技术概况 / 77
4.6.2　专利申请分析 / 78
4.6.3　关键技术分析 / 81
4.7　小　　结 / 81

第5章　应用层专利分析 / 82
5.1　物联网 / 82
5.1.1　技术概况 / 82
5.1.2　专利申请分析 / 85
5.1.3　关键技术分析 / 87
5.2　导航增强 / 89
5.2.1　技术概况 / 89
5.2.2　专利申请分析 / 90
5.2.3　关键技术分析 / 92
5.3　LEO蜂窝星地融合通信 / 95
5.3.1　技术概况 / 95
5.3.2　专利申请分析 / 95
5.3.3　关键技术分析 / 98
5.3.4　技术功效分析 / 100
5.4　互联网接入 / 101
5.4.1　技术概况 / 101

5.4.2　专利申请分析 / 102

5.4.3　关键技术分析 / 104

5.5　航空监视 / 106

5.5.1　技术概况 / 106

5.5.2　专利申请分析 / 108

5.5.3　关键技术分析 / 110

5.6　小　　结 / 111

第6章　主要申请人布局策略和关键专利技术分析 / 113

6.1　波　　音 / 113

6.1.1　总体态势分析 / 113

6.1.2　专利申请趋势分析 / 116

6.1.3　布局策略和关键专利技术分析 / 127

6.1.4　小　　结 / 140

6.2　航天五院 / 141

6.2.1　专利申请趋势分析 / 141

6.2.2　关键技术分布分析 / 142

6.2.3　产学研合作分析 / 142

6.2.4　引证专利分析 / 143

6.2.5　小　　结 / 144

6.3　国外其他主要申请人分析 / 144

6.3.1　专利申请趋势分析 / 144

6.3.2　布局策略和关键专利技术分析 / 151

6.3.3　小　　结 / 171

第7章　专利风险分析 / 173

7.1　专利侵权风险分析 / 173

7.1.1　专利侵权风险识别方法 / 173

7.1.2　代表性专利分析 / 175

7.2　专利抢占风险分析 / 180

7.2.1　专利抢占风险识别方法 / 181

7.2.2　小　　结 / 185

7.3　专利标准化风险分析 / 186

7.3.1　标准研究方法与意义 / 186

7.3.2　国内低轨卫星通信标准发展 / 187

7.3.3　国外低轨卫星通信标准发展 / 189

7.3.4　潜在的标准相关专利布局 / 192

第8章　结论和建议 / 195

8.1　技术和市场发展阶段判断 / 195

8.2 国内企业面临的专利风险 / 196
8.3 技术创新和专利布局机会 / 197
8.4 其他建议 / 198

附 录 主要申请人名称约定表 / 200

图索引 / 204

表索引 / 209

第1章 研究概况

1.1 研究背景

随着全球信息技术不断发展，全球个人移动通信业务的飞速增长，单纯依靠现有的地面蜂窝移动通信系统已经远远不能满足需求。如在人烟稀少的山区、荒漠、偏远的海岛、海洋以及远离地面的空中，缺乏地面通信系统而无法实现通信。而卫星通信系统在人造地球卫星天线波束的覆盖范围内，无需地面中继站即可实现国际远距离通信及卫星通信地球站（以下简称"地球站"）之间、地球站与航天器之间的通信，成为现代通信中不可缺少的通信手段。

低轨卫星通信系统由空间段、地面段和应用段组成。空间段主要包括在空间轨道上作为中继站的人造地球卫星，由于单颗卫星覆盖的区域有限，一般需要数十颗至千余颗卫星通过组网（空间直接组网或地面间接组网）的方式运行。地面段由信关站、测控站、运控中心等组成，承担对卫星的性能及工作状态进行监测和控制、卫星轨道的监护保障、全网络的管理等，以保证系统正常通信。应用段主要是指地球站，即设置在地球表面或大气层内的无线电收、发信台站，用户通过地球站接入卫星链路进行通信。地球站的规模差别很大，大到一座庞大的建筑，小到一部手持终端都可称为地球站。根据使用方式的不同，地球站包括固定、车载、舰载和机载等多种形式。

低轨卫星通信系统传统上主要用于话音数据等窄带通信业务，但随着地面终端技术的不断演进，也可用于新兴的宽带通信业务。总结来看，如表 1-1-1 所示，主要包括以下应用方向。

表 1-1-1 低轨卫星通信系统主要应用

序号	类型	细分应用	具体功能特性
1	宽带互联网接入	企业宽带	B2B 以及 B2M 模式 具备可扩展性，满足容量需求
		家用宽带	直接到户宽带与数据服务 终端连接热点提供网络连接
2	蜂窝回程传输	宏蜂窝基站	推动移动网络的低成本拓展 覆盖无地面网络区域
		集成式小基站	智能手机的泛在连接需求 电信业务的增长需要
		干线传输	为偏远地区提供点对点大容量网络数据传输

续表

序号	类型	细分应用	具体功能特性
3	移动通信服务	机载联网	小型轻质低成本天线 为高纬度航线提供服务
		海事联网	在岸/离岸通信 覆盖全球航路
4	政府通信服务	政府用户	重大灾害紧急响应
		军事用户	安全可靠通信服务 全球低时延通信
5	新兴通信服务	物联网	与地面5G网络融合
		机器对机器	资产追踪、数据采集

低轨卫星通信系统作为重要的信息通信基础设施，从功能、技术和条件保障等多个维度上都呈现出一些与其他通信系统不同的特点：

（1）轨道高度较低，信号传播路径短，传播时延和损耗低，降低了对卫星发射功率的要求，可支持对实时性要求高的业务。

（2）具有全球/区域无缝覆盖能力，信号覆盖区域不受地貌的影响，使通信真正实现全球化，可以建立陆、海、空立体化全方位的通信网，提供语音外的其他多种通信业务，使得通信业务日趋多样化、综合化。

（3）在网络设计、系统构成、星间协调、星上处理、系统运行管理等方面，低轨卫星通信系统相比传统的卫星通信系统复杂性和技术难度更大。

（4）低轨卫星通信对终端在体积、重量、功率、天线尺寸等方面提出了小型化的要求，尤其是手持终端的要求更为苛刻，当前技术成熟度满足产业化需求存在难点。

（5）低轨卫星通信系统必须考虑卫星高速移动所带来的频繁切换问题，对用户的移动性管理、对天线的指向精度和调整速度等提出更高的要求。系统需要使用专门设计的卫星转发器和天线，同时增大天线发射功率和增加波束域，这样才能弥补卫星移动终端等效全向辐射功率（EIRP）较小的问题；同时，由于采用了星座技术，针对多颗卫星之间的链路连接、数据交换及处理等环节，对地面关口站提出同样数据传输和处理效果技术要求。

（6）低轨卫星通信系统卫星数量庞大，设计寿命有限，导致必须在短周期内完成部署才能提供全球服务，对卫星批量研制和发射部署提出挑战。

1.2 国内外技术发展现状

1.2.1 国外技术发展情况

低轨卫星通信始于20世纪90年代，早期系统只能支持用于车辆和飞行器的通信，不能支持大量的小型终端用户。其中最有代表性的低轨卫星移动通信系统是 Iridium 的铱星系统和 Globalstar 的全球星系统。因铱星系统、全球星系统都面临 GSM 手机强有力的竞争，在使用费用、终端成本、数据传输速率等方面都不占优势的情况下难以普及，只能应用于紧急救援、海事通信、军用通信等特殊领域。早期典型低轨卫星通信系统发展过程如下：

（1）铱星系统于 1998 年 11 月正式投入商业运营，铱星系统第一代星座由 66 颗工作星和 6 颗在轨备份星构成，借助其全球唯一的地理全覆盖星座，面向商业市场和政府市场提供各类话音和数据卫星移动通信服务，Iridium 主营业务领域包括地面手持卫星电话、机器对机器（M2M）、海事、航空和政府业务五个方面。

铱星系统第二代（Iridium Next）由 66 颗工作星和 6 颗在轨备份星以及 9 颗地面备份星组成。卫星主任务载荷工作于 L 频段，采用时分双工体制，同时，星上还利用两副 Ka 频段馈电链路天线，系统支持星间链路功能，通过两副固定和两副可移动天线，与同一轨道面前、后以及相邻轨道面左、右共计 4 颗卫星保持通信连接。

（2）全球星系统由分别位于 8 个轨道平面的共计 48 颗卫星，以及位于较低轨道的 4 颗备份卫星组成，系统于 1995 年 1 月获得运营许可。1999 年 9 月，全球星系统在巴黎利用在轨的 8 颗卫星打通了全球星系统的第一个电话，话音质量优于地面蜂窝网。全球星系统与包括 GSM 等世界主要地面蜂窝系统兼容，在地面蜂窝网覆盖区内，可当作普通的蜂窝手机使用蜂窝业务，在兼容的地面蜂窝网覆盖区之外，可自动或手动转换成卫星模式，使用全球星卫星业务手机类型包括双模手机和三模手机可与车载/船载装置配套使用。

全球星系统不是全球覆盖，其波束只能连续覆盖南北纬 70°以内的区域。卫星主要有三个功能：通信、保持标称位置和姿态、确定轨道位置和速度并通过遥测信道通知地面。2007 年，由于全球星系统星体部件出现问题，所有全球星系统卫星无法提供语音业务。因此，该系统暂时关闭了语音业务，只提供短数据包业务，后谋求第二代全球星的开发。到 2012 年，随着补网卫星的发射，全球星的话音业务恢复运行。

（3）Orbcomm 系统首批 2 颗业务卫星于 1995 年 4 月正式发射，1997～1999 年，共发射了 4 组，共计 32 颗业务卫星，分布于 4 个轨道面。第一代 Orbcomm 系统卫星重量不到 45kg，卫星在结构上采用的是堆栈（stack）结构，收拢时天线呈折叠状态，位于专用的天线槽内，卫星展开后，处于使用状态的 VHF/UHF 天线，具有质量、功率和体积高集成度的优点。

Orbcomm 第二代系统于 2014 年一箭六星将卫星送入轨道，2015 年一箭十一星将剩余的卫星发射送入轨道。该系统加强了报文能力，提升了整星容量。Orbcomm 第二代系统卫星都配备增强型通信有效载荷和自动识别系统有效载荷，通过后向兼容使现有第一代星座用户无缝过渡到第二代星座。Orbcomm 第二代系统主要提供数据报告、信息报文、全球数据报和指令四类基本业务，计划利用导航增强载荷为美国海岸警卫队以及其他政府机构服务，同时为其他安全和物流商务公司提供数据。

（4）新兴低轨卫星通信系统。随着航天科技和电子信息技术的进步降低了卫星研制、量产和发射的成本，卫星通信资费的降低和数据传输速率的提升又催生出时时互联的互联网，多个低轨卫星移动通信系统被开发出来并投入运行。2014年以来，以OneWeb为代表、由初创型公司引领的第二次低轨通信星座建设潮流迅速蔓延至全球，获得大额的产业内外融资，建设进程不断加快。据不完全统计，全球已提出了数十个星座计划，且这一数字仍在逐年迅速攀升。

与传统的低轨通信星座相比，新兴低轨卫星通信系统在诸多方面都有新的变化：

首先，星座规模发生质的飞跃。与铱星等传统星座的数十颗相比，包括WorldVu、波音、美国太空探索技术公司（SpaceX）、韩国三星（Samsung）等在内的多个星座计划都达到了数千颗量级，仅SpaceX的4000余颗卫星，将超过历史上发射的所有低轨通信卫星质量之和。在各界力量的持续推动下，星座发展从概念和构想开始迈入实质性建设阶段。

其次，业务类型差异较大。由于传统卫星通信行业最大的收入来源——固定电视直播业务增长乏力，趋于成熟的地面宽带通信网络欲在地理范围上深度扩张又面临成本高的困局，卫星宽带服务面临前所未有的发展机遇。与20世纪末低轨卫星通信行业不同，新一轮星座浪潮集中于宽带通信领域，目标集中于为更多用户提供高速互联网接入。软银股份有限公司（Softbank）、谷歌（Google）等大型互联网科技公司，则结合自身利益拓展需求，分别投资星座计划推波助澜，使宽带服务成为当前最重要的细分市场。

最后，频段特点存在差异。在工作频段方面，受业务应用需求的牵引和制约，传统低轨卫星通信采用L、S等低频段，而新兴卫星通信集中在Ka、Ku等高频段。然而对全球通信服务的低轨星座而言，频谱资源具备独占性和排他性，在Ku、Ka高频段竞争趋于饱和的态势下，向更高频段拓展已成为新兴星座计划提出者的集中发力点，随着星座更新换代需求的进一步衍化，Q/V等新兴频段的抢夺也将更加激烈。

1.2.2 国内技术发展情况

2016年12月，《"十三五"国家信息化规划》中明确提出"通过移动蜂窝、光纤、低轨卫星等多种方式，完善边远地区及贫困地区的网络覆盖"。在此背景下，中国航天科技和中国航天科工两大集团都启动了各自的低轨通信项目"鸿雁"和"虹云"系统；同时银河航天、九天微星、信威集团、欧科微公司等也开始逐渐推出各自星座计划，卫星数量从几十至几百不等。

（1）虹云系统

中国航天科工集团的虹云系统计划发射156颗卫星，在距离地面1000公里的轨道上组网运行，目标是构建一个星载宽带全球移动互联网络。该星座计划将分三个阶段实施：第一阶段，2018年底发射首星；第二阶段，2020年底前，发射4颗业务试验星；第三阶段，到2023年左右，共发射156颗卫星，初步完成天地融合系统建设，具备全面运营条件。当虹云系统组网完成后，可以实现网络无差别的全球覆盖，无论在海域还是无人岛或者飞机上，都能接上互联网，和外界保持顺畅通信。

2018年12月22日，虹云系统首星在酒泉卫星发射中心成功发射并进入预定轨道，该星首次将毫米波相控阵技术应用于低轨宽带通信卫星，能够利用动态波束实现更加灵活的业务模式。波束是可以灵活调转的，可以多个波束覆盖不同的区域，也可以集中覆盖某一个特定的区域，通过集中星上资源，更高效地提供用户的接入服务。

（2）鸿雁系统

鸿雁全球卫星星座通信系统将由300颗低轨道小卫星及全球数据业务处理中心组成，将具有全天候、全时段及在复杂地形条件下的实时双向通信能力，可为用户提供全球实时数据通信和综合信息服务。

2018年12月29日，鸿雁首发星在我国酒泉卫星发射中心由长征二号丁运载火箭发射成功并进入预定轨道，中国航天科技集团有限公司空间技术研究院负责卫星系统整体研制。

（3）亚太卫星宽带通信系统

亚太卫星宽带通信公司于2016年成立，标志着我国首个全球高通量（HTS）宽带卫星通信系统启动建设，目标是构建覆盖全球的，天地一体、自主可控、高效安全的卫星宽带通信网络和服务平台。计划花费100亿元发射4颗高通量卫星，目前第一颗星已经开始启动建设。该公司尚未发射高通量卫星，主要依据其第一大股东亚太卫星控股有限公司的卫星资源提供"天地一体"卫星通信运营服务业务。

尽管国内有多家机构推出其低轨卫星星座计划，但计划的实施尚处于刚刚起步阶段。

1.2.3 全球技术发展趋势

目前，国外已经公布的低轨通信卫星方案中，卫星频段主要集中在Ka、Ku和V频段，在轨道高度范围十分有限、频段高度集中的情况下，卫星轨道和频谱的竞争将愈加激烈。由于轨道和频谱在国际电信联盟的有效占有时间有限，不如期发射卫星，原有轨道和频谱将失效。因此，预计下一阶段各家公司将抢先发射卫星，以实际占有轨道和频谱，轨道和频谱的争夺将愈演愈烈。

从实际发射的低轨通信卫星的数量和计划实施进度来看，中国与美国相比有所落后，因此积极推动国有和民营机构加快相关项目的建设和运营成为未来低轨卫星移动通信的发展方向之一：

（1）向卫星小型化、低成本的方向发展

卫星质量不断降低，性能要求不断升高，对星上系统包括转发器各类单机设备、天线等提出了更紧凑的设计要求，卫星交付进度要求不断升高，研制成本则持续下降。

（2）向通信宽带化、灵活化的方向发展

从20世纪末的星座多采用L、S、UHF等频段提供窄带移动服务，到现阶段采用Ku、Ka甚至Q/V等频段提供宽带接入服务，星载天线多采用相控阵方案，支持更灵活覆盖调整能力。

（3）向星座大规模、网络化的方向发展

星座规模实现数量级上的攀升，对卫星运管提出了新的要求，星间多采用微波、激光链路实现天基组网，未来将实现多星协同、突出网络化的运行能力。

（4）向星地融合化、一体化的方向发展

新一轮星座发展与地面5G网络建设进入相同周期，两者之间在互联网接入和物联网服务方面均具备联合的潜力，未来将实现天地一体化发展，实现深度融合应用。

（5）向争抢新频段、新轨道的方向发展

低轨卫星通信多面向全球覆盖，因此面临直接的频率竞争，先占先发先用优势明显，这就提出了对频率干扰规避的需求；轨道资源使用也趋饱和，推动稀缺轨道抢夺日趋激烈。

1.3 研究目的

本书的主要目的包括：对低轨卫星通信技术发展阶段和产业化发展前景进行预判；掌握国内低轨卫星通信行业面临的专利风险；以及掌握国内低轨卫星通信行业可能面临的专利风险。

1.3.1 发展现状和未来前景判断

1998年，人类历史上第一个商业低轨道移动通信系统——铱星系统投入运营并且打通了第一个电话。随后在1999年，Orbcomm和Globalstar都宣布基本完成星座部署。但令人遗憾的是，先是Iridium在1999年8月宣布破产，随后是Orbcomm于2000年9月、Globalstar于2002年2月寻求破产保护。

三大星座的失败既有技术上的原因，也有市场的原因。在技术上，带宽窄、速率低、延迟大、星间干扰问题突出，结果是成本高、效果差、市场接受能力有限；在市场上，当时的应用主要是窄带语音和低速互联网应用为主，而且3G等地面通信系统也在快速发展中，基本能满足当时的应用需求，对低轨道移动通信应用需求较弱。

如今20多年过去了，人类又掀起来第二次而且规模更大的商业低轨道移动通信系统建设浪潮。其中，WorldVu计划发射近900颗，波音公司也提出了规模达到近3000颗的星座计划，SpaceX卫星互联网计划的规模更是预计能达到11000颗卫星。与此同时，中国企业同样不甘落后，两大航天集团和部分民企纷纷提出了百余颗乃至数百颗卫星星座的概念。

新一轮轨道通信系统技术成熟度是否足够达到规模商业化的水平？上一代低轨卫星通信系统存在的带宽窄、速率低、延迟大、星间干扰问题是否得到解决？从市场角度出发，低轨卫星通信系统的应用需求是否比20多年前更加旺盛、是否可以通过技术手段减低系统建设和使用成本以保证合理的商业回报？以上所述日趋成为低轨卫星通信行业关注的问题。

1.3.2 掌握整个行业的专利风险

本书中的专利风险主要是指专利侵权风险。专利风险状况的判断主要是通过识别具有如下特征的高威胁专利或威胁专利：技术先进、权利保护范围大、应用前景广、规避措施少，此项工作是课题组研究人员通过阅读大量的专利完成的。通过掌握整个行业的专利侵权风险态势，有利于行业参与者尽早采取有效的专利风险防范措施。

1.3.3 发现技术创新和专利布局机会

对专利信息的挖掘可以跟踪业界最新技术动态。在本书中，课题组利用关键技术分析、技术功效分解等方式，以技术问题和技术效果为线索，可以发现三种类型技术：第一种是可以直接采用的成熟技术，这种技术能够解决实际存在的技术问题并在专利文献中已经公开了具体的实施方案，可直接借鉴、避免重复研发；第二种是虽然专利技术揭示一些较好的技术问题，但解决方案仍存在一定的不足，构成当前的研究热点；第三种是专利技术虽揭示了较好的技术问题，且当前受到的关注并不多，则构成技术研究空白点。通过对成熟技术、技术热点和技术空白点的分析，有助于企业根据自身实际确定合理的技术创新方向，把研发资源投入到创新空间大、研发投资回报比高的技术方向上，以提升创新成果的质量和数量，奠定高价值专利培育的基础。此外通过专利分析有助于优化专利布局方向，通过研究分析专利申请技术分布的态势，挖掘出其中创新潜力大、应用前景好的技术方向作为企业或个人的技术创新和专利布局方向。

1.4 研究方法和对象

1.4.1 技术分解

课题组针对低轨卫星通信技术开展了全面的行业调研，通过文献调研、专家咨询、在研项目跟踪和重要研制单位及机构实地调研等多种途径，主要研究方法如下：

（1）资料调研法：深入开展文献资料搜集、分析工作，查阅大量技术相关资料，为研究分析提供客观、准确的分析资料，深入研究该国家或单位在关键技术研发过程中的经验、方法，积极参考借鉴。

（2）定量与定性分析法：在检索专利数据基础上，结合数据特点和技术发展实际，灵活运用定量、定性分析相结合的方法。

（3）集中研讨法：邀请各相关部门的领导和专家，对统计分析中遇到的技术问题分别进行研讨，为解决问题给予实际指导，为提高项目研究质量集思广益、献计献策。

课题组通过多途径调研，收集了涉及低轨卫星通信技术行业发展和技术发展的详细材料，阅读和翻译大量国外文献，针对美欧等国外主要低轨通信卫星研制和运营发展历史、卫星载荷参数、技术特点、应用领域和发展趋势等进行了全面梳理，邀请低轨卫星通信技术领域专家，梳理确定关键技术图谱，并完成初步专利检索，对课题的行业技术专利申请量进行初步评估。

在前期充分准备工作就绪后,课题组研究讨论确定低轨卫星通信技术边界设定和关键技术分解基本思路如下:

(1) 确定低轨卫星通信技术边界侧重点:本书所研究的对象以低轨卫星通信系统有关专利为主,所涉及的技术主要包括:星上系统技术、星地无线传输技术、应用层技术等,不涉及专用于接收终端的专利。通用型的技术比如同样适用于高轨卫星的电推进技术以及通用型的小卫星结构设计等不纳入检索范围。

(2) 按照低轨卫星通信技术构成,确定低轨卫星通信技术按照星上系统、无线通信、应用层技术划分为3个一级技术分支。其中,无线通信包括可能同样适用于卫星和地面终端的通用型技术。与低轨卫星通信技术有关的地面系统(包括地面移动接收终端),因与 GEO、MEO 领域同属通用型通信技术,不纳入本书研究范围。

(3) 按照低轨卫星通信系统实现功能的关键技术环节和核心技术要素,星上系统分支划分为平台、载荷和星座3个二级技术分支,具体涉及卫星平台姿态控制、天线、转发器、星间链路、组网构型共5个三级技术分支;LEO 通信应用层划分为物联网应用、导航增强、LEO 蜂窝星地融合通信、互联网接入和航空监控5个三级技术分支;无线通信是在系统构成之外相对独立的重要分支,贯穿整个通信系统的重要技术,结合课题需要划分为网络、传输、资源管理3个二级技术分支,具体涉及空间网络、随机接入、调制编码、无线资源管理、干扰规避、移动性管理等。需要说明的是,上述技术分解充分考虑了较高的专利覆盖度,同时减少技术分类之间的重合,但仍有部分专利不可避免地同时属于两个或两个以上技术分类。同样,有些适用于 MEO、GEO 的通用技术分支,不纳入本书的研究范围。

依据上述边界划定和关键技术分解思路,形成如表1-4-1所示的低轨卫星通信技术分解表,具体包括3个一级分支、7个二级分支、16个三级分支等。

表1-4-1 低轨卫星通信技术分解

技术主题	一级技术分支	二级技术分支	三级技术分支
低轨卫星通信技术	星上系统	平台	卫星平台姿态控制
		载荷	天线
			转发器
			星间链路
		星座	组网构型
	无线通信	网络	空间网络
		传输	随机接入
			调制编码
		资源管理	干扰规避
			无线资源管理
			移动性管理

续表

技术主题	一级技术分支	二级技术分支	三级技术分支
低轨卫星通信技术	应用层	LEO通信应用层技术	物联网应用
			导航增强
			LEO蜂窝星地融合通信
			互联网接入
			航空监控

1.4.2 数据检索与处理

课题组按照关键技术分解要素，主要用德温特专利数据库和智慧芽专利数据库检索专利文献及法律状态数据。专利数据涵盖至少中国、美国、欧洲、日本、俄国、印度等多个国家或地区的专利申请数据，检索数据截至2019年8月31日。

结合课题需求，采用专利检索策略如下：

① 结合技术分解研究确定关键词分解，完成初步检索。反复调整专利分类号与关键词和检索式，通过统计分析、钓鱼式检索等，修正、扩充、凝练检索词和检索式，将检索噪音处理在合理范围内；

② 在保证查全率基础上，精准修正专利检索数据，利用逻辑字符、截词符、临近算符等修改检索数据；

③ 结合技术分支的检索数据量和技术交叉因素，进行检索汇总；

④ 结合行业调研和技术调研研究结论进行重点申请检索与研究，辅助关键词和分类号等要素，深度挖掘专利信息，并辅助修正前期专利检索结果；

⑤ 确定分析数据后进行去噪、筛选，按照技术分析、功效分析等多形式数据标引深度挖掘专利数据，结合专利查全率、查准率，对检索数据进行补充、删减、标引等，形成专利信息数据库。

基于上述专利检索和数据标引策略，完成专利检索、去噪、筛选和标引后，获得2365件专利，同时选择了若干典型专利申请人对检索结果进行了抽样的查全率、查准率验证，查全率、查准率均在要求范围之内。专利检索数据结果如表1-4-2所示。

表1-4-2 低轨卫星通信技术专利检索结果　　　　单位：件

序号	一级技术分支	二级技术分支	三级技术分支	检索专利	筛选后专利
1	星上系统	平台	卫星平台姿态控制	121	89
2		载荷	天线	203	186
3		载荷	转发器	65	49
4			星间链路	130	127
5		星座	组网构型	140	138

续表

序号	一级技术分支	二级技术分支	三级技术分支	检索专利	筛选后专利
6	无线通信	网络	空间网络	256	208
7	无线通信	传输	随机接入	356	165
8	无线通信	传输	调制编码	120	67
9	无线通信	资源管理	干扰规避	96	80
10	无线通信	资源管理	无线资源管理	125	78
11	无线通信	资源管理	移动性管理	80	64
12	应用层	LEO通信应用层技术	物联网	480	306
13	应用层	LEO通信应用层技术	导航增强	270	235
14	应用层	LEO通信应用层技术	LEO蜂窝星地融合通信	350	343
15	应用层	LEO通信应用层技术	互联网接入	202	181
16	应用层	LEO通信应用层技术	航空监控	90	49
总计				3084	2365

1.4.3 相关术语或现象说明

（1）术语含义说明

同族专利：同一发明创造在多个国家申请专利而产生的一组内容相同或者基本相同的专利文献出版物，被称为一个专利族或者同族专利。从技术角度来看，属于同一专利族的多件专利申请可视为同一项技术。

优先权日：专利申请人就其发明创造第一次在某国提出专利申请后，在法定期限内，又就相同主题的发明创造提出专利申请的，根据有关法律规定，其在后申请以第一次专利申请的日期作为其申请日，第一次提出申请的日期为优先权日。

有效："有效"专利是指在检索截止日为止，专利权处于有效状态的专利申请。

在审："在审"专利是指在检索截止日为止，专利申请还处于实质审查程序中。

（2）关于专利申请"件"说明

件：是指专利申请的原始数量，未经同族专利合并，也未按优先权合并统计。

（3）近两年专利申请量与公开量下降趋势的原因

由于专利申请数据库存在数据更新周期，同时中国发明专利通常自申请日起18个月（申请人申请提前公开的除外）公布，且PCT专利申请一般自申请日起30个月甚至更长时间进入国家阶段，在对应国家专利公布时间比本国申请公布时间更晚，导致PCT专利近两年的申请与公布数量比实际更少。

第 2 章 低轨卫星通信技术专利总览

本章将全面分析低轨卫星通信技术全球和中国专利概况,重点研究低轨卫星通信的专利申请趋势、申请地域分布、主要申请人、法律状态等。通过全球和中国专利概况的分析整理,有助于相关领域人员对低轨卫星通信技术的专利整体分布有一定了解,并进一步掌握分支领域的发展变化和研发重点。

2.1 全球专利分析

2.1.1 专利申请趋势

如图 2-1-1 所示,低轨卫星通信领域从 1989 年开始有专利诞生,之后申请量稳步攀升,第一个专利申请高峰是在 1998 年,这一年整个行业共申请了 124 件专利。但之后,申请量迅速下跌,这和铱星系统宣布破产有较大联系。在这之后的接近 10 年间,该领域的专利申请数量都维持在一个较低的水平。

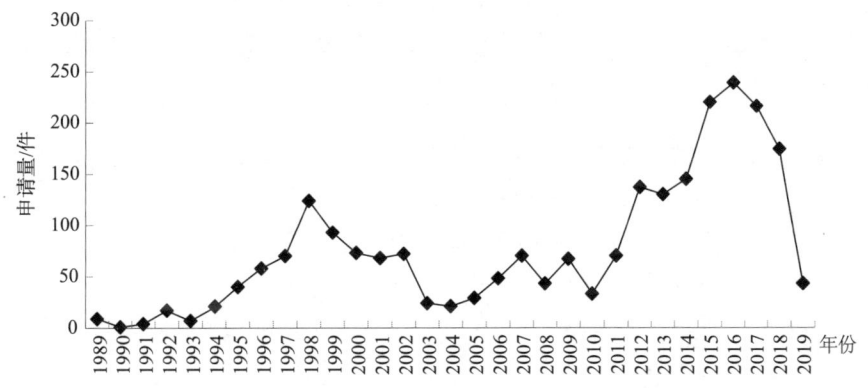

图 2-1-1 低轨卫星通信全球专利申请趋势

低轨卫星通信领域第二个专利申请高峰诞生于 2016 年。低轨卫星通信领域的专利申请量从 2012 年到 2016 年呈稳步增长的态势,说明该领域的研发投入总体保持稳定的增长,但近三年增长势头趋缓。与低轨卫星通信行业特点有关,行业投入大、回报周期长,进入该领域的企业相对较少,因此整体上保持平稳增长的态势。但近两年全球经济放缓,低轨卫星星座计划实施也受到了明显的影响,不过由于专利公开的滞后问题,近两年专利的表现还有待进一步观察。

专利申请的滞后性,最近两年的曲线呈现下跌态势,专利公开趋势能从另一个侧面反映低轨卫星通信技术的发展现状，如图 2-1-2 所示。

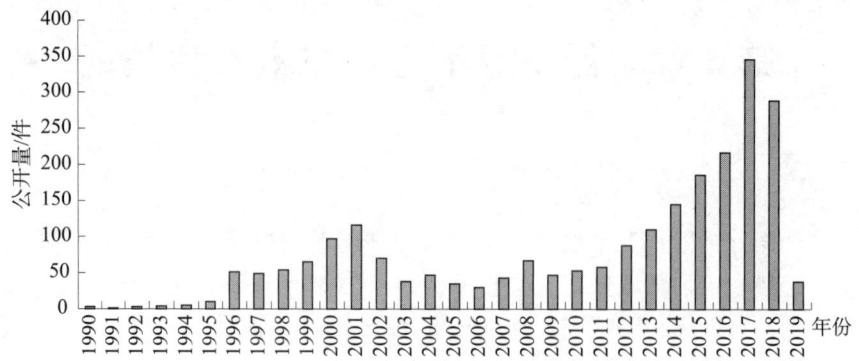

图 2-1-2　低轨卫星通信全球专利公开趋势

低轨卫星通信技术方向的专利公开数量从 2010 年开始稳步增长，如今还没有下降的趋势。尤其是在 2016~2018 年有明显稳定的增长，与近两年低轨卫星星座计划的不断公布、市场规模的进一步扩大相一致。

2.1.2　主要申请人分析

通过图 2-1-3 可以看出低轨卫星通信全球主要专利申请人排名，其中波音、Globalstar、Hughes、Ico 服务公司、空客、摩托罗拉、高通，主要以美国公司为主，另一个专利巨头是欧洲的空客。排名靠前的申请人为传统航空航天巨头企业，在航空航天领域一直占据优势，这些企业为了保持自己的优势，积极在新的领域进行布局，以延续自己的优势。

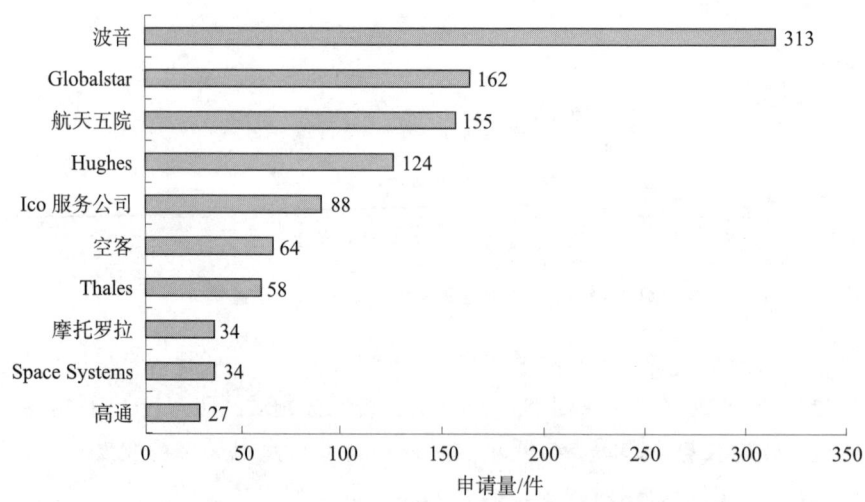

图 2-1-3　低轨卫星通信全球主要申请人专利申请量排名

同时，高通、摩托罗拉的传统通信企业也在此方向进行了一定数量的专利布局。这和目前的新兴市场是一致的。在5G技术诞生后，人们为了追求更广泛的覆盖范围和更高效的通信，主要申请人在积极推进卫星和地面移动网络之间的交互融合。这个应用方向给了通信企业一个机遇，因此高通等公司在该领域的专利申请量逐渐提高。

2.1.3 专利地域分布

从图2-1-4专利申请地域分布来看，低轨卫星通信领域的专利主要集中在中国、美国、欧洲。该行业主要申请人集中在美国，国内则以科研机构为主，也有相当的数量。同时，中国、美国、欧洲作为世界最大的卫星市场，拥有较为可观的市场规模和潜在用户。低轨卫星通信作为耗资较大、技术成本较高的领域，需要在市场规模大的地方才能获得更好的发展。

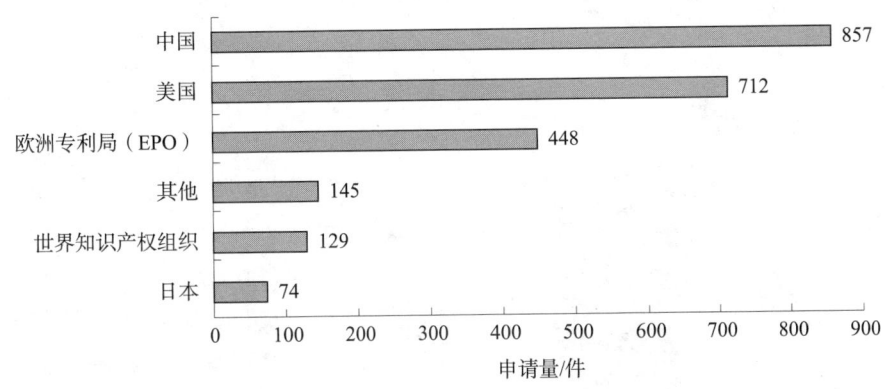

图2-1-4 低轨卫星通信全球专利申请地域分布

2.1.4 技术分支构成

如图2-1-5所示，从低轨卫星通信全球专利的技术分支分布可以看出，应用层相关的专利技术比重最大，包括LEO蜂窝星地融合通信、物联网、互联网接入、导航增强，而卫星系统包括姿态控制、转发器等专利布局数量相对较少。这表明应用层面的研发已经有相当的规模，从技术角度来看，低轨卫星通信技术距离大规模应用已经有一定的基础。

星地无线通信仍是当前研发的重点，这是保证低轨卫星通信应用能否被市场接受的关键，其中无线资源管理技术又是重中之重。这跟卫星无线资源稀缺有关，提高频谱利用效率、降低传输时延等关键技术问题的解决均与无线资源管理有关。

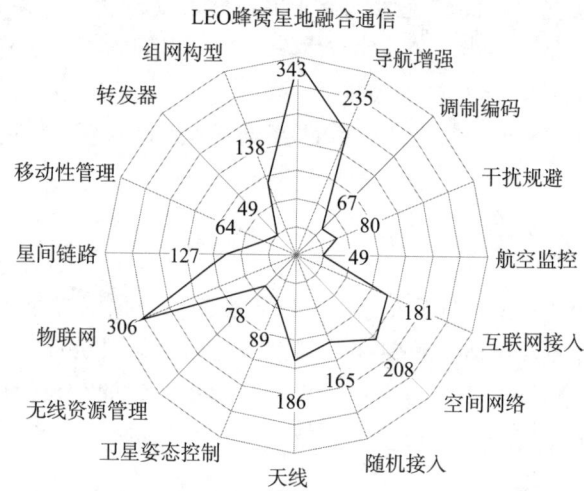

图 2-1-5　低轨卫星通信全球专利技术分支分布

注：图中数字表示申请量，单位为件。

2.1.5　法律状态统计

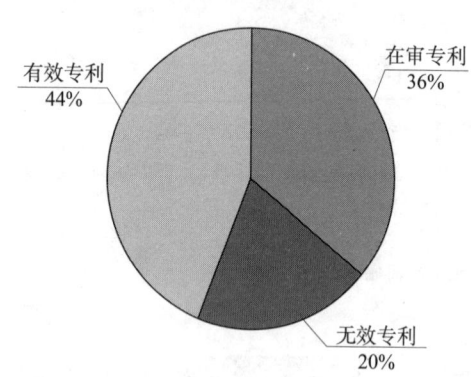

图 2-1-6　低轨卫星通信全球专利法律状态统计

如图 2-1-6 所示，从低轨卫星通信全球专利法律状态统计可以看出行业内有效和无效专利的占比情况。其中，有效专利指已取得专利授权，并仍然维持权利有效的专利；无效专利是指因各种原因不能被授权的专利申请或者权利失效的已授权专利，这部分专利所占比例越大，技术实施的自由度就相对越高，可供借鉴的现有技术越多。在检索确定的全球专利文献中，有效专利共有 1041 件，占比为 44%。在审专利包含当前处于实质审查状态和公开状态的专利，这部分专利越多，意味着当前技术方向有越多的新技术在诞生，且该技术方向发展较快；从图中可以看出，在审专利有 851 件，占专利总数的 36%，说明低轨卫星通信技术尚有不小的发展空间。

2.2　中国专利分析

2.2.1　专利申请趋势

从图 2-2-1 可以看出，相比全球专利申请趋势来说，中国低轨卫星通信技术专利起步较晚，在 1993 年才有第一件专利申请。同时，由于起步较晚，也没有赶上 1998

年的专利申请高峰,一直处于较为缓慢的发展状态,2010~2016 年,低轨卫星通信领域中国专利申请量稳步攀升,于 2016 年达到申请量峰值 116 件,专利技术创新快速发展,技术关注度空前高涨。

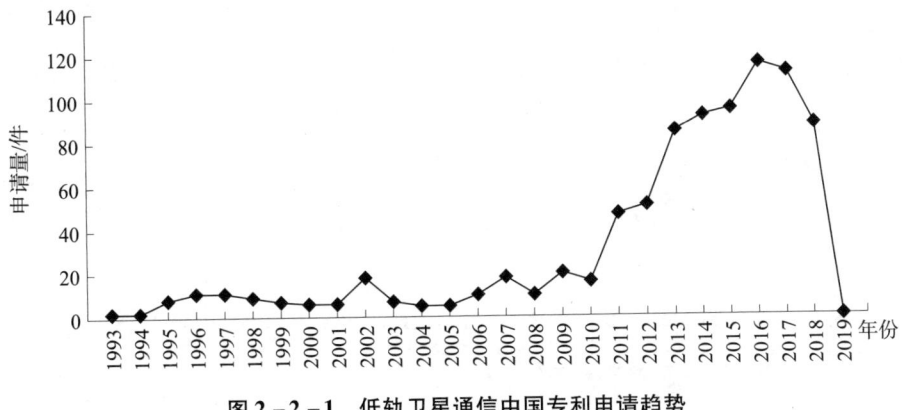

图 2-2-1 低轨卫星通信中国专利申请趋势

2.2.2 主要申请人分析

从图 2-2-2 可以看出低轨卫星通信技术中国主要申请人专利申请量排名,其中波音、Globalstar 等跨国企业在中国也有较高的专利布局数量。和国外主要申请人不同的是,目前,中国在低轨卫星通信方向的专利申请绝大部分来自研究所和高校,即使是企业申请人也大多为国有企业或者国有控股企业,这与之前卫星通信主要用于军方的历史原因有关。另外,也可以看出目前国家对低轨卫星通信领域的技术投入较大,多个研究所和高校都有相关的研究项目。当技术积累到一定程度,必然能完成较好的成果转化。

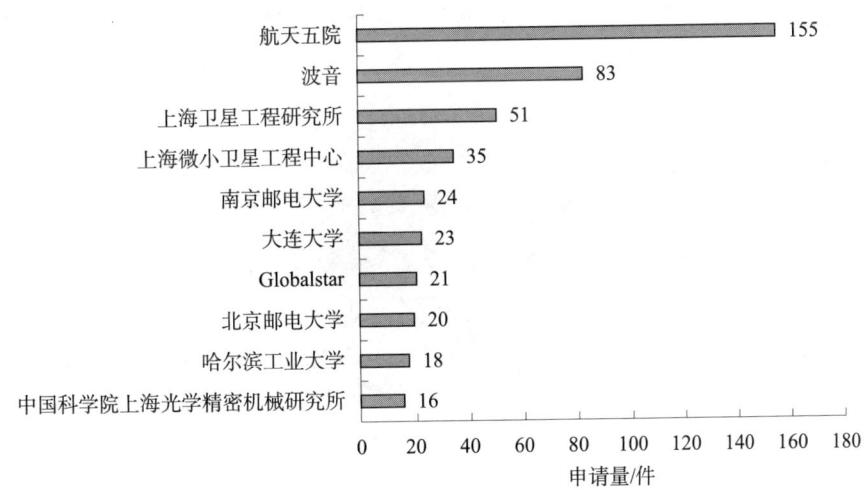

图 2-2-2 低轨卫星通信国内主要申请人专利申请排名

在国内申请人中，申请量最高的是航天五院，共申请了 155 件相关专利。其下属的西安空间无线电技术研究所专利申请数量突出，该研究所是中国空间技术研究院研制各类空间飞行器的有效载荷以及电子系统和设备、地面测控和卫星应用电子系统与设备的专业性研究所，目前主要的研究方向包括随机接入、干扰规避、导航监测等。

2.2.3 主要省市专利申请排名

从图 2-2-3 可以看出低轨卫星通信专利国内主要省市申请排名，低轨卫星通信领域中专利申请数量最多的是北京，共申请了 216 件专利；其次是上海，共申请了 124 件专利。这与研究机构的地域分布是直接相关的，该行业新兴民营企业也主要集中在北京和上海。

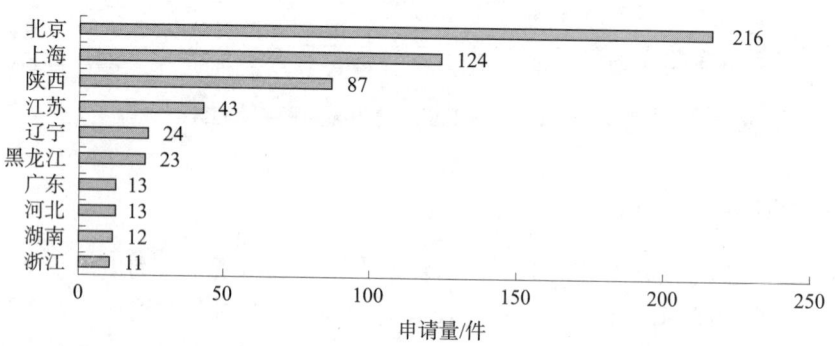

图 2-2-3 低轨卫星通信专利国内主要省市申请排名

2.2.4 法律状态统计

从图 2-2-4 可以看出，目前在低轨卫星通信领域，中国申请的专利中，有效专利共有 341 件，占比为 43%；在审专利共有 302 件，占比为 38%；无效专利共有 149 件，占比为 19%。

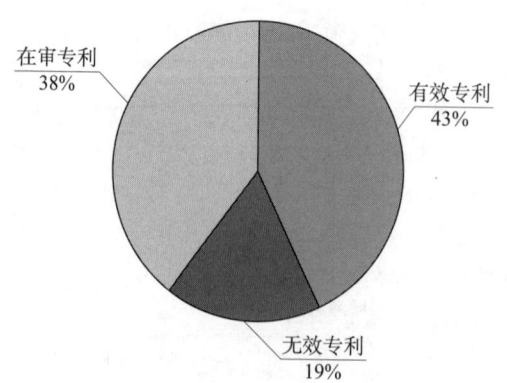

图 2-2-4 低轨卫星通信专利中国专利申请法律状态

中国专利申请法律状态分布和全球专利申请法律状态分布相差不多，和近些年中国申请量越来越大的表现是一致的。在149件无效专利中，有2/3的专利是失效专利，这些失效专利大部分不是因为到达年限，而是因为未缴年费失效，而这些失效专利基本属于高校申请。

2.3 小　　结

本章对于低轨卫星通信领域全球范围内的专利进行了统计和分析，从申请趋势、全球分布、专利类型等多个角度进行了描述和对比，通过这些数据，我们可以得到以下结论：

（1）从低轨卫星通信领域专利的总体趋势可以看到国内外专利申请数量从20世纪90年代中期到2000年左右经历了短暂的快速上升期，此后快速回落并趋向平稳，这主要是与第一代低轨星座的快速兴起和迅速破产直接相关。

（2）2010年以来，低轨卫星通信领域的专利申请量有了大幅上升，主要还是三大星座（Iridium、Globalstar和Orbcomm）部署或启动部署二代星座，推动专利申请量的止跌回升。特别是2013年开始由新的宽带需求的牵引，SpaceX等星座计划开始启动，新星座在很多技术特点上与传统星座也有了明显区别，致使该技术领域的专利申请量呈现爆发式增长。

（3）在全球范围内，低轨卫星通信技术专利的国家申请量和市场规模紧密挂钩。市场规模最大的中国、美国、欧洲的专利申请量远高于其他国家。低轨卫星通信技术门槛较高，需要大量的技术与资金支持，所以也需要相应的市场规模来支撑高昂的投入。

（4）国外在用的低轨星座全部来自美国，美国研发投入早、专利布局早，数量也是最多的；欧洲则一直与美国航天业界广泛和紧密合作，此外，还承担了星座的研制工作（如Thales与Iridium NEXT）。

（5）和国外不同的是，国内申请人目前主要由高校、研究院以及国有企业组成，民营企业较少，市场化程度较低。这是我国特有国情决定的，也是我国在航空航天领域的优势之一。因为国有企业的资金和技术支持可以在市场尚不明朗也不成规模的时候就进行技术投入，在技术上抢占先机。

总体来说，低轨卫星技术的技术门槛较高，研发难度较大，但未来的收益也不可估量，目前是专利申请的活跃领域。

第3章 星上系统专利分析

3.1 卫星姿态控制

3.1.1 技术概况

卫星总体包括结构分系统、姿态控制分系统、电源分系统、热控分系统、星务管理分系统、测控通信分系统以及推进分系统等基本组成部分。课题组结合低轨卫星特点，将姿态控制、轨道控制以及电推进技术、姿轨控制技术进行研究。

当姿态确定系统完成姿态确定后，需要将姿态参数传给姿态控制系统，以实现对卫星姿态的控制。姿态控制系统是保证卫星姿态稳定与卫星功能实现的关键，是卫星姿态控制系统的核心。姿态控制系统相对于姿态确定系统而言，主要包括控制规律设计和执行机构问题。

姿态控制系统的任务可分为姿态机动和姿态稳定两方面：姿态机动是使卫星从一种姿态过渡到另一种姿态的再定向过程；姿态稳定是使卫星姿态保持在给定方向上，如对地定向、对日定向等。为了满足不断发展的空间任务对卫星姿态控制的更高要求，各国都在大力发展先进的控制理论和控制技术以提高姿态控制的精度。

（1）铱星系统

铱星系统是由66颗卫星联网形成的可交换数字通信系统。铱星系统星座运行在6个极低轨道共同旋转平面，分别相隔31.5°，倾角为86°，每个极低轨道平面有11颗卫星相等间距分布，卫星的轨道高度为780km。在地面最小仰角为8.2°的条件下完成全球连续覆盖。铱星系统采用三轴稳定，姿态精度±0.5°，位置保持的精度为±20km，卫星的寿命为5年。姿态控制分系统由敏感器、控制执行部件和电子处理设备组成。

铱星系统采用星敏感器、太阳敏感器作为姿态测量部件，星敏感器由两个星跟踪器组成。星跟踪器是以恒星为参照物的。星跟踪器在航天器上实拍到星图后，通过一系列计算，可确定星跟踪器光轴在惯性空间的瞬时指向。铱星系统的多种在轨功能，包括变轨机动、轨道捕获、轨道调整、阻力补偿和位置保持以及卫星指向控制和退出轨道都能由推进分系统完成。铱星系统采用先进的化学推进系统，将单元肼燃料作为推进剂。

（2）全球星系统

全球星系统的卫星姿态和轨道控制系统的敏感器部件由下列部分组成：三轴模拟式太阳敏感器、一套红外地球敏感器、一个三轴磁通门磁强计、一台双GPS张量接收机。卫星姿态与轨道控制系统的执行机构由下列部分组成：5个单元肼推力器，推力均为1N；4个动量飞轮、2个磁力棒，每根磁力棒的磁矩为80Am^2。

全球星系统的姿态控制共有三种控制模式：故障安全模式，在发生姿态控制故障时，使太阳电池帆板指向太阳，确保电源供应；姿态捕获模式，首先捕获太阳，然后捕获地球；正常模式，由4个动量轮以四面体斜装方式实现零动量偏置或动量偏置（当没有偏航姿态信息时）三轴姿态稳定，同时也可以实现偏航姿态偏置的三轴稳定，后者是为了保证单轴太阳电池帆板定向控制，能满足为非太阳同步轨道卫星长期提供满功耗电源的需要。飞轮饱和由两根磁力矩棒提供卸载力矩。

（3）Orbcomm系统

Orbcomm系统是一个低轨道卫星数据通信系统，其小卫星姿态控制系统的执行机构和敏感器包括2个$5Am^2$磁力矩器磁棒；1个$5Am^2$磁线圈；2个凝视式地球敏感器；三轴磁强计；6个粗太阳敏感器；天线与太阳帆板一体化装置。

姿控系统采用重力梯度稳定与磁控相结合，太阳能帆板上装有用于控制帆板指向的粗太阳敏感器。2根棒式磁力矩器和1个磁线圈，作为姿态磁控和重力梯度天平动阻尼。在偏航轴安装一个反作用飞轮，用于控制偏航姿态。为了维持Orbcomm系统各卫星之间轨道相互位置，在星上安装了用于确定每颗卫星的动态位置的GPS接收机。此外，还安装了一套落压冷气（氮）推进系统，氮气贮存在轻型复合材料贮箱中，用于捕获卫星初始轨道，也可作为卫星控制系统推力的备份。Orbcomm星座由于没有星间通信，不需要轨道保持。对卫星只需作少量入轨机动以确保轨道平面之间的半长轴相同，从而减少轨道面交点线的相对漂移，以维持覆盖均匀分布。

3.1.2 专利申请趋势分析

如图3-1-1所示，由低轨卫星姿态控制专利申请趋势可知，低轨卫星通信的姿态控制技术于20世纪90年代投入创新研发，根据专利申请总量的发展趋势，专利技术发展阶段分为两个典型时期，分别为萌芽期（1996～2010年）、发展期（2011～2018年）。

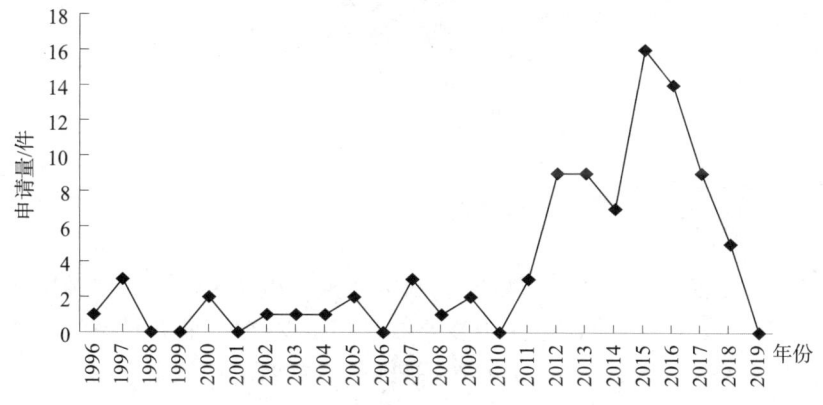

图3-1-1 卫星姿态控制全球专利申请趋势

在萌芽期（1996～2010年），低轨卫星通信姿态控制技术领域专利申请量较少，年度最高申请量为3件，平均量不足1件。此阶段申请量主要来自美国创新主体，包括Globalstar、Hughes申请的专利。其中，Globalstar公开了一种轨道偏航转向的动态偏置，结合了稳定的陀螺姿态控制和开环偏航转向的优点，用于操纵太阳跟踪姿态控制的低地球轨道通信卫星的方法和装置，并在 1996~1997 年，在英国、美国、加拿大、欧洲、日本、韩国进行了同族专利布局。

在发展期（2011~2018 年），全球低轨卫星通信姿态控制技术领域创新主体活跃度强，年度最高申请量为 16 件。国内外主要申请人涵盖了低轨卫星星座的主要研制单位，国外申请人包括波音、Hughes、雷神、空客、阿斯特里姆等，专利申请量在 2013~2015 年出现了激增，国内申请人主要包括北京控制工程研究所、上海微小卫星工程中心、航天恒星有限公司、北京空间飞行器总体设计部等行业内权威小卫星研制单位。主要专利申请人出现多元化分布，专利申请量明显增多，专利申请量趋势在经过高点后快速降落，新技术的引入如电推进技术创新促使低轨卫星姿轨控制即将进入新的发展阶段。

3.1.3 专利申请地域分析

由图 3-1-2 可知，中国的专利申请量为 43 件排名第一，其中有效专利 17 件、在审专利 13 件、无效专利 13 件。美国专利申请 24 件，仅次于中国专利申请数量，有效专利 12 件、在审专利 11 件、无效专利 1 件。通过中美申请专利的对比可知，中国失效专利占比总申请量较大，对比美国的国际专利布局数量较少，专利平均寿命较短。

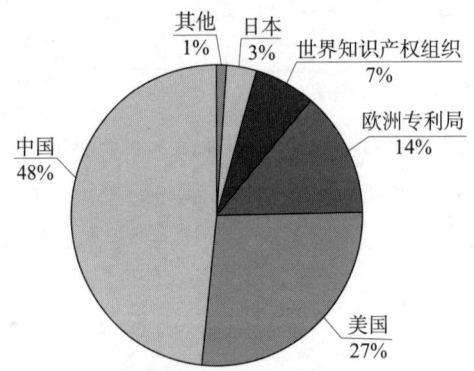

图 3-1-2 卫星姿态控制全球专利申请地域分布

3.1.4 主要申请人分析

如图 3-1-3 所示，通过卫星姿态控制全球主要申请人的专利申请量排名可知，航天五院排名第一，空客排名第二，其次是波音、Thales 等。航天五院中主要申请人是北京控制工程研究所，始建于 1956 年 10 月 11 日，前身为中国科学院自动化研究所，是我国最早从事卫星研制的单位之一，主要从事空间飞行器姿态与轨道控制系统、推进系统及其部件的设计和研制以及工业控制系统的研究应用工作，在我国已成功发射 100 多颗卫星（飞船）的控制、推进分系统及其部件，其中绝大部分卫星由该单位研制生产，在卫星的姿轨控制方面具有一定技术储备。

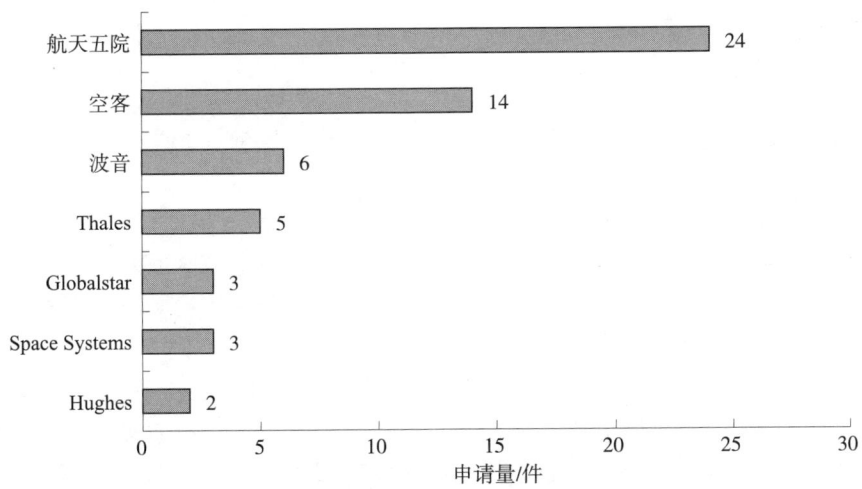

图 3-1-3　卫星姿态控制全球主要申请人专利申请量排名

3.1.5　关键技术分析

劳拉公司于 1996 年 1 月 16 日申请的公开号为 US5791598 的专利"Dynamic bias for orbital yaw steering",于 1996 年 10 月 28 日转让给 Globalstar,该项专利公开了一种用于操纵需要太阳方向以进行太阳能累积的低地球轨道通信卫星的方法和装置。动量偏差既保持了最低点,同时为太阳轨迹姿态控制增加了偏航转向力矩。该方法有两个主要步骤:开环动量解耦,用于校正计算的转向扭矩,以及闭环姿态补偿;根据两个控制定律之一校正关于计算姿态的扰动。这结合了稳定的陀螺姿态控制和开环偏航转向的优点。该项专利技术在英国、美国、加拿大、德国、欧洲、日本、韩国进行了布局(见图 3-1-4)。

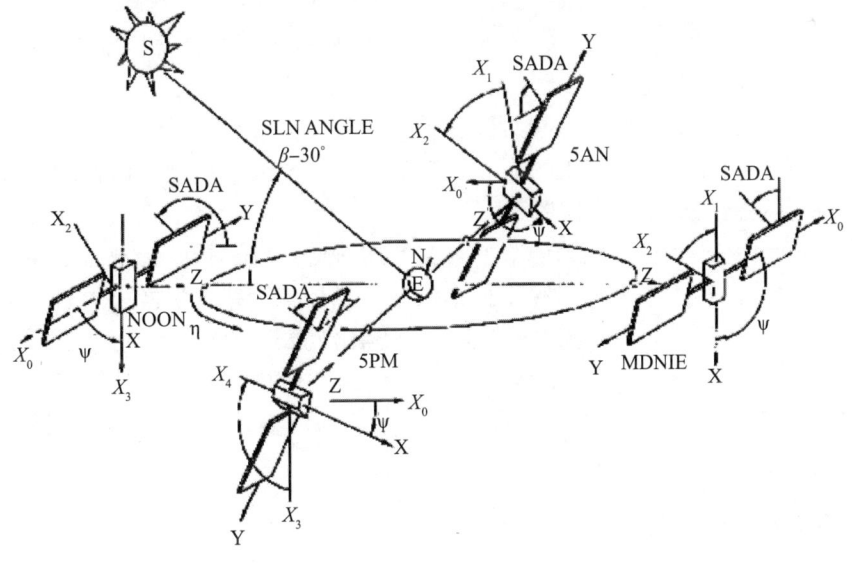

图 3-1-4　专利 US5791598 示意图

3.2 星载天线

3.2.1 技术概况

卫星通信天线是指装载在人造地球卫星上的天线，是卫星信号的输入和输出器，卫星通信正是通过星载天线与地球站天线之间互相传输电磁波来实现的。天线已成为任何一个卫星不可或缺的重要组成部分，卫星天线影响并制约着整个无线通信系统乃至整个卫星通信的性能和功能。

卫星可以装载多副天线，一副天线还可以通过采用多波束技术来产生多个波束，多波束技术能减少卫星需装载天线的数量。此外，地球上空运行着多颗卫星，两个卫星天线的波束覆盖区可能会有重叠。例如区域波束覆盖区是在半球覆盖区内，点波束覆盖区是在区域覆盖区内。这样，重叠区的地球站能同时收到两个波束的信号，这两个信号如果频率相同，就会相互干扰。因此星载天线需采用频率复用技术，使同一频率的两个信号独立而又相互不干扰，通信容量成倍增加。随着卫星通信技术的发展，对星载天线的需求量与日俱增，对星载天线的技术性能要求也越来越高，成为当前低轨卫星通信研究重点之一。

卫星通信天线主要有三大类型天线。

（1）缝隙天线：在导体面上开缝形成的天线，也称为开槽天线。缝隙可用跨接在它窄边上的传输线馈电，也可由波导或谐振腔馈电，缝隙上激励有射频电磁场，并向空间辐射电磁波。近年来，平板缝隙天线因其低剖面、可集成化、容易组阵等特点，受到了人们广泛关注与研究。缝隙天线是在波导、金属板、同轴线或谐振腔上开缝隙，电磁波通过缝隙向外部空间辐射的天线。其特点是重量轻，具有良好的平面结构，易于与安装物体共形。缝隙阵列天线的口径面幅度分布容易控制，口径面利用率高，可以实现低副瓣或极低副瓣。同时，缝隙天线还具有结构牢固、简单紧凑、易于加工、馈电方便、架设简单等优势。

（2）抛物面天线：是指由抛物面反射器和位于其焦点上的照射器（馈源）组成的面天线。通常采用金属的旋转抛物面、切制旋转抛物面或柱形抛物面作为反射器，采用喇叭或带反射器的对称振子作馈源。

（3）阵列天线：由许多相同的单个天线（如对称天线）按一定规律排列组成的天线系统，可分为同相水平天线、频率扫描天线、相控阵天线、多波束天线、信号处理天线、自适应天线等。其中多波束相控阵天线利用波束合成网络控制天线单元的相位，在不同的方向上，使电磁波满足"空间相位差"与"阵内相位差"相同的条件，从而形成多个不同指向的瞬时波束，实现信号传输的高增益，成为卫星天线领域的研究重点。

3.2.2 专利申请趋势分析

从图3-2-1星载天线专利申请趋势可知，低轨卫星通信的天线技术早于20世纪90

年代初就投入创新研发，根据专利申请总量的发展趋势，专利技术发展阶段分为两个典型时期，分别为缓慢发展期（1991～2006年）、快速发展期（2007～2019年）。

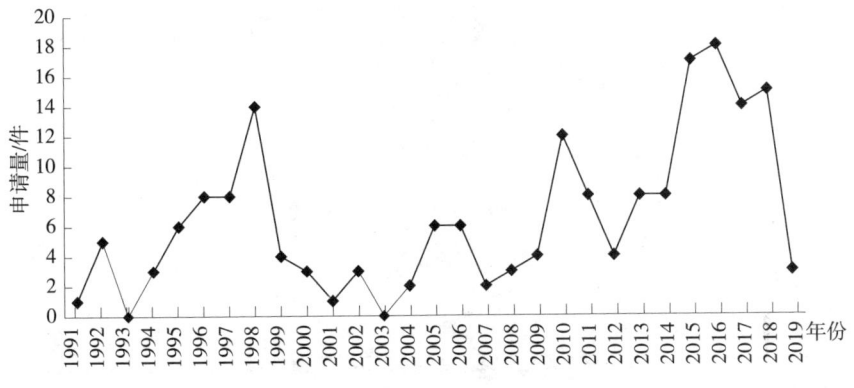

图 3-2-1 星载天线全球专利申请趋势

在缓慢发展期（1991～2006年），低轨卫星通信天线技术领域专利申请量较少，年平均量不足 4 件，此阶段申请量主要来自美国、欧洲和日本，美国是这一时期的专利申请量最多的国家，创新研发较为集中，技术成果输出较多，低轨卫星天线技术遥遥领先于其他国家，主要申请人包括哈里斯、Hughes、波音、高通等，多波束天线（Multiple Beam Antenna）迅速发展，如波音通过创新宽窄扫描天线的结合实现多波束天线效果，并在 2000 年 10 月和 2003 年 6 月成功发射的 Thuraya 1 和 2 卫星上得到技术应用。此外，Hughes、摩托罗拉的多波束天线技术在铱星系统等卫星星座中得到创新发展。中国低轨卫星通信天线技术发展比美国和日本等国家较晚，1995 年实现零的突破，专利申请量稳步增加，

快速发展期（2007～2019年），全球低轨卫星通信技术快速发展，尤其中国专利在 2010 年达到年度专利申请量峰值 8 件，同时中国总申请量反超美国和日本，这一时期国内主要专利申请人包括中国电子科技集团公司第五十四研究所、西安空间无线电技术研究所等科研单位，近十年，通信卫星技术的迅速发展和通信商业市场需求的不断增长，极大地促进了卫星天线的创新发展，当前阶段已成为卫星通信天线历史上最活跃的时期。

3.2.3 专利申请地域分析

由图 3-2-2 可知，星载天线中国专利申请量排名第一，有 72 件，美国专利申请量排名第二，有 57 件，其次是欧洲、日本、韩国、澳大利亚、加拿大、俄罗斯等。中国专利申请数量排名全球第一，主要由西安空间无线电技术研究所、上海微小卫星工程中心等研究机构申请，波音等国外公司在中国有少量专利申请。总体上可以看到国内研究机构在低轨卫星通信天线技术上有一定的优势。

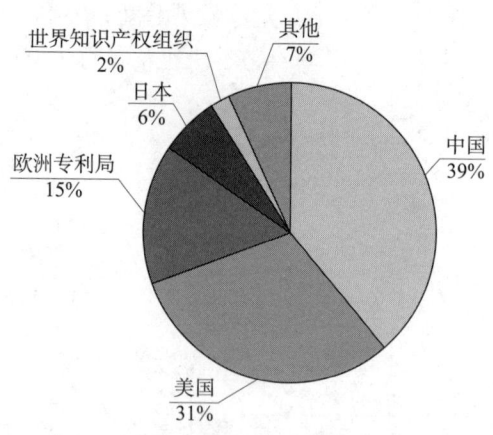

图3-2-2 星载天线全球专利申请地域分布

结合主要国家和地区专利的法律状态可知，美国有效专利排名第一，同时失效专利数量较多，主要由于创新起步早，专利申请集中于1999年以前导致期限届满比重较大。中国专利创新集中于近几年，处于授权和审查状态的专利较多，近几年在该技术领域的技术创新关注度较高。

3.2.4 主要申请人分析

通过图3-2-3可知，航天五院专利申请量26件，排名第一，其次是波音等美国创新主体。值得注意的是，Hughes尽管专利申请量仅4件，但该公司在卫星通信天线领域具有深厚的技术储备。该公司创建于1963年，知名产品包括1963年发射的世界上第一颗地球同步卫星，1966年发射的世界上第一颗地球同步气象卫星，1966年发射的探索者一号月球登陆舱等。Hughes还制造了大量的军用和民用卫星，2000年Hughes卫星制造业务被波音收购，截至2000年全球近40%的人造卫星是Hughes的产品。从Hughes的专利申请可以看出其低轨卫星通信天线技术专利集中于2000年前。

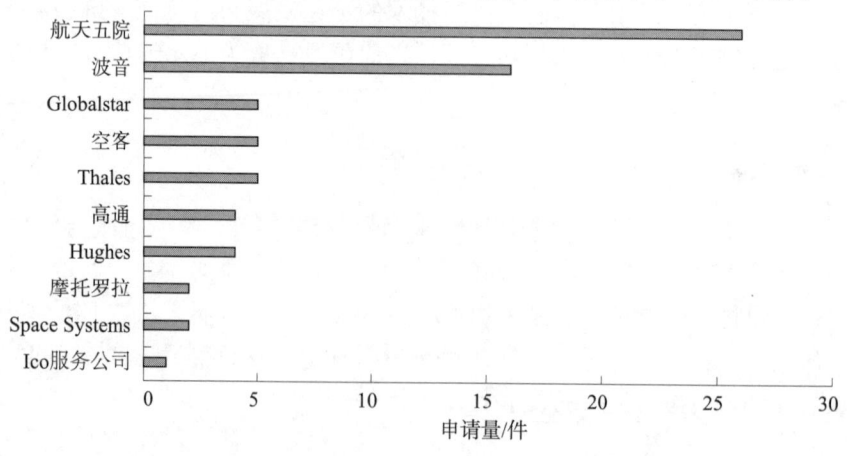

图3-2-3 星载天线全球主要申请人专利申请量排名

3.2.5 关键技术分析

低轨通信星座的目标是实现支持大量用户,实现大范围、高通量的网络应用,要求所采用的天线具有很高的可靠性,并需要考虑大量卫星之间的干扰。

下面以 Iridium 等公司的产品和专利申请为例,说明低轨通信天线的关键技术。

(1) 相控阵天线技术

早在 1980 年底,Iridium 第一代系统就已经采用了相控阵天线技术。Iridium 单个星体呈三棱柱体,卫星配有 3 副主任务相控阵天线,由 106 个阵元组成,提供 16 个 L/S 频段通信波束。卫星装有 4 副 Ka 频段星间链路天线,其中 2 副用于轨道面内通信,2 副用于轨道面之间的通信。4 副 Ka 频段星地通信天线,用于卫星与地面信关站之间的通信。

(2) 相控阵天线结构的改进

1995 年 2 月 7 日申请的专利 US08/384789 (发明名称为 "Triangular pyramid phased array antenna") 由劳拉公司申请并于 1996 年 4 月 29 日转让给洛马公司。该项专利提供一种改进的相控阵天线结构,天线包括以三角锥的形式排列的三个天线面,每个天线面有一个天线元件阵列,它在低光束角下具有最大的孔径横截面,该类天线有效补偿了由于路径、大气和雨雪而导致的低仰角的损失,天线设计使总阵列面积最小化、成本更低(见图 3-2-4)。

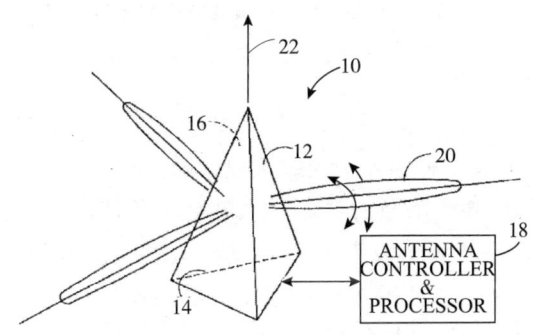

图 3-2-4 US08/384789 专利附图

摩托罗拉结合铱星通信特点积极发展地面应用天线创新。在卫星通信系统中,通信覆盖区域由多个卫星提供,需要设计单个卫星的覆盖区域使重叠区域减至最小,在消除覆盖空隙的情况下,完成整个系统覆盖。对以低成本高覆盖范围的目标来说,卫星通信系统中的卫星天线方向图的改进是必不可少的关键技术。

1996 年 5 月 3 日由 Cta space syst 申请的专利 US08/642454 (发明名称为 "Deployable helical antenna") 于 1996 年 8 月 15 日转让给轨道科学公司(Orbital Sciences Corporation),该专利提出了一种新型可展开螺旋天线,可以控制螺旋天线的收纳和展开参数,包括天线直径、高度和丝距角,减小了收纳螺旋天线所需的体积和天线系统的总重量,其增加展开的螺旋天线的刚度。卫星在收拢状态时,天线呈折叠状态位于专用的天线槽内（见图3-2-5）。

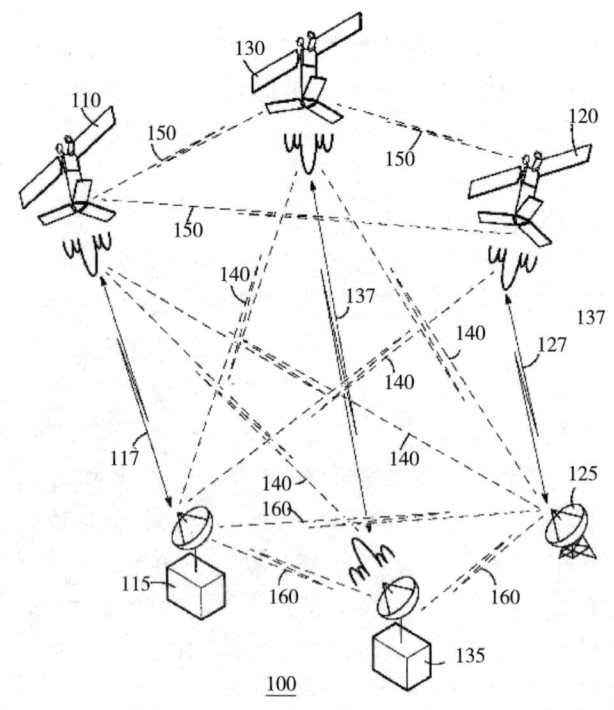

图3-2-5　US08/642454专利附图

（3）数字波束成形算法

摩托罗拉1998年11月3日申请的专利EP0956612A1（发明名称为"具有宽零点的天线波束方向图"）涉及一种相控阵天线领域的增强数字波束形成器，用于卫星通信的收发器子系统减轻干扰并增加通信系统中的频率复用因子，通过该发明装置和方法，增强了数字波束形成算法与基于数字信号处理器（DSP）的系统相结合，打破了传统的多波束卫星通信容量受频率复用或码复用能力的限制，显著提升了卫星通信系统的容量，同时具有与该阶段的调制技术相兼容的特点（见图3-2-6）。

在1997~1999年，该创新技术在欧洲、美国、日本、中国、加拿大等国家和地区进行了保护，在中国的专利于2009年3月11日转让给于德国注册的美国知识产权运营公司托萨尔科技集团有限责任公司（Torsal Technology Group Ltd.），2011年6月29日该专利又转让给CDC知识产权公司（CDC Propriete Intellectuelle），CDC公司为知识产权运营公司。

北京信威通信技术股份有限公司于2014年申请了一项名为"数字波束成形信号处理装置及方法"的专利（CN104852759A）并于2019年4月获得授权。该专利提出了一种可以解决波束确定后就不能再更改，波束数量受到限制，旁瓣很难得到有效抑制的问题（见图3-2-7）。

第3章　星上系统专利分析

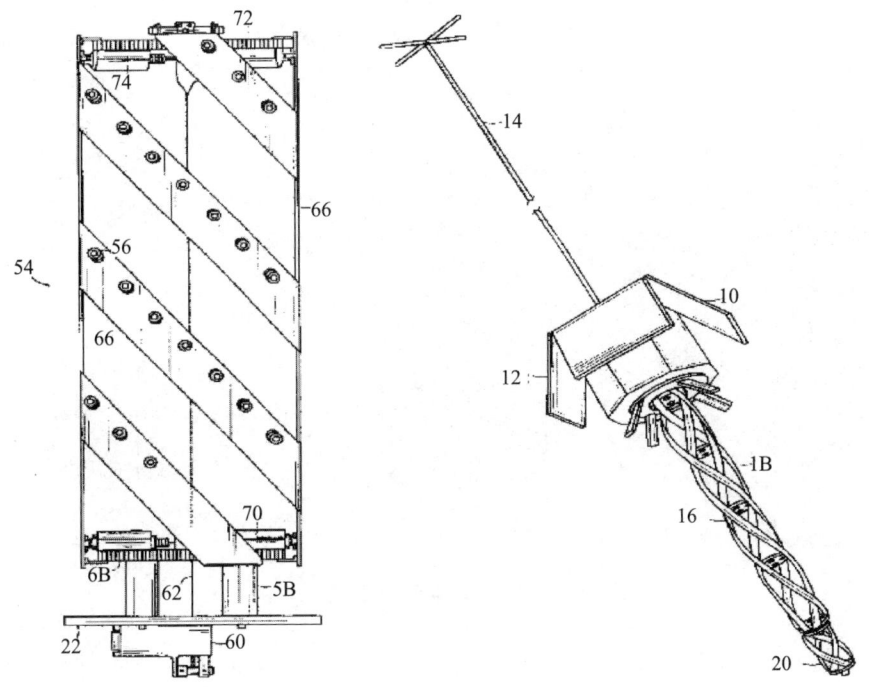

图 3-2-6　EP0956612A1 专利附图

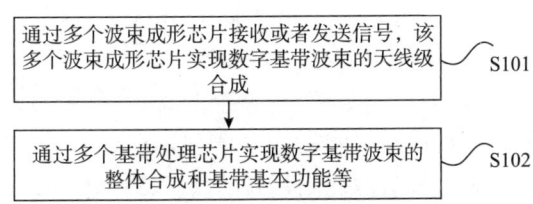

图 3-2-7　公开号 CN104852759A 专利附图

（4）多波束平板相控阵天线

Thales 在 2012 年 1 月 30 日申请的公开号 EP2485328A1 专利（发明名称为"Antenna system for low-earth-orbit satellites"）。在该微波天线系统中，通过使用具有单反射器或双反射器并具有旋转对称性的光学系统，当被电子可操纵的平面适当地照射时，产生具有一个或两个自由度的电子扫描光束，可以作为与最低点轴的距离的函数获得的增益特性，反射器辐射元件的传输功率相应变化，使得该天线 EIRP 可以适应不同的绝对值。该天线中还包括由移相器方便地驱动的辐射元件或辐射器，以及包括一个或两个具有旋转对称的反射器的天线光学器件，利用增益分布作为与最低点的角度的函数，补偿空间衰减（见图 3-2-8）。

27

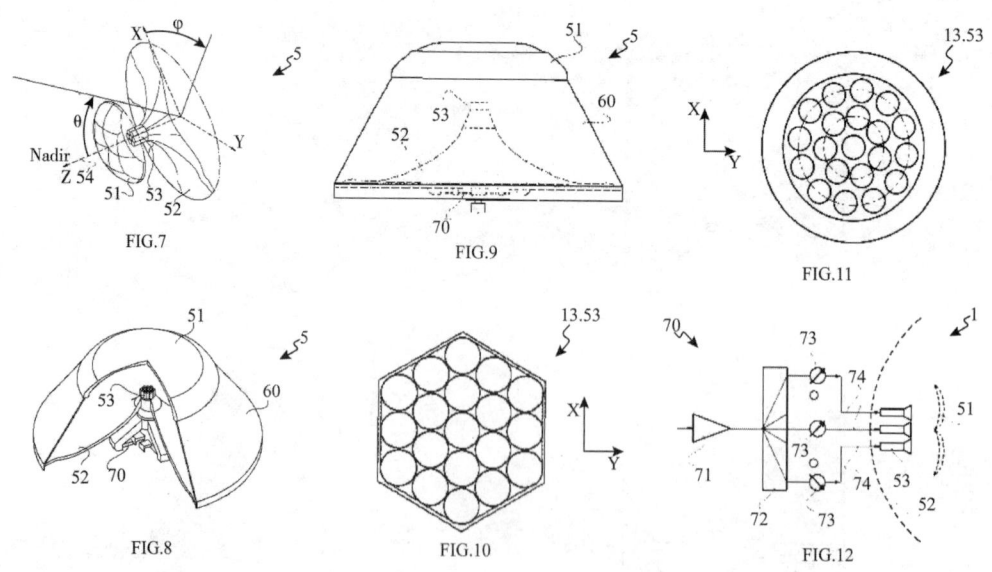

图 3-2-8　EP2485328A1 专利附图

该专利最早优先权专利于 2011 年在意大利进行专利保护，2012 年在美国、欧洲、西班牙进行了布局。

2015 年 12 月 19 日 Thales 申请的专利 US16/062966（发明名称为"Double-reflector antenna and related antenna system for use on board low-earth-orbit satellites for high-throughput data downlink and/or for telemetry, tracking and command"），涉及了一种双反射器天线技术，用于 X 或 K 波段的数据下行链路（DDL）和/或用于遥测、跟踪和指挥，该天线的主反射器、副反射器、同轴馈电器同轴布置，与主反射器和副反射器同轴布置，还包括彼此同轴布置并且彼此间隔开的内导体和外导体（见图 3-2-9）。

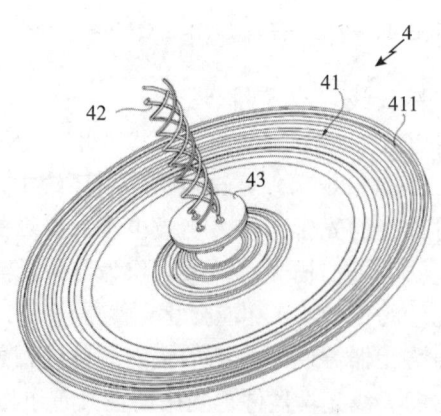

图 3-2-9　US16/062966 专利附图

3.3 转发器

3.3.1 技术概况

转发器是通信卫星的重要有效载荷之一，它能起到卫星通信中继站的作用，其性能直接影响到卫星通信系统的工作质量，由接收、变频、调制、放大和发射等电路构成。

卫星转发器通常分为透明转发器和处理转发器两大类。

（1）透明转发器：也叫弯管式转发器，这类转发器接收到地面站发来的信号后，除进行低噪声放大、变频、功率放大外，不作任何处理，只是单纯地完成转发任务，对工作频带内的任何信号都是"透明"的通路。

（2）处理转发器：处理转发器主要除了能转发信号外，还具有信号处理功能。处理转发器接收来自地面站发来的信号，经前置放大和变频，再将中频数字信号进行解调，并进行数据处理。为了抗干扰，在卫星上还可以进行纠错编码处理。处理后的信号经发射部分的数字调制、变频和功率放大，再转发到地面站。

近年来，随着用户对高数据率传输和无缝覆盖的交互式多媒体服务的需求快速增长，促进了宽带通信卫星的迅速发展，使处理转发器技术成为研究热点。处理转发器的主要特点包括通过对信号解调和再生去掉上行链路中叠加的噪声，提高整个通信链路的传输质量；通过对信号的解调和再调制，进行上下行链路分开设计，可使上下行链路采用不同的调制体制和多址方式，以降低传输要求和地面设备的复杂性；通过星上信号处理可实现用户链路的信道、频率、功率和波束的动态分配，使卫星资源得到最佳利用；利用前向链路与后向链路信号处理器的连接，可实现移动用户之间一跳通信，以避免双跳引起的长时延；通过星上信号处理可建立星间通信链路，以实现星间联网等。处理转发器主要部件构成及功能如表3-3-1所示。

表3-3-1 低轨卫星通信处理转发器主要构成及功能

主要部件	功能
接收机	用于对输入信号进行低噪声接收、变频和放大。接收机由前置放大器、下变频器、本地振荡器和后置放大器组成。放大器常用低噪声场效应晶体管制成，采用多级串联方式来达到所要求的增益
输入多工器	用于将信号按频带区分成多路，每路都经过带通滤波器和均衡器，并可独立调整
激励放大器	由多级晶体管制成。用于把接收机送来的信号放大，以获取一定的增益和功率去激励末级功率放大器
功率放大器	采用行波管放大器或固态功率放大器，将每路通信信号放大到规定的功率电平
输出多工器	它的用途是减少或滤除转发器中产生的有害频率分量，并将各路信号合起来向发射天线馈送。转发器的主要技术指标是：增益（即功率放大量）、幅频特性、最大输出功率、噪声系数、交调电平、调幅调相变换系数和时延随频率的变化等

3.3.2 专利申请趋势分析

如图 3-3-1 所示，低轨卫星通信的转发器技术于 20 世纪 90 年代初期投入创新研发，根据专利申请总量的发展趋势，专利技术发展经过短暂的集中增长后进入缓慢阶段。在发展期（1995~2002 年），低轨卫星通信转发器技术的专利申请量呈现大幅增长趋势，最高年度申请量 12 件。与该阶段美国、日本、欧洲等国家和地区纷纷开展通信卫星服务项目和计划有关，主要专利申请人包括 Hughes 等。2003 年全球专利申请量大幅回落后缓慢发展，年度最高申请量 3 件，大部分低轨卫星采用中高轨道的通用型通信转发器技术，低轨通信专属领域的转发器专利技术创新需求较弱，与此同时也应注意早期关键专利是否对我国相关技术创新具有侵权风险。

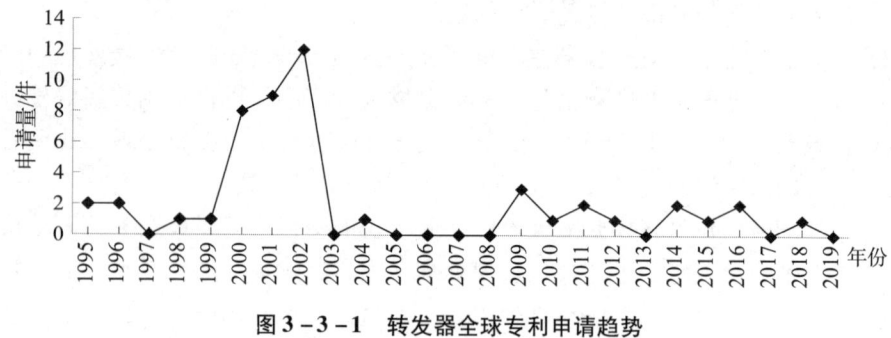

图 3-3-1　转发器全球专利申请趋势

3.3.3 专利申请地域分析

如图 3-3-2 所示，低轨卫星转发器的全球专利申请区域分布中，欧洲以 22 件专利申请排名第一，其次是中国和美国。欧洲专利申请主要包括贝克休斯、Ico 服务公司、Globalstar 和波音在欧洲申请的专利。贝克休斯是美国一家为全球石油开发和加工工业提供产品和服务的大型服务公司，成立于 1987 年，由两家历史悠久的石油设备公

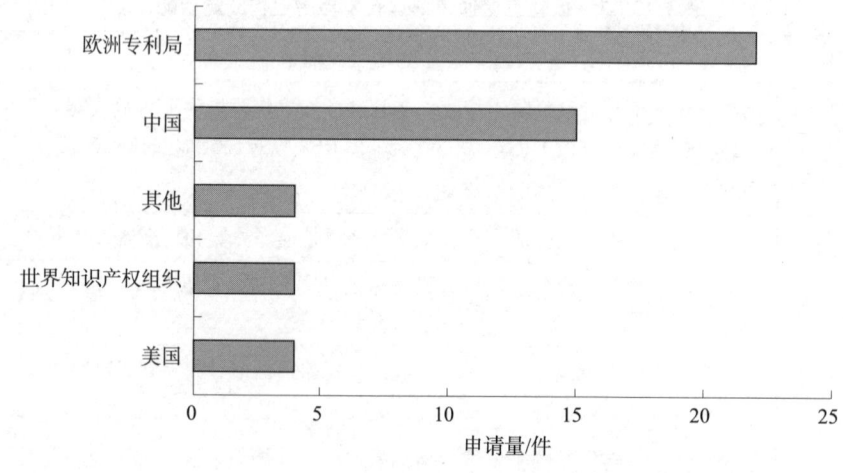

图 3-3-2　转发器全球专利申请地域分布

司（Baker 和 Hughes）合并组成。该公司通过油田服务公司，提供钻井、完井和油气井生产的各类产品和服务，是全球油田服务行业的领先者。其下属 Baker Hughes INTEQ 公司提供数据通信、数据管理、专家服务、钻井和地层评价的技术和服务，在与油田服务领域结合低轨卫星通信提供技术服务。

3.3.4 主要申请人分析

如图3-3-3所示，在转发器主要申请人专利申请量排名中，波音排名第一，其次是 Globalstar、Thales、航天五院等，专利申请量主要集中于波音和 Globalstar。中国申请人航天五院是中国空间技术研究院研制各类空间飞行器的有效载荷以及电子系统和设备、地面测控和卫星应用电子系统与设备的专业性研究所，主要从事卫星通信、卫星遥感、卫星测控和卫星导航技术研究，卫星有效载荷和跟踪系统以及其他空间电子设备工程研制。该单位研制的 C 波段卫星通信有效载荷，卫星天地测控网地面/舰载双频多普勒测速、遥测跟踪系统和微波统一测控系统，以及各种类型的卫星测控应答机和测控天线，正在进行 Ku、Ka 波段和更高频段通信有效载荷的开发，是卫星通信领域天线、转发器等有效载荷的重要技术创新单位。

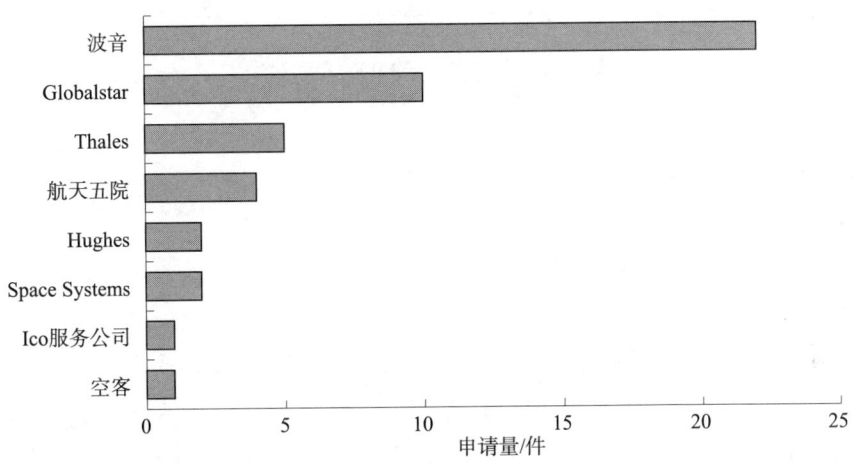

图3-3-3 转发器全球主要申请人专利申请量排名

3.3.5 关键技术分析

Globalstar 于 2000 年 9 月 12 日申请的专利 EP1085680A2（发明名称为"Dynamic filter controller for LEO satellites"）先后在美国、欧洲、中国、日本、韩国、中国台湾等多个国家和地区进行专利布局。该专利提出了一种通过弯管转发器优化基于中继器的通信系统中的功率利用的方法和装置。根据所需信道的数量或所需信道的带宽来选择性地设置返回链路（上行链路）带宽的技术。基于业务量来改变返回上行链路滤波器的带宽，以优化卫星上的功率利用，并减少卫星上使用的轨道平均功率，从而减小卫星电力系统的尺寸和质量（见图3-3-4）。

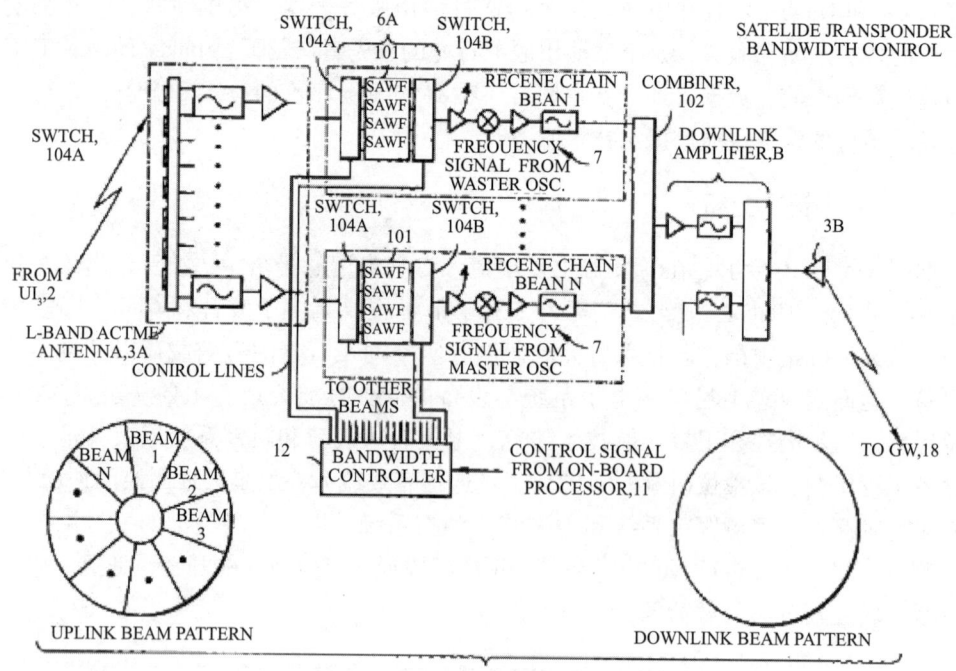

图3-3-4　EP1085680A2 专利附图

3.4　星间链路

3.4.1　技术概况

星间链路是指用于卫星之间通信的链路，也称为星际链路或交叉链路（Crosslink），通过星间链路可以实现卫星之间的信息传输和交换。多颗卫星可以互联在一起，成为一个以卫星作为交换节点的空间通信网络，降低卫星通信系统对地面网络的依赖，而且信号在星间链路传输时可有效避免大气和降雨导致的衰减，形成相对独立的通信星座系统或数据中继系统。近年来，在具备宽带、大容量、低延迟和全球覆盖等特色的低轨通信星座的推动下，星间链路成为研究热点。

星间链路按照卫星所在轨道可分为同类型轨道（如 GEO-GEO、LEO-LEO 等）卫星间的星间链路和不同类型轨道（LEO-GEO 等）卫星间的星间链路。从卫星所在轨道面还可分为同轨道面的星间链路以及异轨道星间链路。星间链路除按照轨道划分外，还可以按照工作频率分为微波链路（Ka 频段）、毫米波链路（部分 Ka 频段和 Q/V 频段等）、太赫兹链路（太赫兹频段）和激光链路等。

当前，Starlink、LeoSat、Telesat、Iridium NEXT、O3b 和 Globalstar 等中低轨道星座项目的发展势头正盛。在这些星座中，美国的 Starlink 星座将采用激光星间链路实现空间组网，达到网络优化管理以及服务连续性的目标；LeoSat 星座也将采用激光星间链路建立一个空间激光骨干网；加拿大的 Telesat 星座亦计划设置激光星间链路；而美国的 Iridium NEXT 星座则设置了 Ka 频段星间链路。按照目前公布的资料来看，O3b 和 Globalstar 星座未设置星间链路。

3.4.2 专利申请趋势分析

如图 3-4-1 所示，由低轨卫星星间链路专利申请趋势可知，该领域技术最早始于 20 世纪 90 年代初，1994~2010 年，该领域专利技术经过缓慢发展，创新主体主要集中于美国、中国，在经过短暂发展后进入快速发展阶段，整体年度申请量最高 5 件，平均申请量近 3 件，专利总量不多。但自 2010 年以来一直保持相对平稳的状态，尤其中国专利申请人在本领域创新活跃度相对较高，一定程度反映星间链路技术是低轨卫星通信技术关注点之一，尤其在近几年低轨通信卫星星座的建设热潮中，成百上千的通信卫星间通信成为低轨卫星星座提升通信效率的重要关键技术。

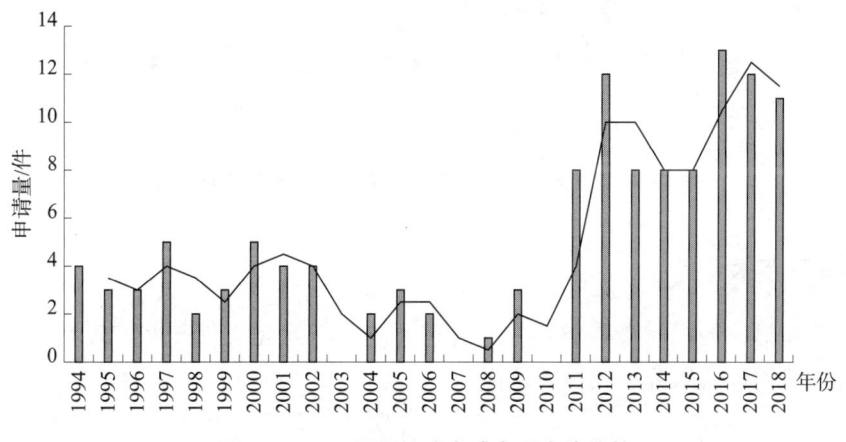

图 3-4-1 星间链路全球专利申请趋势

3.4.3 专利申请地域分析

通过图 3-4-2 可知，在星间链路领域中国专利申请量 82 件，排名第一，美国专利申请量 26 件，排名第二，其次是欧洲、日本等。中国专利申请中有几家重点国外公司进行了专利申请，包括 Globalstar 9 件专利申请、波音 6 件专利申请，其中波音在返回链路设计中进行了布局，目前专利仍然处于有效状态。

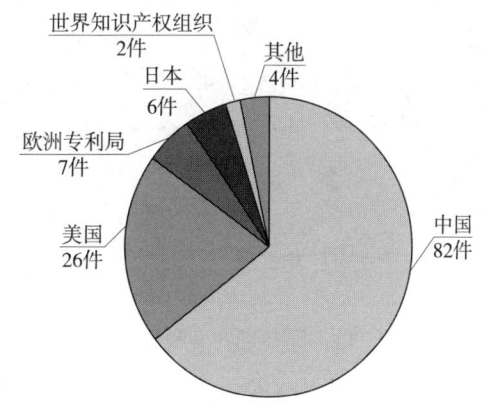

图 3-4-2 星间链路全球专利申请地域分布

3.4.4 主要申请人分析

如图3-4-3所示,低轨卫星通信星间链路主要申请人的专利申请量排名中,航天五院在该领域专利申请量相对较多,其次是波音和Globalstar,航天五院低轨星座建设对星间链路的创新研发较为活跃。

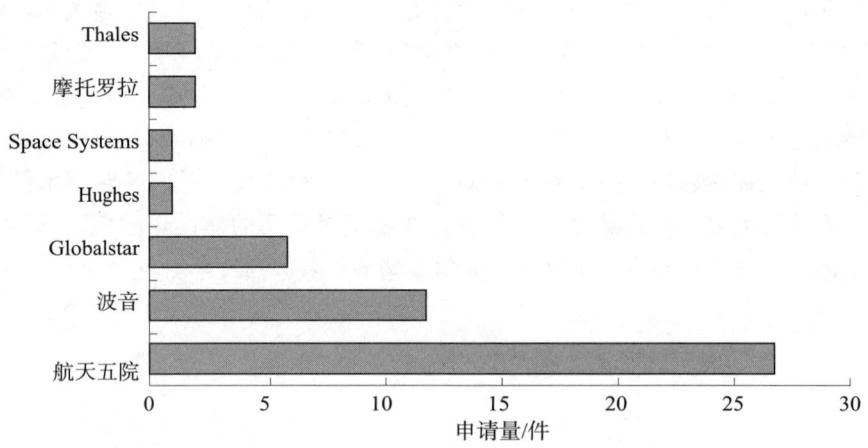

图3-4-3 星间链路全球主要申请人专利申请量排名

3.4.5 关键技术分析

低轨卫星通信的星间链路技术,通过在系统节点间建立骨干网实现空间组网,达到网络优化管理以及服务连续性的目标。

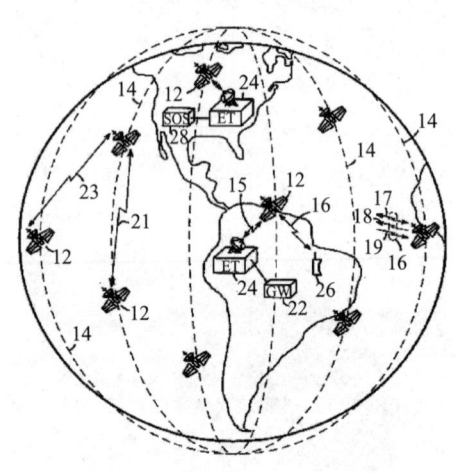

图3-4-4 US5430729专利附图

摩托罗拉申请的专利US5430729(发明名称为"Method and apparatus for adaptive directed route randomization and distribution in a richly connected communication network")提出了一种低轨卫星通信系统中的节点之间路由数据分组的方法和装置。打破了传统的蜂窝通信系统采用在系统节点之间路由通信信息的方法。使得高度分布的路由方法自主实现,并在网络链路的使用中实现均匀性,同时限制用于路由的每个路径上的跳数,在防止链路拥塞的同时实现网络链路使用的均匀性,链路故障证明并且围绕链路故障路由数据分组。减少网络资源消耗,增强了传递通信的可靠性(见图3-4-4)。

3.5 组网构型

3.5.1 技术概况

低轨道卫星移动通信系统由卫星星座、关口地球站、系统控制中心、网络控制中心和用户单元等组成。课题组将低轨卫星通信星座或系统的相关方法或技术归类到组网构型领域。

目前提出的最有代表性的低轨道卫星移动通信系统主要有铱星系统和全球星系统、白羊系统（Arics）、柯斯卡系统（Coscon）、卫星通信网络系统（Teledesic）等。

（1）铱星系统

铱星系统是美国摩托罗拉提出的一种利用低轨道卫星群实现全球卫星移动通信的方案。铱星系统主要由下述部分组成：卫星星座、地面控制设施、关口站以及用户终端（话音、数据、传真）。每颗星可以提供48个（原设计为37个）点波束，每个波束平均包含80个信道，每颗星可以提供3840个全双工电路信道。

该系统采用"倒置"的蜂窝区结构，每颗星投射的多波束在地球表面上形成48个蜂窝区，每个蜂窝区的直径约为667km，它们互相结合，总覆盖直径约4000km，全球共有2150个蜂窝，该系统采用七小区频率再用方式，任意两个使用相同频率的小区之间由两个缓冲小区隔开，这样可以进一步提高频谱资源，使得每一个信道在全球范围内再用200次。

（2）全球星系统

全球星系统是美国LQSS公司（Loral Qualcomm Satellite Service）于1991年6月向美国联邦通信委员会（FCC）提出的低轨道卫星移动通信系统。全球星系统与铱星系统在结构设计和技术上均不同，不单独组网，其作用只是保证全球范围内任意用户随时可以通过该系统接入地面公共网联合组网，其联结接口设在关口站，采用低成本、高可靠的系统设计，其服务对象更适合为边远地区蜂窝电话用户、漫游用户、外国旅行者，以及希望低成本扩充通信的国家和政府通信网和专用网。

全球星系统以高技术、低成本作为设计思想，故系统具有以下主要特点：由于90%的呼叫是本地呼叫，故系统没有星际交叉链路，无星上处理，提供保密和防伪功能，可改善服务和提高可靠性，同时降低了成本和功耗等。

3.5.2 专利申请趋势分析

如图3-5-1所示，通过低轨卫星组网构型的专利申请趋势可知，该领域技术创新起始于20世纪80年代，在1994~2008年，以美国、欧洲创新主体为代表的申请人在组网构型领域进行了深入创新，主要专利申请人包括Globalstar、Hughes等，中国专利申请人技术创新活跃度较低。2010~2019年，在全球低轨卫星通信星座的建设狂潮中，该领域专利申请量集中爆发，2016年年度最高申请量17件，主要创新主体集中于中国和美国，中国申请人中包括航天五院、上海卫星工程研究所、北京信威通信技术股份有限公司等。

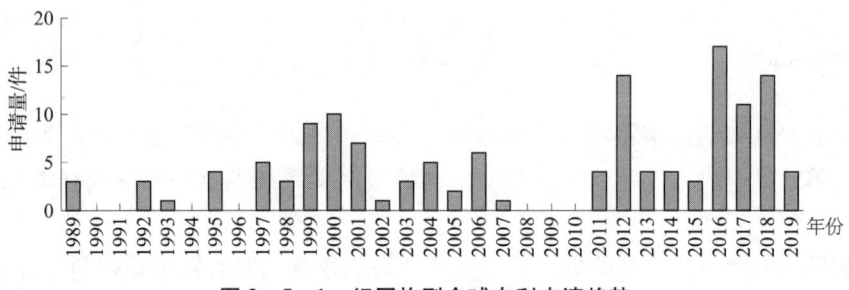

图 3-5-1　组网构型全球专利申请趋势

3.5.3　专利申请地域分析

如图 3-5-2 所示，由低轨卫星通信组网构型技术全球地域分布可知，全球专利主要集中于美国和中国，美国专利申请 57 件，中国专利申请 41 件，其次是欧洲、澳大利亚、加拿大、日本等。美国专利申请中有效专利 45 件、失效专利 12 件，失效专利占总申请量的 21%，其中因期限届满和未缴年费的失效专利居多。中国专利申请中有效专利 37 件、失效专利 4 件，中国专利创新集中于近几年，处于授权和审查中的专利较多，有效专利占总申请量的 90%，近几年在该领域创新技术活跃度高。

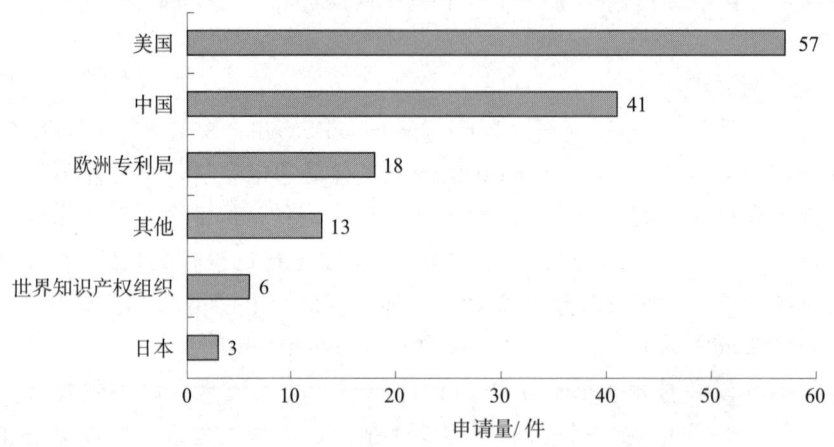

图 3-5-2　组网构型全球专利地域分布

3.5.4　主要申请人分析

如图 3-5-3 所示，由低轨卫星通信系统组网构型领域主要申请人专利申请量分布可知，Globalstar 专利申请 14 件，排名第一，其他申请人包括空客、Hughes 等。

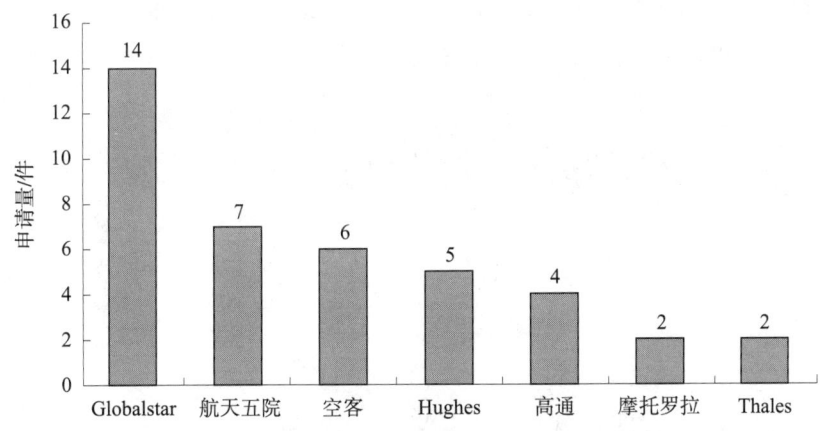

图 3-5-3 组网构型全球主要申请人专利申请量排名

3.5.5 关键技术分析

铱星系统——摩托罗拉于 1995 年 11 月 13 日申请的专利 EP0746498B1（发明名称为"Satellite communication system at an inclined orbit"）提供一种低地球轨道多卫星蜂窝通信系统，它消除了反向旋转接缝并在地球的大部分地区提供连续的双重通信覆盖。在优选实施例中，卫星的每个轨道平面以 20°~90°的角度倾斜，每个卫星包含卫星切换单元，卫星星座提高了通信的可靠性，改善了电源管理和具体性能，并在卫星星座的大多数小区中建立与用户单元的通信的延迟时间较短，改进了负载平衡和资源分配，是铱星系统的构型雏形。同族专利覆盖欧洲、美国、中国、俄罗斯等十多个国家和地区（见图 3-5-4）。

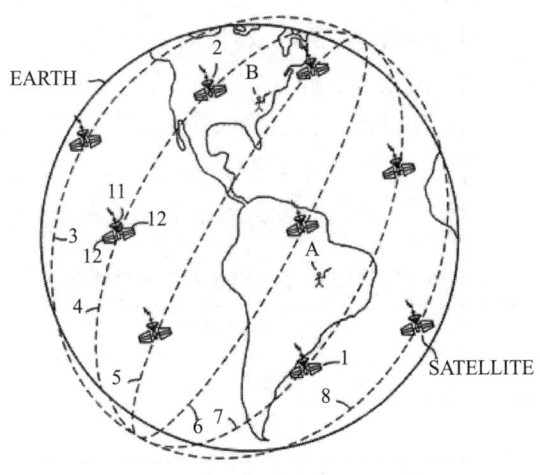

图 3-5-4 EP0746498B1 专利附图

全球星系统——Thermo funding company llc 于 1997 年 4 月 15 日申请的专利 US5884142（发明名称为"Low earth orbit distributed gateway communication system"）公开了一种低

轨卫星分布式网关通信系统，属于一种增强型无线本地环路通信系统，它通过卫星通信系统在 WLL 终端和地面通信系统之间提供单跳连接（见图3－5－5）。

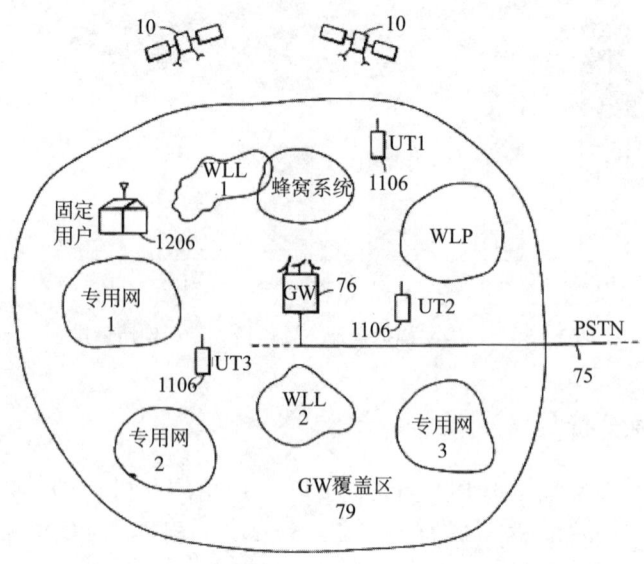

图 3－5－5　US5884142 专利附图

3.6　小　　结

本章介绍的星上系统关键技术偏向硬件技术，涉及硬件技术在低轨卫星通信中的改进。课题组将相关专利拆分为星载天线、转发器、卫星姿态控制、星间链路、组网构型 5 个二级分类，对专利数据进行整理与分析。

近些年，多个国家和地区都提出了自己的低轨卫星星座计划，同时，5G 等通信技术也带来了新一轮的技术变革。所以从总体趋势来说，星上系统关键技术领域申请量正飞速提升。表 3－6－1 总结了二级技术分支的申请趋势表现。

表 3－6－1　星上系统关键技术申请趋势表现

技术名称	近 5 年申请趋势	中国申请量排名
星载天线	飞速提升	第一
转发器	申请量很小	第二
卫星姿态控制	开始下降	第一
星间链路	飞速提升	第一
组网构型	飞速提升	第二

从表 3-6-1 可以看出，星上系统关键技术中的大部分技术方向在这两年都有了新的发展，有大量的专利申请涌现，只有转发器方向申请量低迷。中国虽然在星上系统关键技术方向发展较晚，但是追赶迅速，在短短数年的时间里，如今在各个方向申请量都达到了前两位，并且维持着较高的增长量。各技术申请趋势表现和技术以及产品需要是一致的。例如，由于低轨卫星星座所需要的卫星数量比中高轨多，星座需要重新设计；卫星数量变大，卫星间的通信受到进一步重视，星间链路方向申请量迅速提升；由于星对地速度加快，星载天线也需要进一步的适应性改变。但转发器已经成熟，不需要为了低轨卫星做太多的适应性调整，所以此方向专利产出越来越少。

总体而言，技术和产品变革带来的改变给星上系统关键技术领域带来了新一轮的挑战。

第4章 无线通信专利分析

4.1 空间网络技术

4.1.1 技术概况

低轨道卫星网络具有广阔的地理覆盖性、较短的通信往返延迟、较低的用户终端与卫星节点间通信功耗以及高效的无线频谱复用特性,为实现全球实时无缝信息传递提供有效的解决手段,在视频点播、多媒体广播、远程医疗、远程教育和高速互联网接入等领域,具有广泛的应用前景和研究价值。

低轨卫星通信系统无线通信网络由于其得天独厚的优势,受到学术界和工业界的广泛关注。同时随着科技的不断发展,卫星转发器由简单的透明转发向处理转发发展,逐渐具备了一定的星上处理能力,使得星间链路的建立成为可能。具备星间链路的卫星通信系统具有更复杂的体系结构,但也会带来众多优势:更加灵活的网络传输方式,同时降低了对地面网络的依赖;由传统的必须由地面网络转发变成了可通过星间链路进行通信,降低了传输时延;更强的系统可靠性和鲁棒性。虽然星间链路的存在增强了卫星网络的传输能力和系统的鲁棒性,但同时也引入了新的问题,不存在星间链路的卫星网络路由策略都是由地面来完成,然而空间部分的路由选择需要新的路由策略来支撑。卫星网络与传统地面网络不同的是,由于卫星一直处于高速运动状态,其拓扑结构也具备高动态变化的特征,同时,这种动态变化呈现一定的周期性,网络呈现对称性的特点。因此传统网络中的路由算法并不能够直接应用到卫星网络中。

针对此特征,国内外许多研究者提出众多路由策略,主要可以分为基于网络拓扑的时间虚拟化算法和空间虚拟化算法两类。

(1) 基于网络拓扑时间虚拟化的路由算法

时间虚拟化的核心思想是将时间分片,由于卫星的拓扑结构变化具有可预见性和周期性的特征,可将卫星的拓扑结构按照时间分成有限的状态集合,在每一个时间区间内拓扑结构近似不变。时间虚拟化的概念采用面向连接的ATM模式进行传输,假设拓扑变化的周期为T,将一个周期分成N个足够小的时间区间,在每个时间区间内,其拓扑结构是近似静态的,并引入了最短路径算法,在每两个点之间所有可能的路径集合中选取开销最小的路径进行路由选择。进一步,在基本算法的基础上,额外考虑了延迟、网络流量等优化问题。其拓扑结构和路径可能的情况依赖于卫星拓扑的可预见性,均可以离线计算完成,在实时运行的过程中,依据离线计算出的信息动态对路由表进行更新。Seong等人给出了卫星网络的一种新型路由选择解决方案,其核心思想是将卫星网络看成一个具有有限状态的状态机。同样的，在每一个状态下，网络可以被当成是静态网络，在此框架下研究了多种路由策略优化选择问题，并同时考虑了静态路由和动态路由两种方式，证明了静态路由相比于动态路由具有更好的性能。Gounder 定义了新的网络拓扑结构静态划分策略，主要依据星间链路的删减作为拓扑变化的标准，同时，指出目前大多数路由算法都是基于 ATM 或者 IP 的转发方式，均忽略了用于维护网络结构信息所引入的传输开销，对传输数据包所引入的额外开销进行了相应的分析，并对卫星通信系统中网络控制中心的放置问题进行了研究。此外，基于时间虚拟化的路由方案还有 Bai 等人提出的多路径路由策略（CEMR），该路由算法解决了传统的路由问题，同时通过路径 ID 的编码方式，考虑了信息传输的负载均衡问题，只引入了较低的额外开销。在基于时间虚拟化的路由策略中，由于卫星拓扑结构具有可预见和周期性的特点，其路由表可以通过离线计算并存储在卫星上，在时间片交替的时候动态地对路由表进行调整。其中存在一个权衡问题，过小的时间间隔会增加星上的存储压力，但其拓扑快照也最接近于真实情况；而过大的时间间隔会在一定程度上减小星上存储的开销，然而其卫星的拓扑状态会变得不精确。另外，卫星在运行过程中可能会存在一些不稳定的因素，如链路暂时失效等问题，离线的路由表并不能够根据其实际状态进行调整，因此可能造成较为严重的后果。

（2）基于网络拓扑空间虚拟化的路由算法

基于空间虚拟化的核心思想是将拓扑变化相对于路由策略透明化，具体来说，就是将卫星网络抽象成一个虚拟拓扑结构，这个拓扑结构是静态的，因此可以引入静态网络的路由策略。算法中引入了虚拟节点的概念，并根据卫星网络的实际状况构建了虚拟化的静态网络拓扑结构。尽管卫星在空间中高速移动，其虚拟拓扑结构保持不变，每一个虚拟节点保存着相对应的状态信息，如路由表、卫星从属状态信息。在每一个特定的时间区间内，每一个虚拟节点被一个卫星所持有，在下一个时间节点，随着卫星的移动，卫星持有的虚拟节点会发生相应的变化，路由策略根据虚拟拓扑完成路径选择。因此可看作协议对卫星的实际高动态的拓扑变化并无感知。Mauger 首次提出了空间虚拟化的概念，在低轨道卫星网络中采用了一种基于时分多址的传输策略，将卫星网络分为地面部分和空间部分，地面部分依据一种新型异步传输模式（ATM）方式——AAL2，该协议在地面的 ATM 网络中具有较优的性能。空间部分给出了一种新型无连接的传输策略，通过定义虚拟节点和小单元的映射关系，完成虚拟拓扑结构的构建，卫星的动态变化不影响虚拟拓扑结构的变化，只会使得每一个虚拟节点的状态发生变化。此外，文献中还引入了多种路由策略进行路径选择。Hashimoto 等人给出了一种卫星和地面站之间的混合型路由策略，提出了一种基于 IP 的单播路由策略。文献中将地面定义成一个个蜂窝形的结构，对网络拓扑进行了虚拟化操作，并研究了语音和视频流的传输效果。Uzunalioǧlu 考虑了卫星网络中的切换问题，并指出数据传输过程中的路由选择策略可能会发生变化，提出了一种 FHRP 算法，该算法基于原始的路由选择，根据目前的实际卫星拓扑情况以较低的开销完成新路由的计算。FHRP 算法根据有限的存储计算资源在完成路由切换的同时还保证了路由策略的局部最优。

T. H. Chan 在文献中将虚拟节点进行了分区操作，将网络抽象成曼哈顿街区网络（Manhattan Street Network），考虑了星上计算存储资源有限的限制条件，提出了局部的路由算法，即对不同区域的节点采用不同的路由算法。该算法降低了路由表的开销，同时对星上处理的时间进行了优化。

  Ekici 基于每一个数据包的路由提出了分布式的 DRA 算法，降低了传输延迟，同时对链路失效等问题具备一定的鲁棒性。空间虚拟化的路由策略通过将卫星拓扑结构虚拟化，使得卫星通信系统的路由策略不受动态拓扑结构的影响，适应性较强，同时不需要路由表的离线计算，从而降低了星上的存储开销。然而这也额外引入了路由表的动态更新和计算操作，同时由于其主要依靠局部拓扑结构信息，因此得到的路由策略和时间虚拟化的全局路由算法相比，性能较差。除上述研究外，还有一些研究致力于卫星网络的其余网络传输特性，如卫星网络的多播传输问题研究、不同卫星网络架构的路由策略研究等。基于 IP 的 LEO 卫星网络具有传输时延较低的特点，因此在远程会议、远程教育等多路传播应用领域有深远的意义。多播问题在传统网络已经有很广泛的研究，然而其在卫星网络的拓扑结构特征下并不适用，因此不能够直接应用于卫星网络的多播协议设计中。传统的反向路径多播协议（RPM）、基于距离向量的多播传播协议（DVMRP）以及基于开放式最短路径优先策略的多播协议（MOSPF）等协议在卫星网络中均不适用，主要由于它们采用了周期性的信息交互来对多播树进行维护，星上有限的资源条件无法满足该要求。基于以上问题，Ekici 等人提出了一种适用于卫星网络的新型多播协议，该协议采用数据报路由算法，在每个多播组的来源处建立多播树，同时尽可能对开销进行优化操作，在多播组成员不变的情况下，无需对树的结构进行维护不均匀的卫星位置特性和地面上不平衡的流量需求分布会直接影响卫星网络的流量负载，这会引起某些部分的数据传输压力过大，导致网络拥塞，而另一部分表现出空闲，无数据进行传输。针对此现象，路由问题不仅仅需要考虑传播时间延迟，也需要考虑星上数据在发送队列的等待时间。E. Papapetrou 提出了一种分布式的路由策略——位置相关的按需路由协议（LAOR），该协议第一次引入了数据传输负载均衡的概念。但是，该协议只考虑了本地的局部信息，无法获取全局的真实数据负载状况，具有误差和局限性。改进的路由协议（ELB）中提出，通过相邻卫星间的明确拥塞信息包交互，卫星可以获取周围相邻卫星的流量负载状况。当卫星的负载较高时，它将会通知邻居卫星节点，使邻居卫星节点调整传输速率，从而降低丢包率以提升吞吐量。同时，该协议对不同的流量服务进行了区分处理。Yuan、Rao 等人提出了另一种基于代理的负载均衡路由策略，该策略采用了两种代理，移动代理和静止代理，移动代理主要用于收集被访问卫星的链路信息，星间链路传输开销、纬度、标识等信息；静止代理主要用于评估星间链路的排队延时，该协议考虑了卫星的位置和星间链路的排队延时，并依据此信息更新路由状态。

4.1.2 专利申请分析

4.1.2.1 专利申请趋势分析

  在低轨卫星通信空间网络技术领域，1995～2019 年，全球共有 208 件专利申请。

从图 4-1-1 中可以看出，在 1999 年，中美两国均未在该领域进行专利申请，仅有欧洲专利局受理了 3 件专利申请，全球其他国家和地区申请了 4 件专利。2000 年 3 月铱星系统项目宣布破产，全球星系统已投入商业运营，而此时的中国未开始大规模建设低轨道卫星通信系统，所以此时专利的申请量较少。2012 年为止，全球在该领域的专利申请处于持续发展期，申请均处于较低水平，期间专利申请最高峰出现在 2011 年，美国申请了 7 件专利，中国申请了 6 件专利，日本申请了 2 件专利。

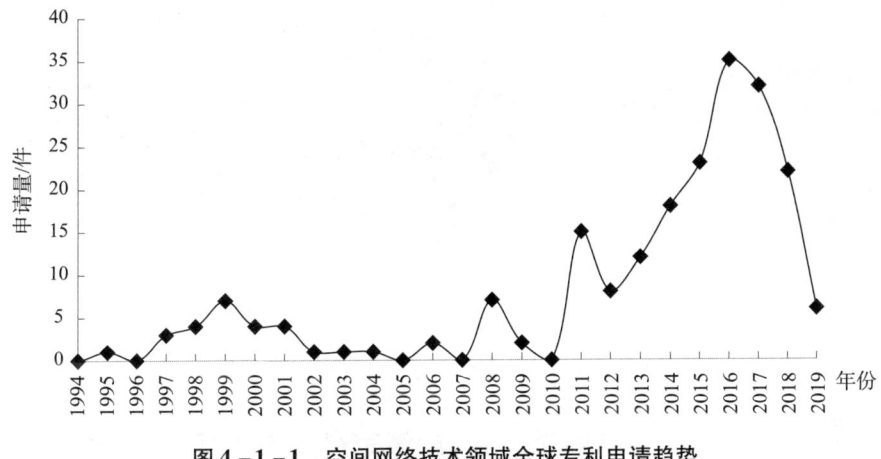

图 4-1-1　空间网络技术领域全球专利申请趋势

自 2013 年开始，低轨卫星通信空间网络技术领域的专利申请呈现增长态势。该领域快速发展的主要原因是，随着卫星通信技术的不断发展和扩散，太空频谱资源的日益紧张，全球商业、军事领域的迫切需求，引发了政府部门和民营企业建设和研发低轨卫星移动通信系统的热潮，提出了一批构建低轨星座的新计划和新技术。其中，美国 Space X 公司的"Starlink 星座"、OneWeb 公司的"OneWeb 星座"和波音公司的"波音星座"，以及中国航天科技集团的"鸿雁星座"、中国航天科工集团的"虹云星座"最具代表性。

2016 年该领域专利申请达到顶峰，共申请 35 件，其中，中国申请量居第一位，共申请 23 件专利。其次是美国，共申请了 6 件专利。韩国申请了 2 件专利，日本和欧洲没有专利申请，其他国家和地区共申请了 4 件专利。随着全球低轨卫星通信系统的不断部署，近几年该领域的专利申请量开始回落。

4.1.2.2　专利申请地域分析

图 4-1-2 为低轨卫星通信系统空间网络技术全球专利申请主要国家或地区分布。从图中可以看出，中国的专利申请量排名第一，申请量达 126 件，占全球申请量的 60.6%，比其他主要国家或地区申请量的总和还要多。其中，有效专利为 47 件，在审专利为 67 件，失效专利为 12 件。排名第二的是美国，专利申请量为 41 件，占全球申请量的 19.7%，有效专利为 25 件，在审专利为 11 件，失效专利为 5 件。欧洲的专利申请量排名第三，专利申请量为 12 件，占全球申请量的 5.8%，有效专利为 5 件，在审专利为 3 件，无效专利为 4 件。紧随其后的是世界知识产权组织，专利申请量为 10

件,占全球申请量的4.8%,全部为在审专利。排名第五的为中国台湾,共有6件相关专利申请。韩国和澳大利亚分别申请了4件相关专利。日本在该领域的专利申请量排第八位,仅申请了3件专利,有效专利为2件,失效专利为1件。排名第九的是加拿大,共申请了2件专利(见表4-1-1)。

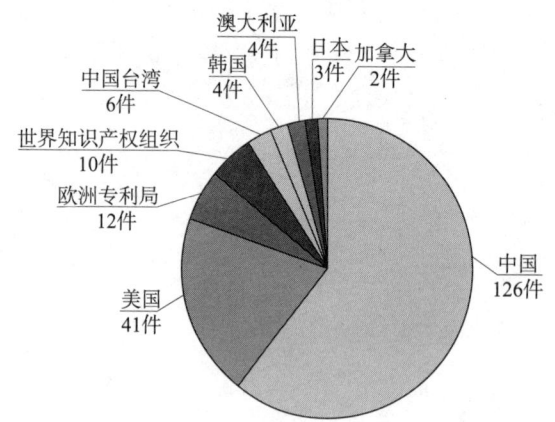

图4-1-2 空间网络技术领域全球专利申请主要国家或地区分布

表4-1-1 空间网络技术领域全球专利申请主要国家或地区法律状态

国家或地区	有效专利/件	在审专利/件	失效专利/件
中国	47	67	12
美国	25	11	5
欧洲专利局	5	3	4
日本	2	0	1
世界知识产权组织	0	10	0

4.1.2.3 专利申请人排行分析

图4-1-3为低轨卫星通信系统空间网络技术领域全球主要申请人专利申请量排名。图中统计了全球排名前十位申请人的专利申请量,其中有5位中国申请人,分别是大连大学、南京邮电大学、哈尔滨工业大学、西安电子科技大学和北京邮电大学,均是高校。美国专利申请人有4位,除了Iridium是公司外,还有3位个人申请人。欧洲申请人仅1位,即空客。

大连大学专利申请量全球排名第一,共16件。南京邮电大学专利申请量为14件,排名第二。哈尔滨工业大学的专利申请量全球排名第三,为13件。西安电子科技大学的专利申请量排名第四,共12件。Gregory M. Gutt、David A. Whelan两位个人和Iridium同样申请了9件专利,排名并列第四。Arun Ayyagari专利申请量排名第八,为8件。中国的北京邮电大学和欧洲空客均申请了7件专利,并列第九位。

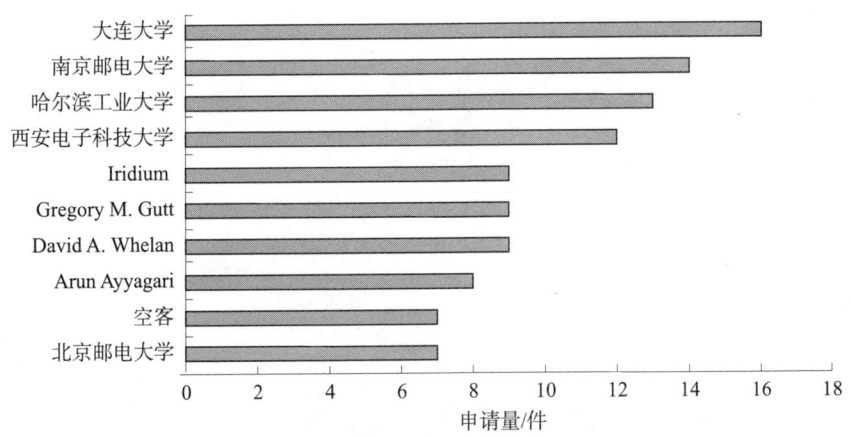

图 4-1-3 空间网络技术领域全球主要申请人专利申请量排名

大连大学通信与信号处理重点实验室拥有辽宁省计算机应用技术重点学科和辽宁省通信网络与信息处理创新团队,并被批准为"国家 863 空间信息安全基础技术重点实验室"。该实验室主要研究方向有网络基础理论与体系、一体化指挥控制网络技术、空间信息网络体系结构与协议、先进通信与网络技术。实验室在通信和网络领域进行了系统的基础理论研究和工程技术研究,并与中国航天科技集团空间技术研究院、中国东方红卫星股份有限公司建立了空间通信与网络技术协同创新中心,与中国兵器工业集团北方信息控制集团共建一体化防空作战指挥控制系统通信与网络技术协同创新中心。

4.1.3 关键技术分析

1. 提高资源利用率,避免通信拥塞

航天恒星科技有限公司在 2019 年申请了公开号为 CN105099947B 的发明专利,一种基于区分服务模型的空间网络的接入方法及装置。该方法通过获取数据包中的 ToS 字段并解析,得到 ToS 字段中的用户优先级。之后根据用户优先级确定接入空间网络的接入模式。该方法通过在 ToS 字段中定义用户优先级、业务优先级以及丢弃优先级等字段,在边缘路由节点实现了对数据的分类和聚集;通过用户优先级以及业务优先级来为终端选择接入空间网络的接入模式,并基于丢弃优先级丢弃部分数据包,为不同等级的用户提供符合其需求的接入模式,实现了对资源的有效利用,并避免了通信拥塞,改进了区分服务模型在空间网络中的应用(见图 4-1-4)。

2. 减少丢包率

西安交通大学于 2019 年申请了公开号为 CN106230719B 的专利。该发明提供一种基于链路剩余时间的低轨道卫星网络链路切换管理方法。该方法根据卫星规律运行的特点得到低轨道卫星网络中各个链路存在的剩余时间,结合路径的时延信息,提前更改卫星节点中的路由表项,从而阻止数据包传送到即将切换的链路上,避免了链路切换过程中数据包的丢失(见图 4-1-5)。

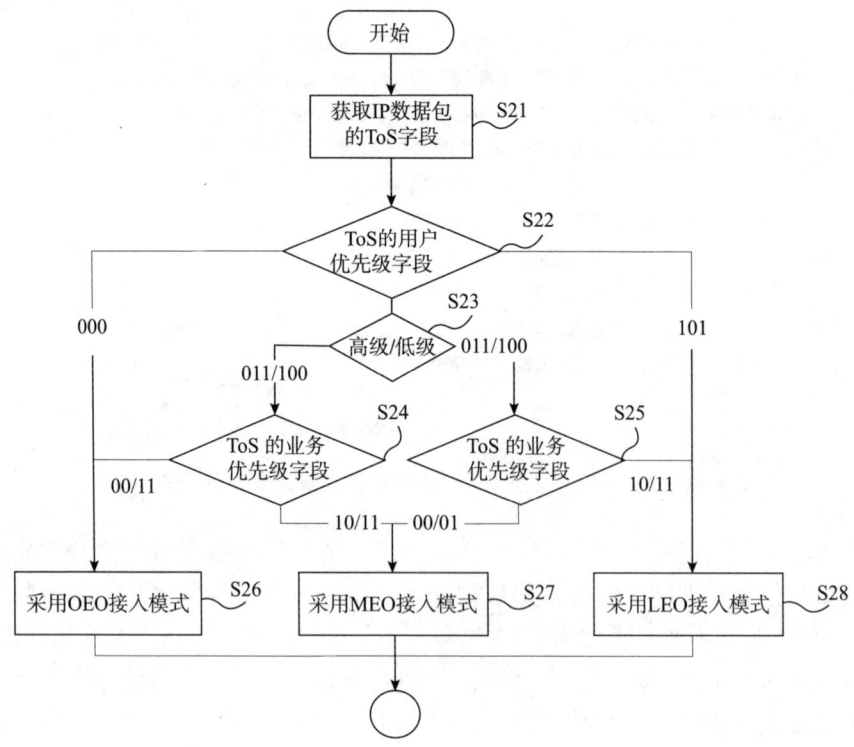

图 4-1-4　CN105099947B 专利附图

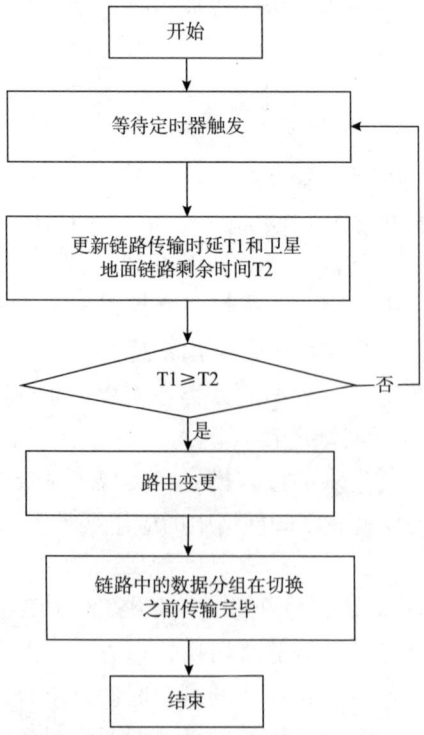

图 4-1-5　CN106230719B 专利附图

4.2 随机接入

随机接入是收发站建立通信渠道的第一步，可进一步分为多址接入和信号同步两个子分类。

4.2.1 随机接入整体分析

4.2.1.1 技术概况

卫星通信系统的特点是：通信距离远，覆盖范围大，组网灵活。这些特点会带来一个最主要的问题——通信时延大。而更大的时延将给随机接入的设计带来进一步的挑战。

随机接入过程是指从用户发送随机接入前导码开始尝试接入网络到与网络间建立起基本的信令连接之前的过程，是通信系统中非常关键的一步，也是收发器之间建立通信链路的最后一步，是影响整个通信过程能否建立的重要因素。同时，随机接入也占用了一定的时频资源，所以如何在保证随机接入的成功率的情况下尽量减少其消耗的时频资源，是通信系统中的研究重点之一。

目前随机接入协议主要应用在系统协议栈中的 MAC 层。系统协议栈是卫星每一个波束下的多个用户站实现接入信关站的协议，作用在信关站和用户站上，其中信关站起到中心协调的作用，管理多个用户站，用户站为信关站的终端节点，在指定的时频块中传输业务和维护拓扑关系。

Inmarsat 海事卫星系统的协议层又分为三层：物理层、数据链路层、网络层。数据链路层又进一步分为无线链路控制层（RLC）、媒体接入控制层（MAC）。MAC 层主要功能是负责用户业务数据的收发分类，进行无线承载信令的建立，随机接入的控制就发生在这一层。

根据竞争机制的不同，MAC 协议中的随机接入协议大致可以分为三类：盲接入、载波侦听和冲突解析，如表 4-2-1 所示。

表 4-2-1 主要的 MAC 随机接入协议

接入技术分类		实例
随机接入	盲接入	纯 ALOHA、时隙 ALOH、FCFS
	载波侦听	CSMA、CSMA/CD、CSMA/CA、抑制侦听（ISMA）
	冲突解析	树形算法、堆栈算法、重传回退、动态帧长 ALOHA

4.2.1.2 专利申请分析

（1）专利申请趋势分析

低轨卫星通信随机接入方向共有 165 件专利申请，从图 4-2-1 中可以看出，随机接入作为通信系统基础功能，相关专利申请较早，在 20 世纪 80 年代已经有部分专利申请，只是此时申请量较低，一直到 1998 年前后，迎来了第一个申请小高峰，这时候的专利申请大多针对全球无线电广播系统，所以更强调接入而不是随机接入。之后此方向的专利申请量又回到了一个较低的水平，2009 年随着航空监视的发展，诞生了部分与 ADS－B 相关的专利。直到 2012 年之后，申请量才一直稳定在较高水平。2012 年之后，低轨卫星通信技术得到了发展，开始有了商用的前景，因此全球范围内对具体的无线通信技术研究投入加大，关注的技术点也比较分散，包括初始化、时延测量、多址接入设计等。

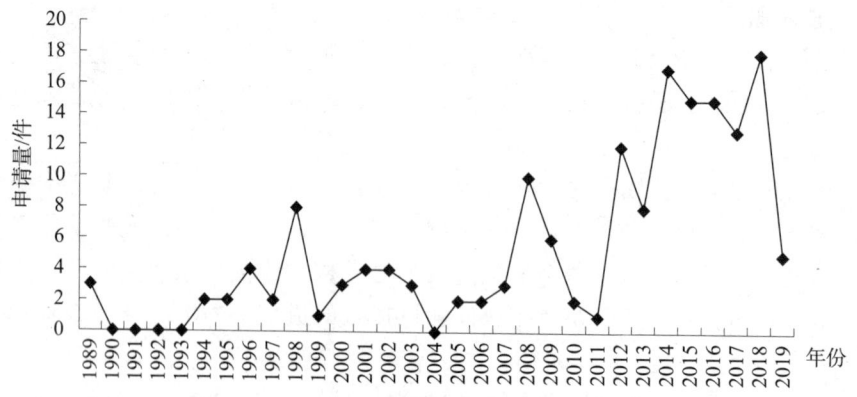

图 4－2－1　随机接入技术领域全球专利申请趋势

（2）专利申请区域分析

从图 4－2－2 中可以看出此领域专利集中于中美两国。其中美国申请专利数量最多，共有 64 件，占 39%；中国共有 61 件，占 37%；中美两国的申请量已经占到该领域 76%，是其他国家和地区总和的 3 倍左右。

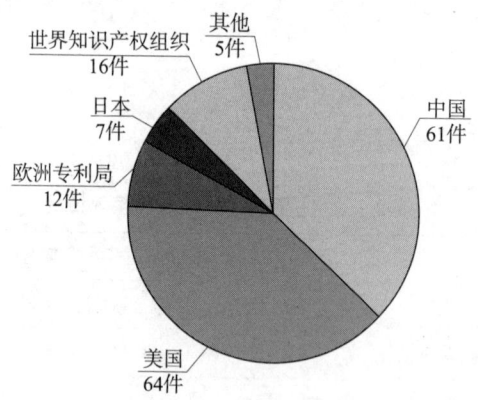

图 4－2－2　随机接入技术领域全球专利区域分布

美国申请的专利中，有效专利达到 43 件，占比高达 67%，说明美国所申请的专利整体水平较高，授权率高；处于公开状态的专利共有 18 件，说明美国依然有较为活跃的申请人；失效专利只有 3 件，说明美国申请人对这些专利十分重视，放弃比例低。中国申请的专利中有效专利只有 17 件，占比 28%，处于公开和实质审查状态的专利共有 34 件，占比 56%，说明在此领域中国申请人起步较晚，但近些年在专利申请上十分活跃，积极申请相关专利；无效专利和失效专利共 10 件，比例比美国略高。

（3）主要申请人分析

如图 4-2-3 所示，随机接入技术领域全球申请量排行前两位的申请人全部为美国公司，分别为 Maxlinear 公司、Hughes。前八名中的中国申请人有两位，分别是北京邮电大学和西安电子科技大学，分别申请了 5 件和 4 件专利。

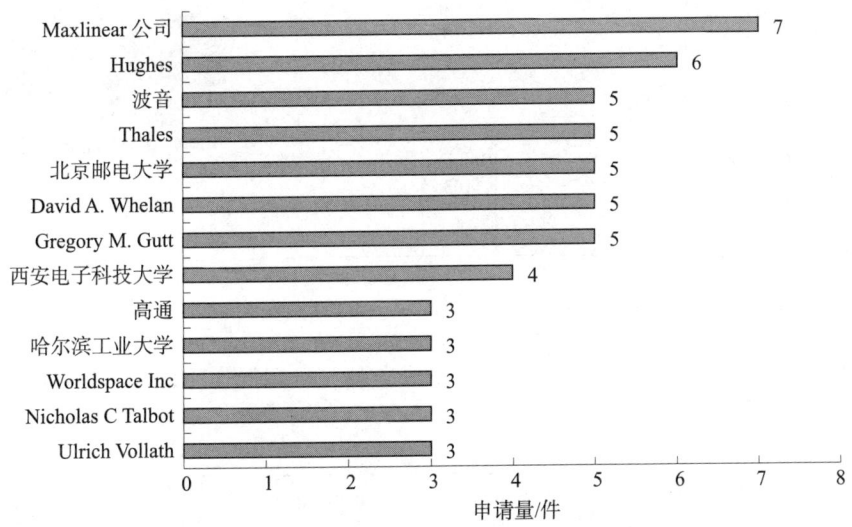

图 4-2-3　随机接入技术领域全球主要申请人专利申请量排名

4.2.1.3　关键技术分析

排名第一的 Maxlinear 公司共有 7 件专利，全部为在美国申请的专利。其中，专利 US9179437B2、US9634755B2 和 US9191778B2 是关于毫微微小区定位的方法。专利 US9191778B2 描述了当确定了无线通信设备的位置后，基于所确定的位置与无线接入点建立通信，之后通信设备进行数据同步（数据交换）。具体方法为，通过 LEO RF 路径接收的 LEO 信号来确定包括中地球轨道（MEO）射频（RF）路径或近地轨道（LEO）RF 路径的无线通信设备的位置，如铱星和 GPS 信号。通过两种信号的单独使用和复用，用户的位置可以被精确确定，之后为用户选择合适的接入点，可以更好地辅助用户接入网络。此专利中描述的场景为当用户走到某一地点后，根据地点位置信息自动为用户接入 Wi-Fi，在如今的智能手机产品中，由于 Wi-Fi 模块比 GPS 定位模块耗电量低，一般采取的是间隔一定时间搜索附近可以连接的 Wi-Fi 接入点，和专利中描述的场景不一致。但专利表达的多模式卫星信号复用的思想还是有可能实现的，当低轨卫星通信进一步发展，和中地球轨道的联合使用也将成为一个值得探索的方向（见图 4-2-4）。

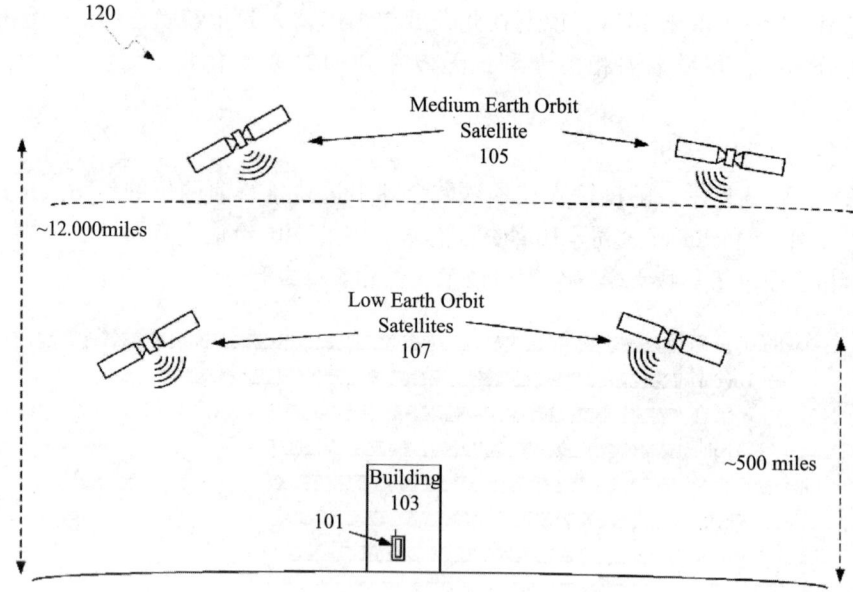

图4-2-4　US9191778B2 示意图

排名第二的是 Hughes，其主要在美国布局专利。专利 US10104594B2 发明了一种设备切换的方法（见图4-2-5）。

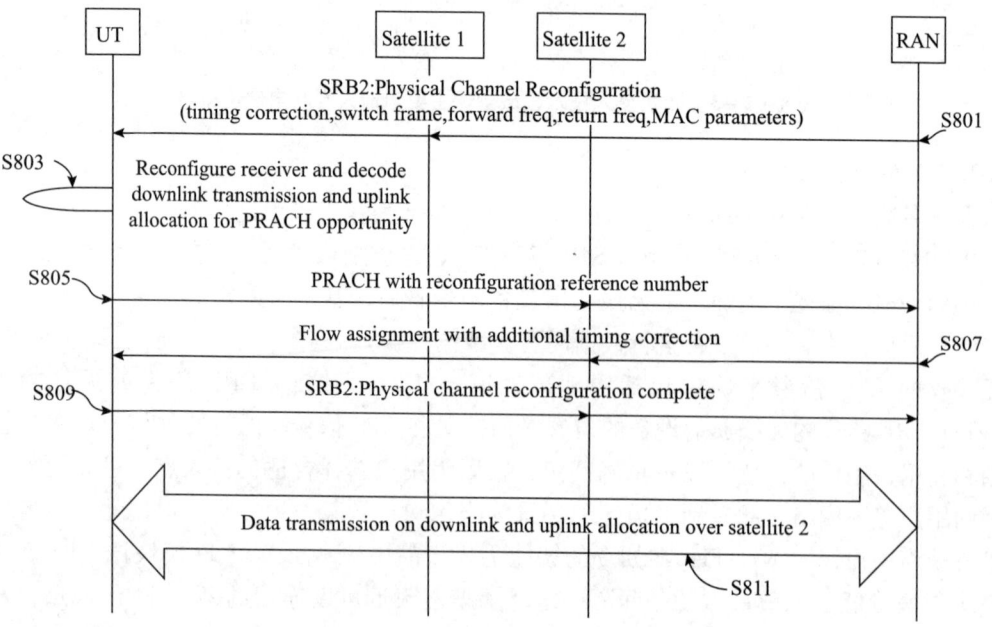

图4-2-5　US10104594B2 示意图

由于卫星的移动，终端和卫星之间的角度可能会改变。地球上每个卫星波束的轨迹都在不断移动，由于波束在地球上的移动，采用 LEO 卫星的移动卫星系统也需要频繁的切换。所以，需要有效、动态和连续的切换过程的方法，该方法包括使用随机接入过程和随机接入信道，用户终端通过其和移动卫星通信系统中的无线电接入网络进行通信。

具体方法为，由用户终端从卫星通信网络的无线电接入网（RAN）节点接收初始切换消息，其中，初始切换消息包括用于经由目标卫星从 RAN 节点接收下行链路数据传输的目标频率和定时更正；重新配置用户终端的接收机，以经由目标频率从目标卫星接收下行链路数据传输；解码下行链路数据传输以确定由下行链路数据传输提供的目标卫星的物理随机接入信道（PRACH）的分配；使用切换消息中包含的定时校正，通过目标卫星的 PRACH 信道向 RAN 节点发送回复切换消息；用户终端通过目标卫星的下行数据传输，从 RAN 接收流分配消息；由用户终端重新激活用于经由目标卫星进行发送和接收的切换数据流；最后，使用切换消息中包括的定时校正，经由目标卫星的 PRACH 信道向 RAN 节点发送信道配置完成消息。

中国申请人在近些年的专利申请中也十分积极。如北京邮电大学申请的专利 CN109450521A，其关注的是卫星间信号的接入。上海微小卫星工程中心申请的专利 CN104378152B 发明了一种基于 LEO 卫星多波束接收星上处理的多址接入方法，北京邮电大学在 2018 年申请了一种适用于 GEO/LEO 网络的 LEO 上行异步协同多址接入方法。

由于多址干扰的存在，异步 CDMA 系统的系统容量受到限制，且远近效应十分严重，导致异步 CDMA 系统需要严格的功率控制。但在低轨卫星通信的应用条件下，开环功率控制精度较差，而闭环功率控制存在实时性、稳定性较差等问题，很难满足系统需求。因此，上海欧科微航天科技有限公司在 2014 年发明了专利 CN104506267A，其涉及一种低轨卫星通信的上行链路准同步接入方法及装置。专利所描述的方法为：（ⅰ）接收来自所述低轨卫星的下行导频信号；（ⅱ）在时刻 $t_k^s(t)$ 对上行短帧进行处理，得到上行调制信号；（ⅲ）将所述上行调制信号发送给所述低轨卫星；（ⅳ）对所述下行导频信号进行处理，获取时差 $\delta_k(t)$，所述时差 $\delta_k(t)$ 为信号到达所述 A 低轨卫星的期望同步到达时刻 $T_{sys}(t)$ 与信号实际到达时刻 $T_k(t)$ 的差值，该差值由所述低轨卫星通过导频下发。通过这种方法，克服低轨卫星通信上行链路异步接入方式多址干扰严重、地面终端容量受限问题（见图 4-2-6）。

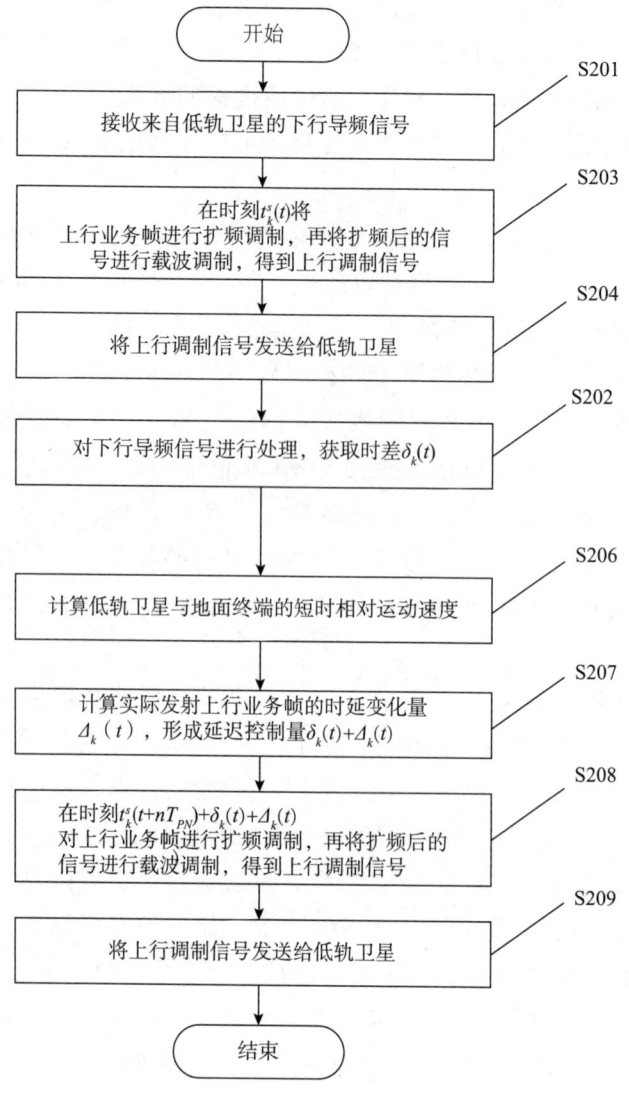

图4-2-6　CN104506267A 示意图

4.2.2　多址接入分析

4.2.2.1　技术概况

多址技术是指位于不同地方的两个或多个用户利用同一个传输媒质实现同时相互通信的技术。更确切地讲，指的是卫星通信上行链路中，多个发射用户通过适当的调整，同时发送信息的过程。一旦多个发射用户信号存在冲突，一般会采用随机接入的方式。但为了更加高效地传输，为了解决可能产生的冲突，一般可以采用正交性多址接入技术。虽然正交性多址技术也有很多种，但由于实际中硬件设备、信道容量要求等原因，选择的多址接入技术也根据实际需求而定。

（1）频分多址

频分多址（Frequency Division Multiple Access，FDMA）接入技术发展最早，也是最成熟的多址技术，它将整个信道在频域上划分为更小的信道，信道之间存在保护间隙，防止通信过程中频谱间干扰，具体根据每个用户的业务类型选择分配一个或多个载波信道时，可以通过滤波器将用户数据调制到其特定的载波信道上传输。目前，随着多址技术的发展，单一的频分多址接入技术难以满足实际需求，一般采取与其他多址方式混合使用。频分多址的优点就是实现简单，适用于各种系统，相关技术很早就得到广泛的应用，而且大小终端都可采用该多址技术，没有功率的限制。但多载波信道工作，如果没有严格规划，设置足够大的保护带宽，调制解调过程中干扰极大。

（2）时分多址

时分多址（Time Division Multiple Access，TDMA）技术类比于频分多址技术，将载波信道进行时域划分，被分割成的每一个连续的时间段称作帧，一帧包含多个不重叠的时隙。这样根据用户的业务需求将时隙分配给每个终端，保证每个终端业务在一个帧长的传输时间内有一段属于自己的传输时间，也就是说用户终端轮流占据信道实现无冲突同时传输。TDMA 系统优点是不会出现信道间干扰，所以通信质量高，但其应用于通信系统时，时间的同步和调整很重要，涉及的同步抗干扰技术和多径信道的均衡技术也相对比较复杂，实现成本高。

（3）码分多址

码分多址（Code Division Multiple Access，CDMA）技术是扩频通信技术在多用户通信系统中的应用，利用了扩频序列的编码正交可分性，使得多个用户信号可以在同一媒介、同一频率和同一时间内传输。每一路码分信号都是经过扩频调制的信号，每一路码分信道都分配了独特的扩频序列。码分多址一般选择伪随机码作为地址码，由于伪随机码的码元宽度远小于脉冲编码调制信号码元宽度（通常为整数倍），这就使得加了伪随机码信号的频谱远大于原基带信号的频谱，因此，码分多址也称为扩频多址。码分多址能够满足低轨卫星通信系统对移动通信容量和品质的高要求，具有频谱利用率高、传输质量好、保密性强、掉码率低、电磁辐射小、容量大、覆盖广等特点。

4.2.2.2 专利申请分析

（1）专利申请趋势分析

低轨卫星通信多址接入技术全球专利申请总量为 62 件，专利申请量较少。利用时间顺序法研究专利申请量的变化情况，如图 4-2-7 所示，在 21 世纪初期，2000～2011 年该技术领域处于萌芽期，专利申请量匮乏，年平均申请量不到 1 件，技术发展非常缓慢。

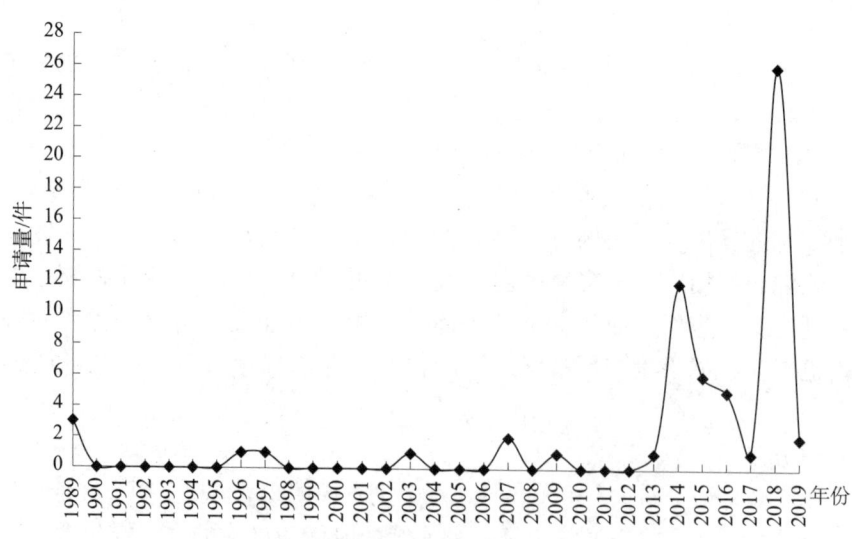

图 4-2-7 多址接入技术领域全球专利申请趋势

从 2012 年开始至今,该技术领域进入快速发展期,尤其是中国的专利申请量发展尤为迅速,这得益于近些年中国低轨卫星通信系统的研制和实施,极大地促进了该领域的技术发展和进步。其间,2018 年专利申请量达到高峰 26 件。其中,中国申请了 13 件,美国、欧洲、日本和韩国等其他国家和地区没有相关专利申请。在 2014 年出现次高峰,其中中国申请了 11 件专利,美国申请了 1 件专利,而其他国家和地区没有相关专利申请。2019 年的专利数据未统计完全,不过可以预见,中国仍将是该领域专利申请的主要国家之一。因此,可以说明中国是低轨卫星通信多址接入技术领域较为活跃的国家之一。

(2) 专利申请区域分析

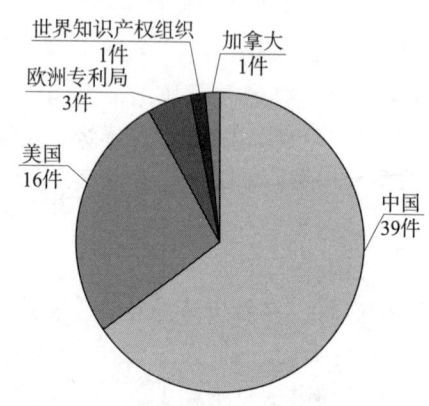

图 4-2-8 多址接入技术领域全球专利申请主要国家和地区分布

如图 4-2-8 所示,通过多址接入技术领域全球申请专利主要国家和地区分布可知,中国依然是该技术领域专利申请大国,共申请了 39 件专利,在申请量上排名第一,占该技术领域申请量的 65%,说明中国的专利技术布局意识提升很快。我国专利技术主要创新主体是航天科技集团和国内高校,主要包括北京邮电大学、西安电子科技大学、北京大学、上海欧科微航天科技有限公司、西安空间无线电技术研究所、上海微小卫星工程中心和航天恒星科技有限公司。

美国的专利申请量排名第二位,为 16 件,占全球申请量的 26.7%。美国在该领域的创新主体主要来自 Maxlinear 公司。

欧洲的专利申请量排在全球第三位,共有 3 件专利,占全球申请量的 5%。欧洲在该领域的创新主体主要来英国的 British Aerospace 公司，且申请时间都在20世纪90年代。

最后为世界知识产权组织和加拿大，各申请了1件专利。

表4-2-2列出了主要国家和地区的多址接入技术专利法律状态，中国的专利申请中，有效专利14件，在审专利22件，失效专利3件。美国的申请专利中，有效专利10件，在审专利4件，失效专利2件。欧洲的3件专利申请全部为失效专利。世界知识产权组织的1件专利为在审专利，加拿大仅有的1件专利申请为失效专利。对比数据可以看出，美国的专利申请质量最高，有效专利占比为62.5%。

表4-2-2 多址接入技术领域全球专利申请主要国家和地区法律状态

国家或地区	有效专利/件	在审专利/件	失效专利/件
中国	14	22	3
美国	10	4	2
欧洲	0	0	3
世界知识产权组织	0	1	0
加拿大	0	0	1

（3）主要申请人分析

多址接入技术全球主要专利申请人排名如图4-2-9所示，该图中统计了全球排名前八位的专利申请人，中国申请人占6位，美国申请人占1位，欧洲申请人占1位。在该技术领域中，美国 Maxlinear 公司专利申请量为7件，占据全球第一位的位置。

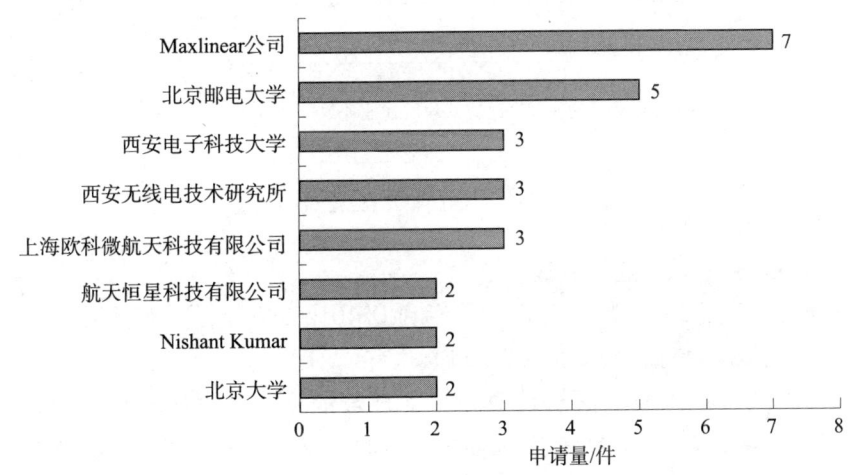

图4-2-9 低轨通信卫星系统多址接入技术全球主要专利申请人排名

Maxlinear 公司是全球知名的半导体公司，创立于2003年，总部位于美国加州 Carlsbad，全职雇员500人，为全球宽带通信和数据中心。

北京邮电大学的专利申请量全球排名第二位，为5件。西安电子科技大学、西安无线电技术研究所、上海欧科微航天科技有限公司均申请了3件专利,全球排名并列第三位。航天恒星科技有限公司、Nishant Kumar、北京大学各申请了2件专利,并列排在全球第六的位置。从数据上看,中国航天院所的专利申请量较低,这主要是由于航天院所的涉密性较高,技术创新主要采用国防专利的方式进行保护,公开专利中无法获取。

4.2.2.3 关键技术分析

(1) 提高系统接入性能,减少多波束接收星上处理所需的信号捕获模块的数量。

上海微小卫星工程中心于2015年2月申请了专利CN104378152A的一种基于LEO卫星多波束接收星上处理的多址接入方法,该方法不仅能够保证系统接入性能良好,而且能够减少多波束接收星上处理所需的信号捕获模块的数量,从而有效降低星上多波束接收处理的复杂度。

该方法主要包括:地面发射端将一待发送至卫星接收端的上行信号按时间顺序划分为上行引导段和上行业务段,上行引导段通过SAMA方式引导上行业务段开始传送,并辅助卫星接收端捕获上行信号,并在卫星接收端捕获上行信号之后,引导上行业务段的业务数据的调解。上行业务段通过CDMA方式对业务数据进行传输(见图4-2-10)。

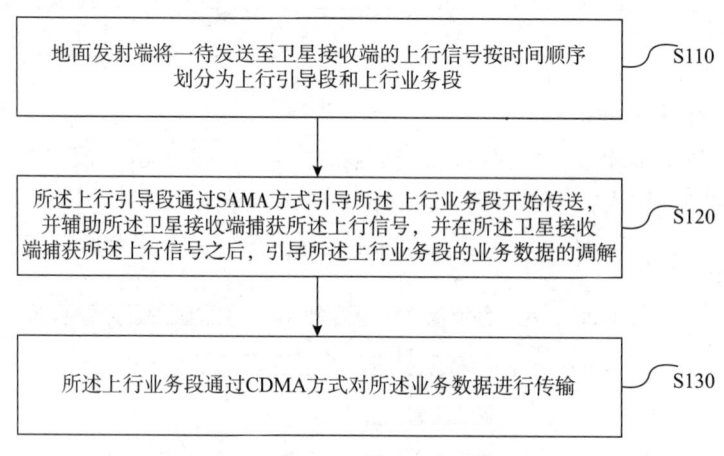

图4-2-10 CN104378152A 说明附图

(2) 实现高速率数据连续发送。

麻省理工学院于2018年11月申请了专利US10128949B2,其涉及用于全局多址光通信的方法、系统和装置(见图4-2-11)。

该方法的实施场景是从高轨道卫星(如地球静止轨道(GEO))观察近地轨道(LEO)和中地球轨道(MEO)中的地球和卫星的宽视场望远镜和焦平面阵列(FPA),可以作为按需光学多址(OMA)通信网络中的节点。FPA以部分由FPA帧速率(例如,kHz到MHz)确定的信号速率从LEO和MEO卫星和地面站接收异步低速率信号。当信号源绕地球运行时,控制器跟踪FPA上的低速信号。该节点还包括一个或多个发射机,它们通过波分复用(WDM)自由空间光信号将接收的信息中继到其他节点。这些其他信号可以包括低速率遥测通信、突发传输和连续数据中继链路。

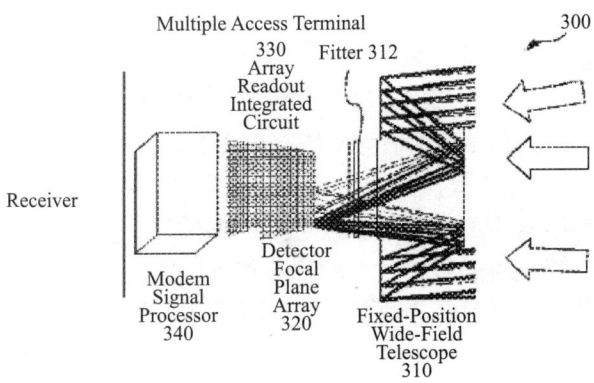

图 4-2-11　US10128949B2 说明附图

4.2.3　信号同步分析

4.2.3.1　技术概况

在随机接入的过程中，若想完成整个接入过程，需要进行信号的同步，之后卫星与卫星之间或者卫星与地面站之间才能完成随机接入，进行后续的数据交流。对于低轨卫星而言，其运行周期短，飞经地面站上空时相对速度高，可观测时间短，信道质量具有较强时变性，且用户终端发起的上行接入存在突发性和多址干扰，因此，更要求卫星能够快速准确地进行用户识别和信号捕获跟踪。

基带信号的同步过程通常分成三部分：接收设备最初处于信号检测状态，通过合适检测算法，检测是否有信号到达；当检测到信号后立即启动参数估计程序进行时域、频域、相位误差等参数的估计；最后根据得到的参数进行同步校正，并对相应的参数继续跟踪处理以提高性能。其中时域同步技术已经较为完善，下面对相位同步和频率同步进行介绍。

（1）相位同步

虽然卫星移动通信接收终端会对接收信号做频偏估计及补偿，但终究频偏估计的精度是有限的，补偿后的信号或多或少还是存在残留频偏，这时就需要使用相位估计与补偿来最大限度地减少残留频偏的影响。现阶段，常用的相位估计算法是线性相位内插算法，即 FFML 方法。此方法利用帧结构中已知的导频信息进行去调制处理，而后估计出各段导频的相位，利用各段导频相位之间的线性关系对导频段之间的数据进行线性插值补偿处理，因而，此方法对导频段相位估计的精度要求比较高（见图 4-2-12）。

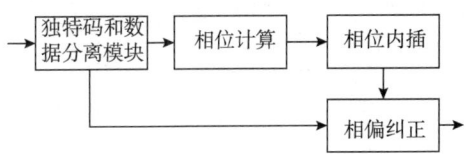

图 4-2-12　FFML 实现框图

（2）频率同步

由于卫星移动通信中部分突发结构中多个导频段的导频符号个数总和不是很多，因而使用导频段数据做有数据辅助的频偏估计，性能会大打折扣，估计精度不满足系统要求。例如，假设一个信道其所有导频段符号的个数总和为 21 个符号，而导频段符号个数在 96 个以上，使用二次插值的 FFT 频域频偏估计算法才能达到频偏估计精度要求，因而利用突发帧结构中的已知导频段进行频偏估计，会使估计性能急剧恶化，以至于频偏估计的精度很难达到后续处理的要求精度，因而需要更多的已知数据去做频偏估计。由于帧结构中已知的各段导频个数以及所有导频个数总和偏少，导致频率估计性能受到影响。

4.2.3.2 专利申请分析

（1）专利申请趋势分析

信号同步领域专利较少，相关专利汇总如表 4-2-3 所示。

表 4-2-3 信号同步专利汇总

公开（公告）号	标题	申请日	当前申请（专利权）人
CN109951222A	一种基于编队卫星的星间通信系统及方法	2019-03-22	长沙天仪空间科技研究院有限公司
CN109560862A	一种基于编队卫星的星间通信系统及方法	2019-01-23	长沙天仪空间科技研究院有限公司
CN108566240A	一种适用于双层卫星网络的星间组网认证系统及方法	2018-03-28	西安电子科技大学、中国电子科技集团公司第五十四研究所
CN108259079A	基于星历的高速移动平台 TDMA 卫星通信同步控制方法	2017-12-29	中国电子科技集团公司第二十研究所
CN105915276B	星间距离大跨度变化星载 TDMA 系统多速率业务时隙分配方法	2016-05-31	西安空间无线电技术研究所
CN105024748B	一种卫星通信上行接入方法及装置	2015-08-04	北京理工大学
CN104852761B	星地同步多址接入方法及利用该方法的系统	2015-05-27	清华大学
CN104506267B	一种低轨卫星通信的上行链路准同步接入方法及装置	2014-10-15	上海欧科微航天科技有限公司

续表

公开（公告）号	标题	申请日	当前申请（专利权）人
CN104581926B	一种低轨卫星通信的上行链路准同步时间精确测量方法	2014-09-25	上海欧科微航天科技有限公司
CN104316938B	一种用于低轨卫星准同步通信系统的新型卫星模拟器	2014-09-25	上海欧科微航天科技有限公司
CN104297765B	一种用于低轨卫星准同步通信系统的地面终端模拟器	2014-09-25	上海欧科微航天科技有限公司
CN103944630B	一种空间信息网络的信道动态带宽分配及接入方法	2014-05-06	周在龙

由表4-2-3可知，针对低轨卫星通信的信号同步技术起步较晚，在2014年才开始有第一篇专利申请。但之后不断有新的申请人加入了这项技术的研究，每年在持续产生专利，截至本课题检索日前，共有12件专利申请，其中授权专利有8件。可以认为，信号同步领域专利的质量较高。在未来，随着低轨卫星通信技术的进一步发展与应用，该领域的专利申请数量会逐渐提高。

（2）专利申请区域分析

从表4-2-3可以看出，信号同步技术相关专利全部为中国申请，没有国外的专利。这种表现首先说明了国内申请人的全球化布局意识还不够强，不仅大学等研究机构未曾在国外布局专利，企业还没有意识到需要将自己的关键技术在全球范围内进行布局。其次，国外的申请人对这个领域还没有足够的重视。这应当是国外在中高轨道卫星技术上的发展较为完善，相关技术有一定的复用性，因此没有在低轨卫星上对这项技术进行进一步的投入。这种情况对国内的申请人来说，是一种较好的机遇，可以占领先机，进一步在低轨卫星通信领域取得自己的优势地位。

（3）主要申请人分析

从表4-2-3可以看出，专利申请数量最多的公司是上海欧科微航天科技有限公司（以下简称"欧科微航天"）。它是中国第一家注册成立的商业航天卫星公司，2018年8月、10月，"北斗三号"M11、M12、M15、M16 4颗中轨道导航卫星先后成功发射入轨，这4颗导航卫星均搭载了由该公司全程参与研制的全球报文通信载荷。

4.2.3.3 关键技术分析

欧科微航天在2014年集中申请了一批与准同步技术相关的专利，其中，CN104506267B公开了与接入相关的方法，CN104581926B公开了关于时间精确测量的方法，CN104316938B 和 CN104297765B 公开了卫星以及地面终端模拟器，欧科微航天从多个角度对准同步技术进行了保护。

现有卫星通信在选取链路自适应方案时，常常应用停等式协议，由于信道质量的时变性，每一次握手信号都需要重新进行捕获，不但降低了通信效率，而且随之产生的处理延迟也会增大信道估计的误差，影响链路自适应的准确性。北京理工大学在2015 年申请了专利 CN105024748B，涉及一种卫星通信上行接入方法及装置。该专利在请求帧和数据帧之间加入同步头，使握手过程中始终保持小站向卫星的信号无间断传输，而卫星保持无间断跟踪，避免了由于握手间隔而产生的重复捕获（见图 4-2-13 和图 4-2-14）。

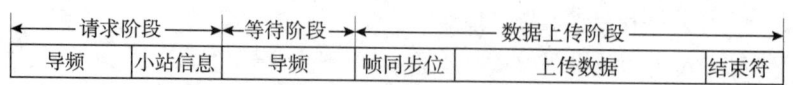

图 4-2-13 上行帧结构

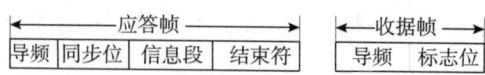

图 4-2-14 下行帧结构

具体流程为：当小站有数据要上传时，小站进入上行接入请求阶段，此时小站向卫星发送上行接入请求帧，之后进入等待阶段，此时小站无间隙地向卫星发送等待帧。卫星在捕获操作中检测到小站上行接入请求帧，提取其中的信息码获得小站信息，之后完成频谱感知和多用户识别，为小站分配符号速率、发送功率、编码速率和编码方式参数，并通过应答帧对小站进行下发。最为关键的步骤是，在这个过程中，卫星需要持续接收小站的等待帧信号，并保持对其跟踪、解扩、检测帧同步位；之后的数据上传过程也是如此，如图 4-2-15 所示。

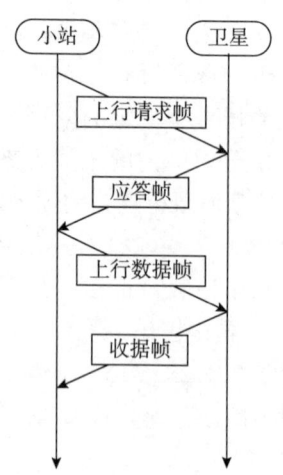

图 4-2-15 CN105024748B 示意图

4.2.4 技术功效矩阵分析

如图 4-2-16 所示,按照应用场景将技术分为星间通信、星地通信、路由方法、信道分配四种,按照专利最后达成的效果将技术效果分为导航增强、时延管理、资源管理、信号中继、提升吞吐量、抗干扰、提高覆盖率、降低复杂度八种。

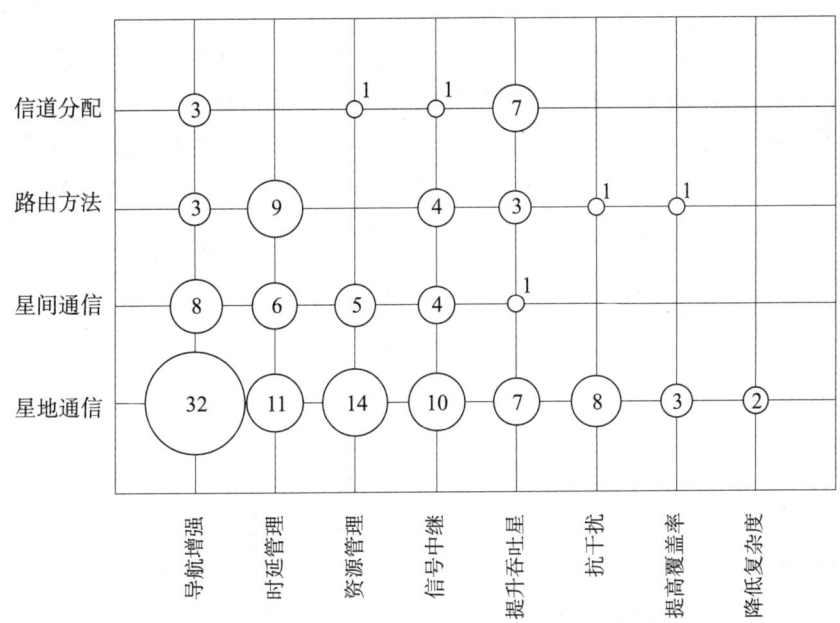

图 4-2-16 随机接入领域技术专利功效矩阵

注:图中数字表示申请量,单位为件。

如图 4-2-16 所示,申请数量最多的技术是星地通信。卫星间的环境较为单纯、干扰较少。而地面的环境要复杂得多,所以在随机接入方向,大多数研究针对星地通信进行。星地通信技术中,有 32 件专利是针对提高定位精度效果(导航增强)的,数量最大。截至目前,卫星通信最大的民用市场依然是导航与定位,其他应用场景要么使用人数较少,如海事极地通信等,要么尚在计划中。因此,得到更准确的定位依然是卫星通信的主要应用场景。我们也能够看到,如今用户使用的定位精度已经越来越高。

近些年,随着极端场景的通信需求越来越大,人们不断追求更广范围的通信覆盖。同时,随着 5G 的发展,新一轮的技术更新也已经到来。因此,除了传统的定位精度需求外,针对其他功效的专利逐步增多。

低轨卫星通信的主要问题之一是时延。星地之间距离远,涉及的环境复杂,具有更大的信号延迟。这种客观条件推进了对随机接入技术的进一步改进。因此,关于时延管理功效的专利共有 26 件,仅次于导航增强的专利数量。

4.3 调制编码

4.3.1 技术概况

自适应调制编码（Adaptive Modulation and Coding，AMC）技术的基本原理是当通信对象和信道发生变化时，不改变发射功率，而是根据环境的变化改变信号传输的调制和编码方案，使系统在各种不同的通信环境下都能获得最大的传输吞吐量和效率。信道条件不同，系统采用不同的调制编码方案会具有不同的性能表现。当信道条件较好时，通信系统存在一定的差错率余量，因此可以采用调制阶数较高、编码码率较大的通信方案，以获得较高的系统吞吐量；当信道条件较差时则正好相反，采用较高的调制阶数和编码码率较小的通信方案会带来误码率的上升，使总的吞吐量降低，而采用低阶的调制编码方案虽然传输效率较低，但是因为误码相对较少，而使得总的吞吐量较高。

自适应调制编码的原理框图如图4-3-1所示，在接收端，接收机首先对无线衰落信道特性进行估计，得到当前信道的信道状态信息（CSI），从而对接收到的数据进行基带均衡或衰落补偿，提取调制方式后解调数据，并解码输出。同时接收机通过信道预测将下一传输时刻的信道状态信息，并通过反馈信道发送给发送端。发送端根据信道预测的结果，按照自适应调制编码算法选择最优的调制和编码方式，在下一传输时刻进行相应的调制和编码机制的转换。

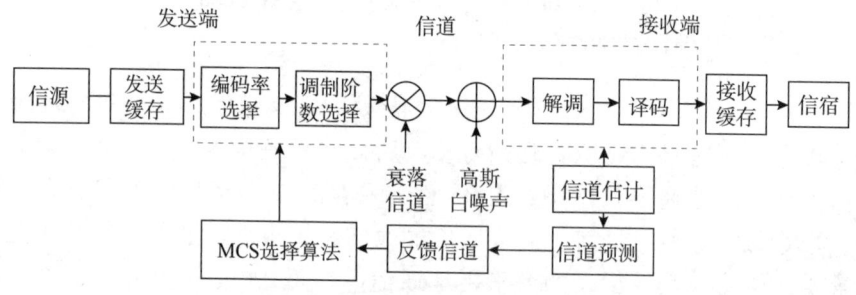

图4-3-1 自适应调制编码原理框图

从图中可以看出，AMC技术根据接收端反馈的信道状态信息来调整系统的调制和编码策略，其系统实现主要包括信道的估计预测与反馈以及MCS选择算法两个关键的方面。

（1）信道的估计预测与反馈

信道的估计预测是链路自适应实现方案中的一种关键技术。由于反馈延迟将增大信道估计的误差，因此需要信道预测根据现有的信道特性数据，预测未来一段时间内数据传输时的衰落信息来保证系统能够正确选择与信道环境相适应的调制编码方案MCS。信道估计与预测就是通过数学方法求出一个信道的近似冲激响应函数H，使H尽可能地接近于信道冲激相应函数H，以便在接收端进行信道补偿，使系统的性能提高。在图 4-3-2 中，$e(n)$ 为估计误差，信道估计算法就是要使均方误差 $E(e2(n))$ 最小。

由于自适应调制编码方案的调制和编码方式是根据信道环境的变化而随之做出改变，因此，发送端的调制编码方式（MCS）和接收端的调制编码方式在一个调度周期内必须保持一致，即 MCS 必须同步才能获得最优的解调解码性能，否则可能造成极大的系统差错率，从而降低系统的吞吐量性能。通信双方之间的 MCS 的同步可以依靠反馈信道进行信令的传送来实现。

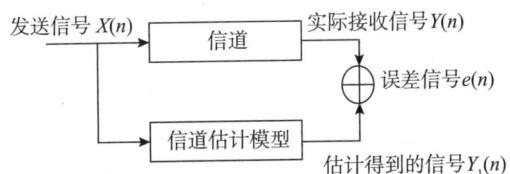

图 4-3-2　信道估计过程图

（2）MCS 选择算法

自适应调制编码方案根据 MCS 选择算法来确定下一发送时刻最优的调制编码方式。由此可知，最优模式的 MCS 选择算法性能的好坏直接影响自适应调制编码方案的优劣，并且直接影响 AOS 空间链路层的性能，所以只有选择最合适通信环境的 MCS 才能获得最优的链路自适应效果。

4.3.2　专利申请分析

4.3.2.1　专利申请趋势分析

筛选后的低轨卫星通信调制编码技术共 67 件专利。如图 4-3-3 所示，该技术领域专利申请量在 1998 年曾经达到一个高峰，之后从 2000 年至 2006 年该调制编码技术领域专利申请量较低，仅在 2000 年和 2003 年各有 1 件相关专利申请，其余年份均未有相关专利申请。从 2007 年开始至今，该领域的专利申请开始持续发展，2007 年有 13 件专利申请，达到专利申请的顶峰，其中，美国的专利申请量为 5 件，欧洲的专利申请量为 2 件，韩国的专利申请量为 2 件，世界知识产权组织的专利申请量为 2 件，日本的专利申请量为 1 件，澳大利亚的专利申请量为 1 件。除了 2009 年和 2010 年没有相关专利的申请外，其余年份均有一定量的专利申请。

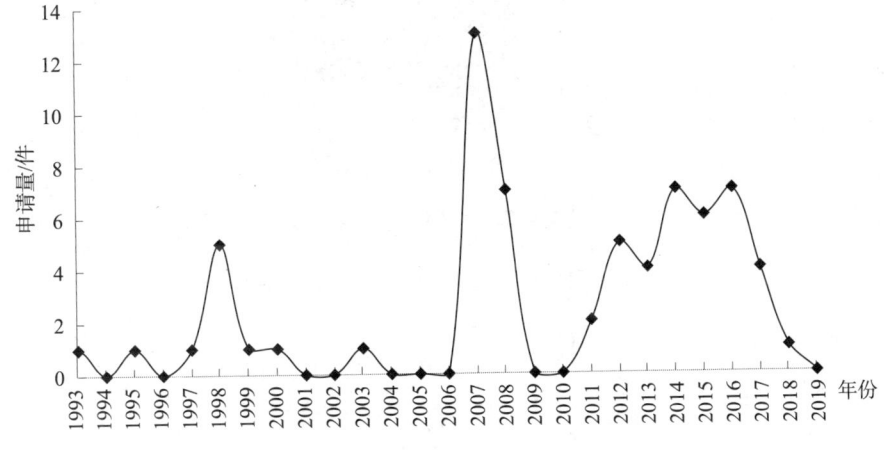

图 4-3-3　调制编码技术领域全球专利申请趋势

如图 4-3-4 所示，2000~2012 年，中国仅在 2003 年在该领域有 1 件相关专利申请，其余年份没有相关专利申请。2013~2017 年虽然有持续的相关专利申请，但是申请数量并不多，为 1~3 件。虽然近些年中国在低轨卫星通信系统持续发力，但是该领域专利申请量并未出现显著增长，说明中国在该技术领域的投入较少，未引起重视。

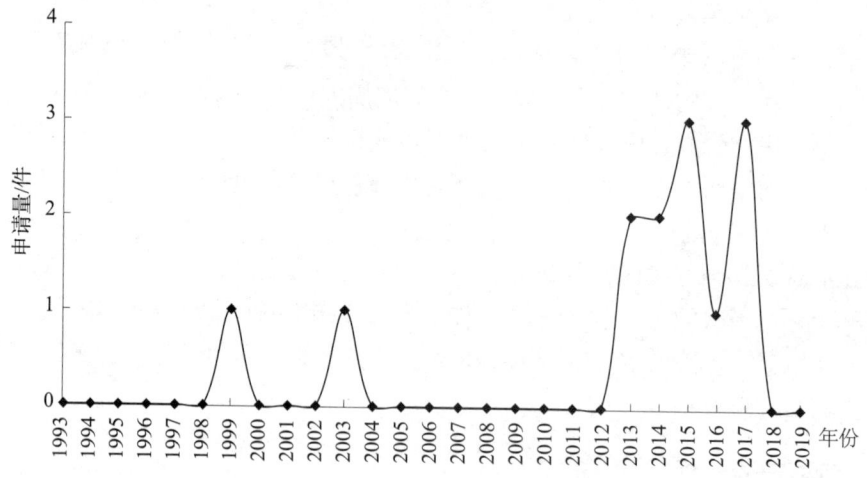

图 4-3-4 调制编码技术领域中国专利申请趋势

4.3.2.2 专利申请区域分析

如图 4-3-5 和表 4-3-1 所示，美国的专利申请量排名第一，申请量为 28 件，占全球申请量的 41.8%。其中，有效专利 18 件，在审专利 3 件，失效专利 7 件，专利有效率 64.3%，专利有效率同样居第一位。

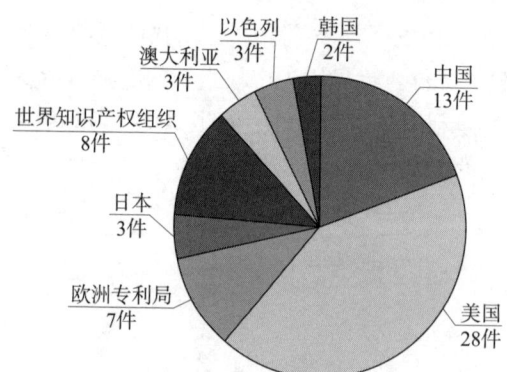

图 4-3-5 调制编码技术领域全球专利申请区域分布

表 4-3-1 调制编码技术领域全球专利申请主要国家和地区法律状态

国家和地区	有效专利/件	在审专利/件	失效专利/件
美国	18	3	7
中国	2	9	2

续表

国家和地区	有效专利/件	在审专利/件	失效专利/件
欧洲	4	1	2
日本	1	1	1
世界知识产权组织	0	8	0

排名第二的是中国,专利申请量为13件,占全球申请量的19.4%,其中,有效专利2件,在审专利9件,失效专利共2件,专利有效率为仅15.4%。

世界知识产权组织专利申请量排名第三,专利申请量为8件,均为在审专利,占全球申请量的11.9%。

欧洲的专利申请量排名第四,专利申请量为7件,占全球申请量的10.4%,其中,有效专利4件,在审专利1件,失效专利2件,专利有效率为57.1%。

日本、澳大利亚和以色列的专利申请量均为3件,各占全球申请量的4.5%。其中日本的3件专利中有效专利1件,在审专利1件,失效专利1件。

另外,韩国在该技术领域有2件专利申请。

4.3.2.3 专利申请人排行分析

如图4-3-6所示,图中统计了全球排名前七位申请人的专利申请量。值得注意的是,七位申请人中,排名前三位的为公司,其余专利申请人均为个人。波音的专利申请量排名第一位。共申请了13件相关专利。北京信威通信技术股份有限公司专利申请量为8件,排名第二位。Northrop Grumman System Corp专利申请量为5件,全球排名第三。

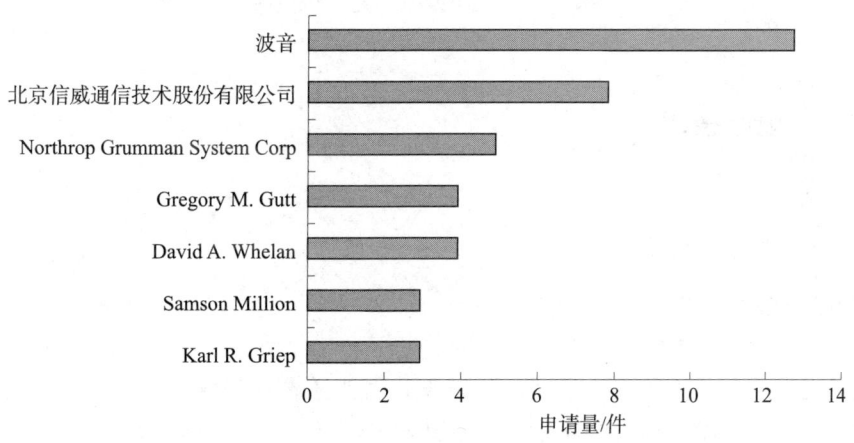

图4-3-6 调制编码技术领域全球主要申请人专利申请量排名

Northrop Grumman Systems Corp成立于1994年,是世界第四大军工生产厂商,世界上最大的雷达制造商和最大的海军船只制造商。主要为美国和国外的军方、政府和商业客户提供系统同化、防卫电器和信息技术的创新解决方案。Northrop Grumman System Corp主要经营方向为导弹与导弹系统。但是其最著名的产品为B-2隐形轰炸机、RQ

-4全球鹰无人驾驶飞行器和F-14雄猫战斗机。其他著名的飞行器类产品有E-8C预警机、T-38教练机、EA-6B徘徊者电子战机、E-2C预警机等，还为美国海军建造航空母舰和大部分的核潜艇。

4.3.3 关键技术分析

Northrop Grumman System Corp 于 2016 年 1 月申请了公开号为 EP2974072A1 的专利其涉及近地轨道卫星通信系统中的自适应编码调制方法。该方法在低轨道卫星通信系统中使用无信噪比实时反馈的自适应编码调制，卫星接收器处的接收功率信号由 LEO 卫星发射器预测，而不使用来自接收器的信道反馈。接收器快速检测传输速率的变化并与 LEO 卫星一起改变其解调速率。某些缓慢变化的条件，例如当地天气和地面湿度水平，从接收器以比正常数据通信中使用的速率慢得多的速率从发射器提供给发射器。这种方法不需要反馈，但在接收信噪比变化很大的系统中使用时，效果非常优秀。对固定传输的一个改进是自适应编码调制（ACM），它实时测量信噪比并提供反馈来控制ACM 的传输速率（见图 4-3-7）。

图 4-3-7　EP2974072A1 说明附图

4.4　干扰规避技术

4.4.1　技术概况

低轨卫星通信系统中，各部分间的通信均依靠无线电完成，随着越来越多的低轨卫星被投入使用，对无线电频谱资源的争夺也越来越激烈。然而，频谱资源始终有限，频谱共用成为一个无法避免的问题，而频谱共用伴随着的问题是同频段或者相邻频段间的通信干扰，从而影响通信质量，严重甚至会导致通信系统内的各个部分无法正常通信。频谱间的干扰主要是指在卫星通信中，信号接收端受到同频段或者邻频段的干扰后所接收到的信号无法解调的情况。因此，提升一个卫星通信系统的抗干扰能力、避免通信系统之间信号的相互干扰、保证通信系统之间能够在各种干扰下的正常通信已经成为一个重要的研究内容。卫星系统之间的无线电磁干扰根据干扰频率是否相同、干扰源是否处于同一个系统、干扰来源等方面分为不同的种类，其中主要分类如下所述：

首先，从干扰源和接收系统的工作频段看，可将干扰分为同频干扰和邻频干扰。同频干扰是指产生干扰的干扰源和接收信号的接收系统的工作频段处于同一频段范围内，干扰源产生的信号对处于同一频段的接收系统产生不良的影响，使接收系统无法正常工作，造成其性能下降。邻频干扰主要是指干扰源和接收系统处在相邻的频段范围内，由干扰源产生的信号对工作在相邻频段的接收系统产生不良的影响使其性能受到影响的现象。

其次，判断产生干扰的干扰源和受到干扰的信号接收器是否处于同一个系统，干扰可以分为系统内干扰和系统间干扰两类。前者主要是指干扰源和受到干扰的接收系统处于同一个系统，在相同频段或者相邻频段范围内的干扰源和接收设备之间产生相互干扰的情况，常见的系统内干扰包括蜂窝系统下的不同小区间的干扰、CDMA系统下的远近效应等。系统内的干扰多指相同频段范围内的干扰源和设备间的干扰，主要是由于在一个系统内，相邻频段的干扰源对接收系统产生干扰的发射功率远小于系统中有用信号的发射功率，因此在系统内的同频段间的干扰对通信系统造成的危害大于不同频段间的干扰造成的危害。系统间干扰主要是指产生干扰的干扰源和受到干扰的系统不处于同一个系统，系统间干扰可以分为系统间同频干扰、系统间邻频干扰和系统间异频干扰。系统间主要存在的干扰是邻频干扰和异频干扰，由于系统不同，通信所采用的频率大部分都不处于同一个频段范围内，因此在不同系统的情况下同频间干扰存在的情况较少，主要指系统间的设备工作在同一频率时会互相之间会产生干扰。邻频干扰和异频干扰产生的原因均和接收系统滤波器不理想有关，两种干扰之间也存在区别，邻频干扰主要是由干扰源的滤波器泄露到接收系统的滤波器中造成，还有一种可能是接收系统的滤波器在过滤接收到的信号时，将干扰源产生的相近频率的信号过滤进带内，从而造成邻频干扰。异频干扰主要是由谐波、交调等因素造成的。

除了以上两种对干扰的分类之外，还可以根据干扰源的来源差异性这一特点进行分类。主要将干扰类型分为谐波干扰、互调干扰、杂散干扰和阻塞干扰几种。谐波干扰主要是由干扰源自带的发射机上的一些非线性元器件产生的谐波造成，这些非线性器件在干扰源发射机的发射频率的倍频上会有强度比较大的谐波产生，这种谐波在接收系统内被接收机接收，从而对接收机的灵敏度造成影响，这类干扰被称作谐波干扰。互调干扰是指当多个干扰源存在时，发射机发射不同频率的信号经过非线性元器件时，会产生多个频率之间的多种组合，从而形成新的频率，这种新产生的频率被称为干扰频率的互调产物，对接收系统造成的干扰被称为互调干扰。杂散干扰和谐波干扰的原理类似，均会对接收机的灵敏度造成影响。主要由于干扰源的发射机上的非线性器件，比如滤波器、功率放大器以及混频器等，这些器件会产生频带很宽的干扰信号分量，这类干扰信号分量有谐波、热噪声等，一旦进入接收系统的接收频率范围，这类干扰分量会全部被接收系统，从而使有意义的信号在接收机内的底噪上升，使得接收机的灵敏度受到损害。当干扰源所产生的干扰信号过于强大时，一旦被处于相邻频段的接收机接收，会造成接收系统的非线性器件失真，从而导致接收系统的灵敏度降低甚至损失，最终使得接收系统无法接收到有意义的信号，这类干扰被称作阻塞干扰。

4.4.2 专利申请分析

4.4.2.1 专利申请趋势分析

筛选后的低轨卫星通信干扰规避技术共80件专利,根据低轨卫星通信系统干扰规避技术领域全球申请趋势,分析其发展趋势。

从图4-4-1中可以看出,自2000年开始至今,干扰规避技术领域专利申请量处于持续发展状态,几乎每年都有一定量的相关专利申请,其在2006年和2017年达到专利申请量的高峰,均为10件。2006年申请的10件专利中,美国的申请量为3件,日本和欧洲的申请量为2件,中国的申请量为0件。2017年申请的10件专利中,中国的申请量为6件,美国的申请量为3件,日本和欧洲没有相关专利的申请。

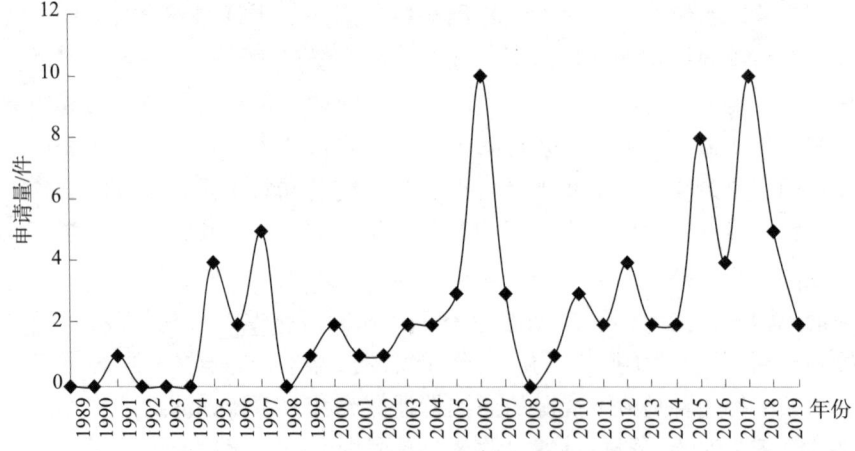

图4-4-1 干扰规避技术领域全球专利申请趋势

如图4-4-2所示干扰规避技术领域中国专利申请趋势,中国在该技术领域的专利申请呈现上升趋势,2000~2013年,仅2001年和2012年在该领域有相关专利申请,其余年份没有相关专利申请。2014~2019年专利申请量呈快速发展趋势,其中在2017年达到近些年专利申请的高峰,为6件。说明中国开始加大该技术领域的投入。

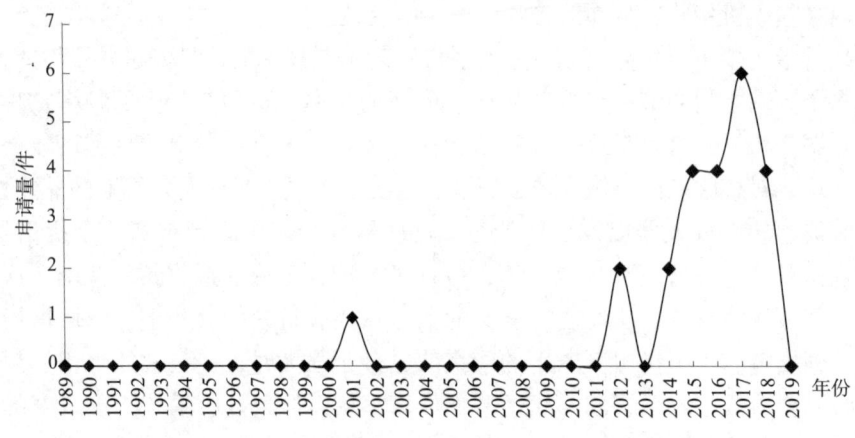

图4-4-2 干扰规避技术领域中国专利申请趋势

4.4.2.2 专利申请区域分析

如图4-4-3和表4-4-1所示，美国的专利申请量排名第一，申请量为26件，占全球申请量的32.5%。其中，有效专利19件，在审专利3件，失效专利4件，专利有效率73.1%。

排名第二的是中国，专利申请量为25件，占全球申请量的31.3%，其中，有效专利8件，在审专利16件，失效专利1件，专利有效率为32.0%。

欧洲的专利申请量排名全球第三，专利申请量为9件，占全球申请量的11.3%，有效专利4件，无效专利5件，专利有效率为44.4%。

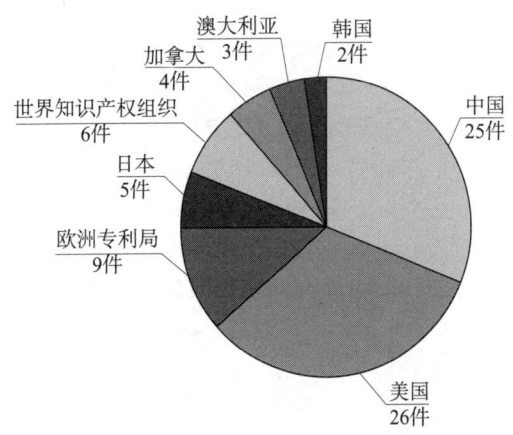

图4-4-3 干扰规避技术领域全球专利申请区域分布

世界知识产权组织专利申请量排名全球第四位，专利申请量为6件，均为在审专利，占全球申请量的7.5%。

日本的专利申请量排名第五位，专利申请量为5件，占全球申请量的6.3%，有效专利3件，在审专利2件，专利有效率为60.0%。

加拿大、澳大利亚和韩国的专利申请量分别为4件、3件和2件。

表4-4-1 干扰规避技术领域全球专利申请主要国家和地区法律状态

国家和地区	有效专利/件	在审专利/件	失效专利/件
中国	8	16	1
美国	19	3	4
欧洲专利局	4	0	5
日本	3	2	0
世界知识产权组织	0	6	0

4.4.2.3 主要申请人分析

图4-4-4列出了干扰规避技术领域全球主要申请人专利申请量排名。图中统计了全球排名前九位申请人的专利申请量，其中，中国申请人仅1位，为清华大学。其余8位申请人均是美国申请人，其中企业申请人分别为波音、Globalstar、摩托罗拉和Iridium，另外还有4位个人申请人。

波音的专利申请量全球排名第一，为11件。Globalstar专利申请量为6件，全球排名第二。清华大学的专利申请量为5件，全球排名第三。摩托罗拉和4位个人申请人专利申请量均为4件，全球排名并列第四。Iridium专利申请量为3件，全球排名第九位。

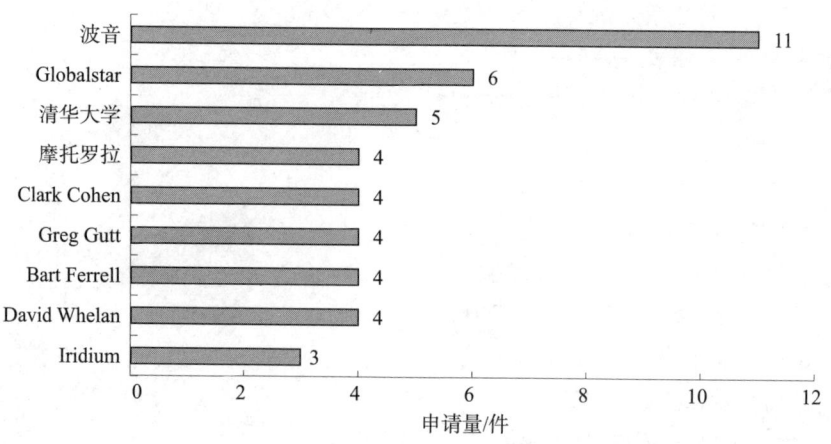

图4-4-4 干扰规避技术领域全球主要申请人专利申请量排名

4.4.3 关键技术分析

1. 有效实现了干扰分析和规避

清华大学于2019年3月申请的公开号为CN107809298B发明专利,涉及一种对同步轨道卫星通信系统进行干扰分析和规避的方法。

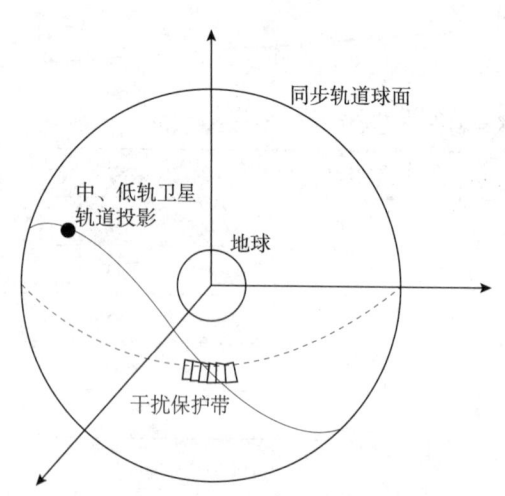

图4-4-5 CN107809298B说明附图

目前的干扰规避措施主要以功率限制为核心,即当非频率授权卫星对频率授权卫星产生干扰时,非频率授权卫星通常会采用降低发射功率、波束关闭、跳波束等方式。然而,这些措施都是以牺牲非频率授权卫星的业务质量为代价的。该方法实施的步骤主要是,首先对非同步轨道卫星通信系统中的中、低轨道卫星进行回归轨道设计,使得各卫星的星下点轨迹周期性重叠,并且在若干个固定的经度点穿越赤道上空。其次,根据国际电信联盟的相关保护标准,确定需要进行干扰分析的同步轨道卫星通信系统的网络资料集合。之后根据确定的网络资料集合,对同步轨道卫星通信系统进行干扰分析,并通过计算非同步轨道卫星通信系统的地球站相应的干扰保护限制范围,计算得到同步轨道卫星的干扰保护带区域。最后,在非同步轨道卫星通信系统地球站中根据预知的系统参数和各中、低轨道卫星的运行状态,决定中、低轨道卫星是否需要采取规避措施(见图4-4-5)。

2. 增强抗干扰能力

波音于2006年11月申请了公开号为EP1955090A2的专利,该方法采用地面参考站和LEO卫星网络与GPS相结合。建立了连接参考站和用户的GPS卫星的共同视图测距几何结构。还建立了在相同参考站和用户对之间的 LEO 卫星的第二共同视图几何结构。地面站通过对 LEO 卫星信号进行 GPS 的载波相位测量来合成实时辅助信号。该辅助信息通过 LEO 卫星以高功率传输到用户接收器,以穿透环境干扰。用户接收器锁定 LEO 卫星的载波相位,解调辅助信息,然后应用载波相位测量和辅助信息以实现 GPS 信号的扩展相干测量(见图 4-4-6)。

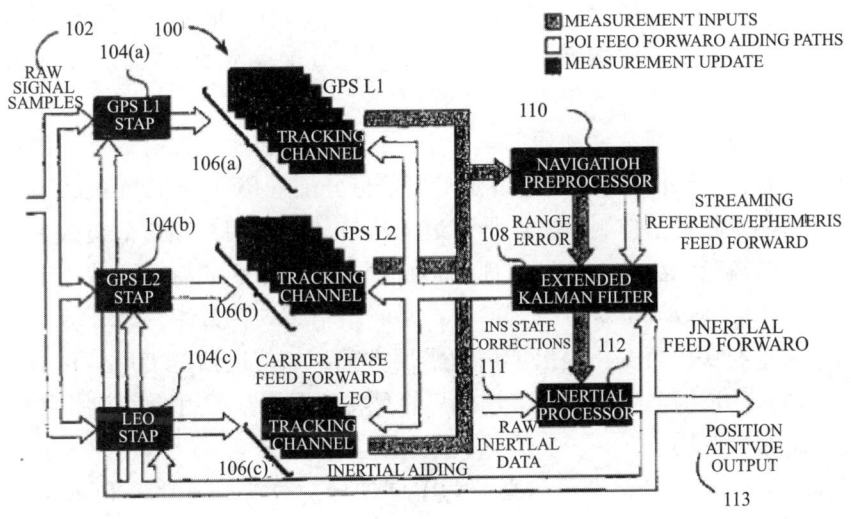

图 4-4-6　EP1955090A2 说明附图

4.5　无线资源管理

4.5.1　技术概况

低轨卫星通信系统无线资源管理技术是在有限带宽的条件下,为网络内无线用户终端提供业务质量保障,其基本出发点是在网络话务量分布不均匀、信道特性因信道衰弱和干扰而起伏变化等情况下,灵活分配和动态调整无线通信部分和网络的可用资源,最大程度地提高无线频谱利用率,防止网络拥塞和保持尽可能小的信令负荷。无线资源管理主要包括:功率控制、信道分配、调度、切换、接入控制、负载控制、端到端的 QoS 和自适应编码调制等。

功率控制:在移动通信系统中,近地强信号抑制远地弱信号产生"远近效应"。系统的信道容量主要受限于其他系统的同频干扰或系统内其他用户干扰。在不影响通信质量的情况下,进行功率控制尽量减少发射信号的功率,可以提高信道容量和增加用户终端的电池待机时间。传统的功率控制技术是以语音服务为主,主要涉及集中式与分布式功率控制、开环与闭环功率控制、基于恒定接收与基于质量功率控制。目前功率控制的研究集中在数据服务和多媒体业务方面,多为综合进行功率控制和速率控制研究。功率控制和速率控制两者的目标基本上是互相抵触的,功率控制的目标是让更多的用户同时享有共同的服务，而速率控制则是以增加系统吞吐量为目标，使得个别用户或业务具有更高的传输速率。

用在电路交换网络的功率控制技术已不能适应 IP 传输和复杂的无线物理信道控制，当 IP 网络成为核心网络，如何在分组交换网络进行功率控制就成为功率控制研究的主要内容。针对基于突发模式功率控制的通信网络的研究和连续突发模式的通信系统的设计已引起很大的注意。结合功率控制和其他新技术，如智能天线、多用户检测技术、差错控制编码技术、自适应编码调制技术、子载波分配技术等方面的联合研究，提高系统容量关键技术。

信道分配：在无线蜂窝移动通信系统中，信道分配技术主要有 3 类：固定信道分配（FCA）、动态信道分配（DCA）以及随机信道分配（RCA）。FCA 的优点是信道管理容易，信道间干扰易于控制；缺点是信道无法最佳化使用，频谱信道效率低，而且各接入系统间的流量无法统一控制从而会造成频谱浪费，因此有必要使用动态信道分配，并配合各系统间做流量整合控制，以提高频谱信道使用效率。FCA 算法为使蜂窝网络可以随流量的变化而变化提出了信道借用方案，如信道预定借用（BCO）和方向信道锁定借用（BDCL）。信道借用算法的思想是将邻居蜂窝不用的信道用到本蜂窝中，以达到资源的最大利用。

DCA 根据不同的划分标准可以划分为不同的分配算法。通常将 DCA 算法分为两类：集中式 DCA 和分布式 DCA。集中式 DCA 一般位于移动通信网络的高层无线网络控制器（RNC），由 RNC 收集基站（BS）和移动站（MS）的信道分配信息；分布式 DCA 则由本地决定信道资源的分配，这样可以大大减少 RNC 控制的复杂性，该算法需要对系统的状态有很好的了解。根据 DCA 的不同特点可以将 DCA 算法分为以下 3 种：流量自适应信道分配、再用划分信道分配以及基于干扰动态信道分配算法等。DCA 算法还有基于神经网络的 DCA 和基于时隙打分（Time slot scoring）的 DCA。最大打包（MP）算法是不同于 FCA 和 DCA 算法的另一类信道分配算法。DCA 算法动态为新的呼叫分配信道，但是当信道用完时，新的呼叫将阻塞。而 MP 算法的思想是：假设在不相邻蜂窝内已经为新呼叫分配了信道，且此时信道已经用完，倘若这时有新呼叫请求信道时，MP 算法（MPA）可以将两个不相邻蜂窝内正在进行的呼叫打包到一个信道内，从而把剩下的另一个信道分配给新的呼叫。

RCA 是为减轻静态信道中较差的信道环境（深衰落）而随机改变呼叫的信道，因此每个信道的改变可以独立考虑。为使纠错编码和交织技术取得所需的 QoS，需要通过不断地改变信道以获得足够高的信噪比。

无线资源管理技术是对卫星通信系统中涉及的各种资源统一调度分配的过程。具体的目标是利用有限的星上资源，尽可能地满足用户提出的业务和通信质量的要求。管理过程是由卫星测控站和信关站共同协作完成的，可分配的资源有载波、时隙和功率，无线资源管理方式大体有 3 种：①预先分配模式就是预先把资源下发给每个申请资源的对象；②动态分配模式是拿出一部分资源按照预分配模式进行资源分配，当现有资源都被分配完，则将新的资源申请请求提交给网管中心处理，网管中心根据业务需求向终端分配资源，使用完后再进行资源释放归还这部分资源；③集中管理模式就是所有资源都由网控中心统一调度，整个无线资源申请过程需要遵循一定流程，如图4-5-1所示。

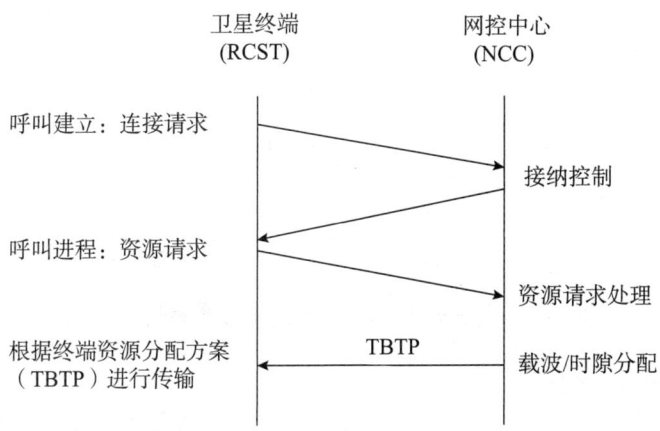

图4-5-1 低轨卫星无线资源管理体系

（1）终端用户发起呼叫，即向NCC发送建立请求连接，请求可能包含了业务类型以及对传输速率和时延的要求。

（2）控制中心接收到用户的请求后，会根据带宽资源的使用情况运行接纳控制算法，根据接纳原则来判断是否进行接入。如果不允许接入可能会采取加入阻塞队列等待或直接丢弃的原则。

（3）用户终端接收到控制中心发来的可以接入的指令后，向控制中心发起相关业务的资源申请。

（4）控制中心根据不同终端发来的资源申请，综合业务的优先级，不同终端服务质量的需求以及信道条件等综合因素进行资源时隙的分配。具体分配的细节根据其资源分配算法来实现。

（5）当控制中心完成时隙位置分配以后，产生终端分配方案（TBTP），并通过卫星以广播的方式下发给各个用户。

（6）用户终端接收到广播发送的终端分配方案，利用分配方案划分给自己的资源进行传输数据。

4.5.2 专利申请分析

4.5.2.1 专利申请趋势分析

针对低轨卫星通信系统无线资源管理技术的78件专利申请趋势进行分析。如图4-5-2所示，该领域相关专利在1990年出现第一件专利，直到1996年达到专利申请量的顶峰，为9件专利。之后几年处于明显下滑状态，2014年又处于专利申请量的小高峰，申请了8件专利。纵观整个发展趋势，可以看出，该领域的技术发展目前处于持续发展期。

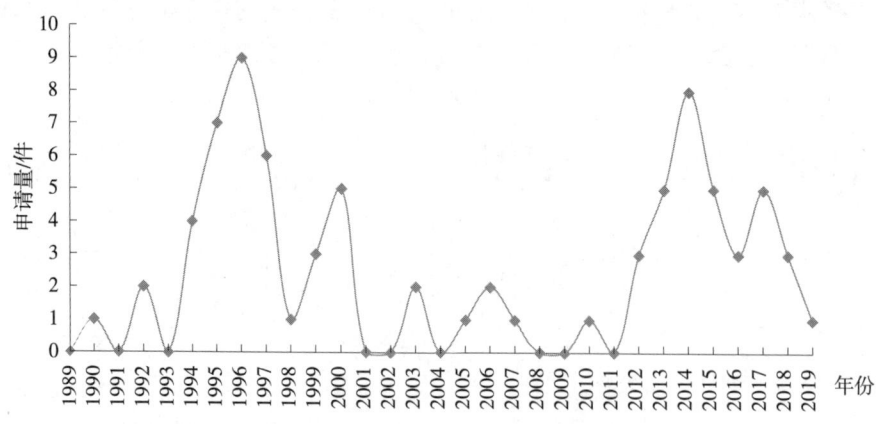

图 4-5-2　无线资源管理技术领域全球专利申请趋势

4.5.2.2　专利申请地域分析

如图 4-5-3 和表 4-5-1 所示,中国的专利申请量排名第一,申请量为 29 件,占全球申请量的 37.2%。其中,有效专利 15 件,在审专利 11 件,失效专利 3 件,专利有效率为 51.7%。

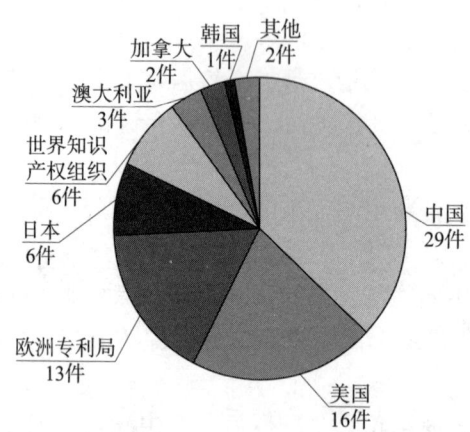

图 4-5-3　无线资源管理技术领域全球专利申请主要国家和地区分布

表 4-5-1　无线资源管理技术领域全球专利申请主要国家和地区法律状态

国家和地区	有效专利/件	在审专利/件	失效专利/件
中国	15	11	3
美国	4	5	7
欧洲	0	2	11
世界知识产权组织	0	6	0
日本	0	1	5

排名第二的是美国，专利申请量为16件，占全球申请量的20.5%。其中，有效专利4件，在审专利5件，失效专利7件，专利有效率仅为25%。

欧洲的专利申请量排名第三位，专利申请量为13件，占全球申请量的16.7%。其中，无有效专利，在审专利2件，失效专利11件，专利有效率为0。

日本和世界知识产权组织专利申请量排名并列第四位，专利申请量为6件，各占全球申请量的7.7%。日本的6件专利申请中有1件是在审专利，另外5件是失效专利；世界知识产权组织的6件专利申请均为在审专利。

澳大利亚的专利申请量为3件，占全球申请量的3.8%，专利申请量排名第六位。另外，加拿大、韩国在该技术领域分别有2件专利申请和1件专利申请。

4.5.2.3 专利申请人排行分析

如图4-5-4所示，图中统计了全球排名前九位申请人的专利申请量。其中，中国申请人有两位，均是高校，分别是南京邮电大学和大连大学。另外7位申请人均是美国申请人，但是其中只有3位是公司，Globalstar、Hughes和Space Systems，其余4位是个人申请人。

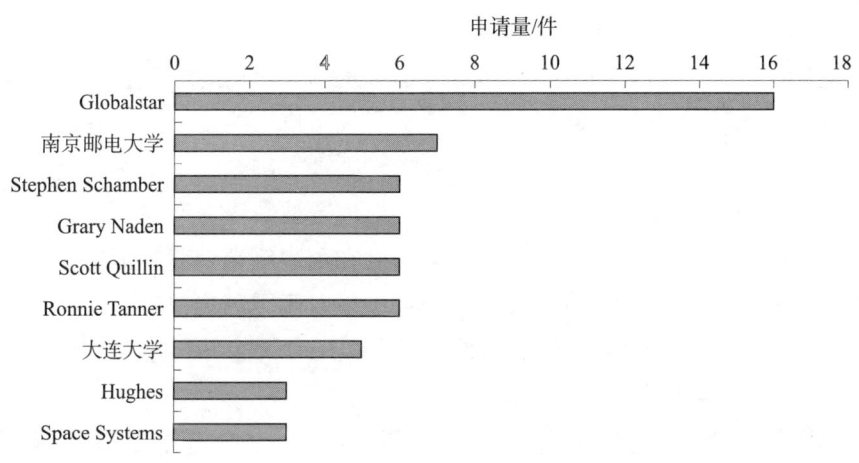

图4-5-4 无线资源管理技术领域主要申请人专利申请量排名

Globalstar申请量排名第一，为16件。南京邮电大学专利申请量为7件，排名第二。大连大学的专利申请量排名第七，为5件。Hughes、Space Systems的专利申请量排名并列第八，均为3件。

4.5.3 关键技术分析

1. 减少卫星资源消耗

Globalstar于2000年8月申请的公开号为US6240124的专利（见图4-5-5）。

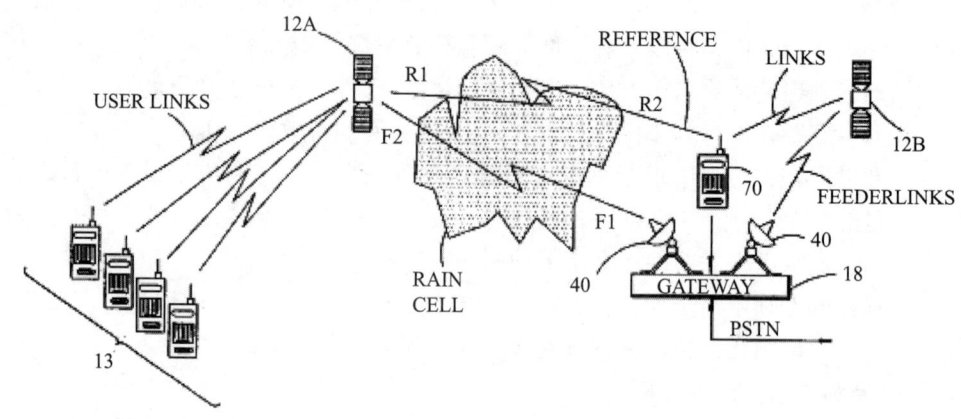

图 4-5-5　US6240124 说明附图

该方法提供了一种卫星通信系统，其包括至少一个卫星和至少一个地面站。卫星通信系统还包括用于发送上行链路参考信号的装置，该卫星包括接收器和发射器，至少一个用户终端和耦合到地面站的处理器。卫星接收器接收上行链路参考信号。卫星发射机将参考信号作为重复的下行链路参考信号发送。用户终端具有用于接收卫星重复的参考信号的接收器。用户终端还具有用于测量用户终端接收的参考信号的质量的装置，并且还具有用于发送测量的质量的装置。处理器耦合到地面站，用于基于用户终端发送的测量质量调整地面站的发射功率。处理器被编程为调整发射功率中的至少一个，使得来自卫星的下行链路波束的通量密度在用户终端处基本恒定，而与用户终端在波束中的位置无关，或者调整发射功率以补偿对于卫星增益的预测变化，并将波束的通量密度保持在用户终端位置处的预定阈值以上。

2. 解决频率共用和协调困难问题

北京信威通信技术股份有限公司于 2019 年 2 月申请了公开号为 CN106254003B 的专利。

该方法包括频谱感知和频率分配方法及装置，首先在低轨星座系统中的低轨卫星在飞越预定区域的上空时，通过低轨卫星对预定区域选定的 Ka 频段进行扫描；通过低轨卫星将数据信息发送给地面关口站，其中，数据信息是低轨卫星根据扫描得到的；通过地面关口站分析绘制出全球在轨静止轨道 Ka 频段卫星的频率图谱，其中，频率图谱是根据接收到的多个低轨卫星传回的数据信息分析绘制的；将低轨星座系统的 Ka 频段服务区划分为至少一个业务区，根据频率图谱分配各业务区使用的频率。解决了现有技术中频率共用和协调困难问题（见图 4-5-6）。

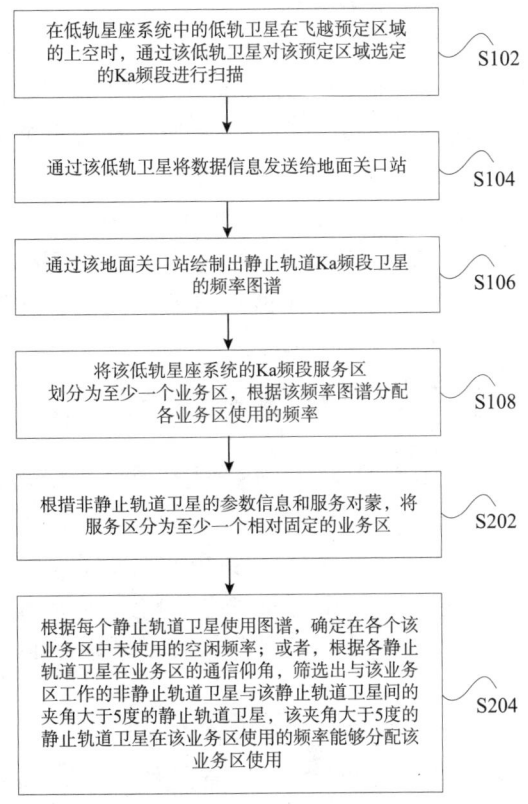

图 4-5-6　CN106254003B 说明附图

4.6　移动性管理

4.6.1　技术概况

低轨卫星通信系统中的移动性管理包括位置管理和切换管理两个部分。目的是为网络提供移动性支持并满足相关的服务质量指标，例如切换时延、丢包率、阻塞率、信令开销等。

位置管理是一个两步过程，目的是使网络发现移动用户当前的接入点以便进行呼叫传送。第一步是位置登记，移动终端周期性报告自己的接入点，让网络对用户进行鉴别并修改用户位置文件。第二步是位置寻呼，网络对用户位置文件进行查询，并找到移动终端的当前位置。

低轨卫星通信系统中位置管理包括位置更新和位置寻呼。位置更新分为静态位置更新方案和动态位置更新方案，静态位置更新方案寻呼代价太大；动态位置更新方案主要有三种：基于距离、基于移动和基于时间。基于距离的方案是指 MT 移动了 D 个小区的距离时进行位置更新，寻呼在以最近一次更新的小区为中心，周围 D 个小区组成的环状区中进行；基于移动的方案是指 MT 越过了 M 个小区边界后进行位置更新，当有呼叫时，以最近一次更新的位置为中心，Mr 为半径的圆中的所有小区中寻呼（r 为一个小区的半径）；基于时间的方案是指 MT 间隔一固定时间 T 进行位置更新，寻呼时先在上次更新时的位置进行，若无响应，再向整个位置区（LA）发送。其中采用 CIC Ⅲ 实现的基于距离的位置更新方案是三种方案中性能最好的。低轨卫星通信系统位置寻呼的方法主要有三种，在 LA 中的所有 SPF（Spot Beam Footprint）同时进行寻呼的 BP 方式，在 LA 中的所有 SPF 逐个进行寻呼的 AP 方式以及 PP 方式 I 副，即通过计算移动终端在不同的卫星波束覆盖区内的存在概率，将 LA 中所有 SPF 按寻呼概率分成寻呼组 PG（Paging Group），采用首先寻呼概率最大的波束的方式，网络每次对一个 PC 进行寻呼操作，在寻呼时延和寻呼信令代价等性能指标看 PP 方式均为最优。

切换管理主要解决了移动终端在数据传递过程中接入点变化的控制问题，包括三个过程：初始化、新连接建立和数据流控制。切换管理具有以下几种功能：切换控制模式、切换准则（切换时间及切换条件）、切换中的关联资源配置（如 MIP 的转交地址分配、蜂窝网络中的信道分配以及 IP 地址绑定等）。在移动过程中它可以实现接入点改变时的通信的连续性，即由另一个新的接入点来替代当前的接入点提供的通信接入。

根据引起切换的不同链路，低轨卫星网络的切换可以分为三种：①卫星间切换，有覆盖域切换成路由协议 FHRP；②链路切换，有概率路由协议 PRP 以及点波束切换，有守护信道；③切换排队，动态信道分配以及连接确认控制等技术。卫星切换方法主要分为两类，部分路由重建和全路由重建，部分路由重建处理时时延较小但新生成的路由可能不是最优且可能造成对网络资源的不合理使用；全路由重建可得到最优化路由但是处理时延较大，所以随着星座结构，网络业务分布参数的变化，应采用动态概率重建路由优化的思想，根据网络参数恰当选择卫星切换中路由优化概率 P，使卫星切换过程中网络资源消耗最优化。

4.6.2 专利申请分析

4.6.2.1 专利申请趋势分析

低轨卫星通信移动性管理技术领域全球专利申请总量为 64 件，专利申请量较少。该领域专利申请量的变化情况如图 4-6-1 所示，2000~2014 年该技术领域处于低速发展时期，专利申请量非常少，年平均申请量不到 1 件，技术发展非常缓慢。

从 2015 年开始至今，该技术领域开始有所发展，这得益于近些年第二代低轨卫星通信系统在全球范围内的爆发，促进了该领域的技术发展和进步。其间，2016 年达到专利申请量的高峰 16 件，其中中国申请量为 9 件，美国申请量为 6 件，世界知识产权组织申请量为 1 件，欧洲、日本和韩国等其他国家和地区没有相关专利的申请。近年来，该技术领域的专利申请量有所下降。

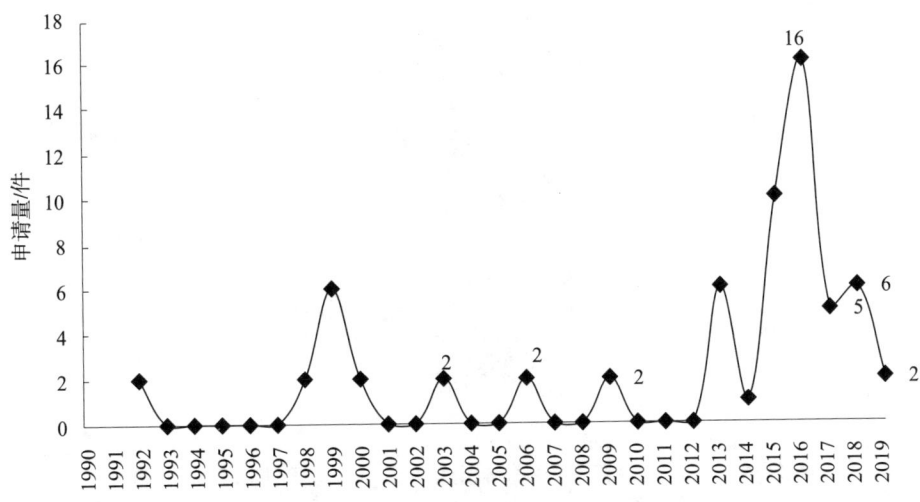

图 4-6-1 移动性管理技术领域全球专利申请趋势

如图 4-6-2 所示，中国申请人在该技术领域的专利申请趋势与全球申请趋势基本一致，2015 年以前，中国在该技术领域的相关专利申请较少，之后中国申请人开始加大在该技术领域申请布局。

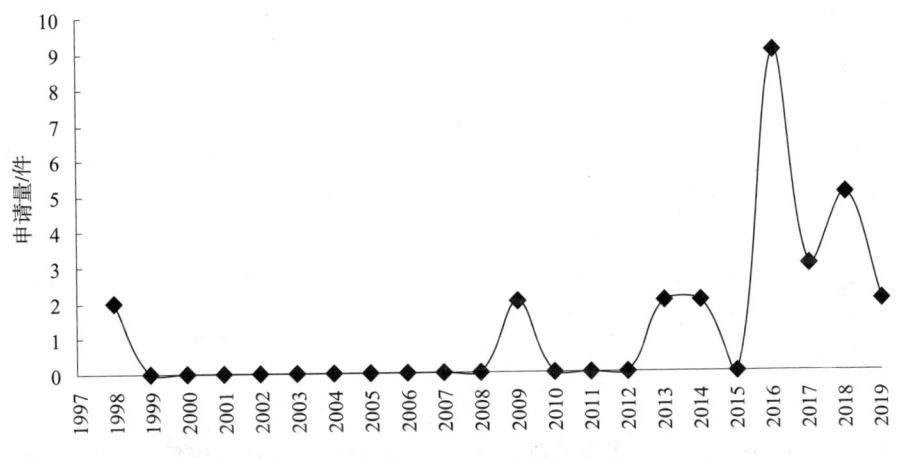

图 4-6-2 移动性管理技术领域中国专利申请趋势

4.6.2.2 专利申请地域分析

如图 4-6-3 和表 4-6-1 所示，中国的专利申请量排名第一，申请量为 25 件，占全球申请量的 39.1%。其中，有效专利 3 件，在审专利 17 件，失效专利 5 件，专利有效率仅为 12.0%。

排名第二的是美国，专利申请量为 21 件，占全球申请量的 32.8%，有效专利 14 件，在审专利 5 件，失效专利 2 件，专利有效率为 66.7%。

欧洲的专利申请量排名第三位，专利申请量为 6 件，占全球申请量的 9.4%，其中有效专利 2 件，在审专利 1 件，失效专利 3 件，专利有效率为 33.3%。

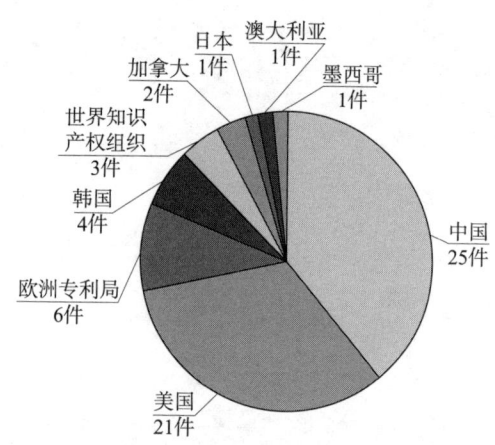

图4-6-3 移动性管理技术领域全球专利申请主要国家和地区分布

表4-6-1 移动性管理技术领域全球专利申请主要国家和地区专利法律状态

国家和地区	有效专利/件	在审专利/件	失效专利/件
中国	3	17	5
美国	14	5	2
欧洲	2	1	3
世界知识产权组织	0	3	0
韩国	0	0	4

韩国的专利申请量排名第四位，专利申请量为4件，占全球申请量的6.3%，但是全部为失效专利。

世界知识产权组织专利申请量排名第五位，专利申请量为3件，占全球申请量的4.7%。加拿大的专利申请量为2件，日本、墨西哥和澳大利亚在该技术领域分别有1件相关专利申请。

4.6.2.3 主要申请人分析

如图4-6-4所示，统计了全球排名前11位申请人的专利申请量排名，其中，中国申请人有4位，均是高校，分别是南京邮电大学、西安交通大学、哈尔滨工业大学、北京邮电大学。美国专利申请人占据5位，且排名靠前，分别为Hughes、Arthur W. Wang、高通、Orbit Communication Systems、Space Systems。韩国申请人2位，分别为韩国高等科学技术院和Katie Co., Ltd。

Hughes在移动性管理技术领域的专利申请量排名第一，为16件，大幅领先其他申请人。高通排名第二，申请了5件专利。Orbit Communication Systems、Katie Co., Ltd、韩国高等科学技术院、Space Systems、南京邮电大学、西安交通大学、哈尔滨工业大学、北京邮电大学专利申请量均为2件。

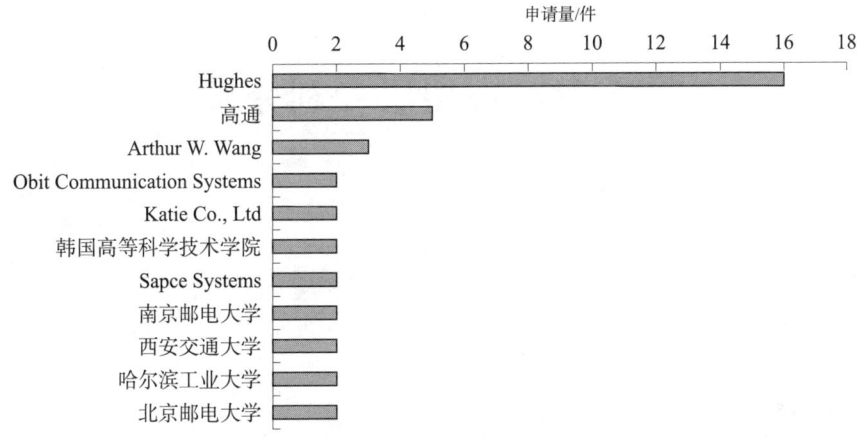

图 4-6-4 移动性管理技术领域全球主要申请人专利申请量排名

4.6.3 关键技术分析

高通于 2016 年 10 月申请了公开号为 CN108141277A 的专利。该方法提供了用于管理卫星间切换的方法和装置，以在非地球同步卫星通信系统中维持足够高的系统容量的同时允许用户终端减少切换频率。用于管理卫星间切换的方法和装置可以在网关、连接到网关的基础设施、用户终端或者卫星中实现。

该方法包括评估第二地面站与第二卫星星座中的卫星之间的几何关系，并根据评估的几何关系指导第二地面站与第二卫星之间的通信。在一个实施例中，当第一颗卫星不再处于可见卫星的最高仰角时，从第一颗卫星向另一颗卫星移交通信。在另一个实施例中，当第一颗卫星下降到最低仰角以下时发生切换。

4.7 小 结

无线通信技术领域在低轨通信卫星系统技术分支里属于技术体制，是非常重要的一个体系。

无线通信技术是卫星通信领域研究的重点之一。从申请趋势可以看出无线通信技术已处于持续发展阶段，结合美国在该技术领域申请了较多的专利，而世界知识产权组织专利申请量较少，可以推断出美国等技术领先国家正在进行全球专利布局。虽然中国专利申请较多，但是同族专利量非常少，说明国内企业、科研院所或高校对知识产权的布局意识较为淡薄。

中国创新主体在该技术领域起步相对较晚，但得益于国家对卫星通信和商业航天事业的大力支持，中国创新主体在该领域的专利申请呈现出快速增长趋势，大有后来居上的气势。也可以看出该技术领域的竞争非常激烈，建议国内创新主体加快专利申请的步伐，抢占知识产权的高点。同时应大胆走出去，在全球进行专利布局，争取在全球范围引领该技术领域的发展潮流。

第 5 章 应用层专利分析

低轨卫星通信具有多种应用。课题组选取了物联网、LEO 蜂窝通信的融合、互联网接入、导航增强和航空监控 5 个应用领域作为典型领域进行专利分析。

5.1 物联网

5.1.1 技术概况

物联网（Internet of Things）一词最早出现在 1999 年，由麻省理工学院的 Ashton 教授在研究射频识别（Radio Frequency Identification，RFID）技术时提出。物联网是传感器之间按约定的协议进行信息交换和通信，以实现物品的智能化识别、定位、跟踪、监控和管理的一种网络，被称作是继计算机、互联网与移动通信网之后，世界信息产业的第三次革命性创新。

根据相关文献研究，物联网结构中的成分分为感知层、传输层、计算层和应用层 4 个层级。其中：

感知层涉及利用传感器来获得发生在物理世界中的数据和信息；此外，数据收集依赖于传感器、RFID、二维码和实时定位等技术，还有传感器数据交换标准。

传输层通过基站承载网络将感知层的信息传输到应用层；该技术有一些有线通信标准，传输层有有线或无线通信协议。

计算层包括创建或转换传输和收集数据所需的算法；计算层中有一些主题包含路由算法、图像处理、字符识别、纠错、数据安全和数据加密。

应用层使用收集的数据形成动态数据资源库，适用于物联网相关的业务需求；物联网相关业务包括零售、健康、能源、移动、城市、制造、出版和服务等。

对于依靠无线接入的物联网来说，除了要有物联网终端外，必须有一个由足够多的基站构成的通信网络。但是在地面布设基站及连接基站的通信网却受到诸多的限制：一是占地球表面大部分面积的海洋、沙漠等区域无法建立基站，二是用户稀少或人员难以到达的边远地区建立基站的成本将会很高，三是发生自然灾害时（如洪涝、地震、海啸）地面网络容易被损坏。通过以卫星物联网作为地面物联网的补充和延伸，则能够有效克服地面物联网的前述不足。

在卫星轨道的选择上，采用低轨道（LEO）卫星实现物联网，将能够降低传播时延，提高消息的时效性；减小传输损耗，有助于终端的小型化；通过多颗低轨卫星构成星座实现全球无缝覆盖（含两极），提高物联网的覆盖范围，解决特定地形内通信效果不佳的问题，缓解 GEO 卫星轨道位置和频率协调难度大的问题。因此，近年来低轨卫星物联网得到了研究者的广泛关注。

随着 4G、5G 技术的发展，特别是 5G 系统即将投入商用，低轨卫星通信与地面 5G 的融合成为人们关注的热点，其中物联网应用作为一个典型的应用场景，其业务规模逐年增长，具有广泛的应用前景。

（1）主要关键技术

对应上述层次，物联网核心技术包括感知层面、传输层面、处理层面等。

感知层面包括射频识别（RFID）、微型和智能传感器、位置感知、红外感应器等；传输层面包括无线传感器网络（WSN）、异构网络融合等；处理层面包括海量数据存储、数据挖掘、图像视频智能分析等。在这些技术中，又以底层嵌入式设备芯片开发最为关键，引领整个行业的上游发展。以下从物联网的传感技术等方面来介绍当前的主要关键技术。

（a）二维码及射频识别（RFID）

二维码及 RFID 是目前市场关注的焦点，其主要应用于需要对标的物（即货物）的特征属性进行描述的领域。二维码是用某种特定的几何形体按一定规律在平面上分布（黑白相间）的图形来记录信息的应用技术。二维码已经普遍应用于车辆管理、资产管理及工业生产流程管理等多个领域。

RFID 是一项利用射频信号通过空间耦合（交变磁场或电磁场）实现无接触信息传递并通过所传递的信息达到识别目的的技术。RFID 是一种通信技术，可通过无线电信号识别特定目标并读写相关数据，而无需识别系统与特定目标之间建立机械或光学接触。RFID 技术主要的表现形式就是 RFID 标签，它具有抗干扰性强、识别速度快、安全性高、数据容量大等优点。主要工作频率有低频、高频以及超高频。

目前 RFID 在许多方面都有其应用，例如仓库物资/物流信息的追踪、医疗信息追踪、固定资产追踪。该技术发展涉及的难点问题是：如何选择最佳工作频率和机密性的保护等，特别是超高频频段的技术应用还不够广泛，技术不够成熟，相关产品价格昂贵，稳定性不高，国际上也没有制定统一的标准。

（b）传感器技术

传感器作为现代科技的前沿技术，被认为是现代信息技术的三大支柱之一。微机电系统（MEMS）是由微传感器、微执行器、信号处理和控制电路、通信接口和电源等部件组成的一体化的微型器件系统。MEMS 传感器能够将信息的获取、处理和执行集成在一起，组成具有多功能的微型系统，从而大幅度地提高系统的自动化、智能化和可靠性水平。

（c）无线传感器网络（WSN）

无线传感器网络是由许多在空间上分布的自动装置组成的一种计算机网络，这些装置使用传感器协作地监控不同位置的物理或环境状况（比如温度、声音、振动、压力、运动或污染物）。WSN 是一种自组织网络，通过大量低成本、资源受限的传感节点设备协同工作实现某一特定任务。

当物体与物体"交流"的时候，就需要高速、可进行大批量数据传输的无线网络，无线网络的速度决定了设备连接的速度和稳定性。若无线网络的速率太低，就会出现设备反应滞后或者连接失败等问题。

目前使用的大部分网络属于4G。5G即第五代移动通信技术，将把移动市场推到一个全新的高度，而物联网的发展也因其得到很大的突破。

(d) 人工智能（AI）技术

人工智能与物联网密不可分。AI技术相当于物联网的"大脑"，负责学习与思考，研究领域有智能机器人、虚拟现实技术与应用、工业过程建模与智能控制、机器翻译、知识发现与机器学习等。物联网负责将物体连接起来，而人工智能负责将连接起来的物体进行学习，进而使物体实现智能化。

(e) 云计算技术

云计算是把一些相关网络技术和计算机发展融合在一起的产物。它提供动态的、可伸缩的、虚拟化的资源计算模式，相当于物联网的"大脑"，具有计算和存储能力。

(2) 主要应用领域

物联网技术是一种可以实现智能化识别、定位、监控等功能的网络技术，具有广泛的应用领域。

(a) 电力行业[1]

将物联网技术应用在智能电网中，可以提高电网监控水平，有利于保障电网的稳定性，进而促进电力行业的发展。通过物联网技术的应用，可以实现电网端点、节点设备信息、供电状态的实时监测。物联网技术在智能电网中的应用主要包括：

智能配电巡检系统。为了保证配电设备的巡检质量，智能配电巡检系统引入了GIS技术及射频识别技术，可以有效减低配电设备的巡检难度，是物联网技术在智能电网中的应用途径之一。

智能用电系统。智能电网中引入物联网技术，可以有效整合电力资源，提高信息化管理水平，让供电工作形成具体数据信息，提供给电力系统管理人员。通过物联网技术，可以构建更加具有逻辑性的管理结构。通过智能用电系统，可以检测智能电网中的异常用电，进而及时与用户沟通，保证电网运行安全。

(b) 物流行业[2]

智慧物流就是运用射频识别技术以及传感器、全球定位系统等，将其运用在物流业工作当中，从而将物联网技术的优势凸显出来，满足物流行业智能化以及自动化发展。

(c) 智慧城市[3]

物联网技术对于现代城市的管理有着更多的保障作用，可以有效进行城市实时监督管理。此外，对于城市中的一些违法现象及时进行反馈。把反馈的信息集中传输到

---

[1] 麦炎胜. 物联网技术在电力行业的应用 [J]. 电气时代，2018 (12): 85-86.
[2] 王智明，等. 云化物联网在智慧物流的研究与应用 [J]. 互联网天地，2013 (3): 20-23.
[3] 田庆芳. 物联网技术在城市管理中的发展应用 [J]. 项目管理，2018 (7): 3346.

城市监管平台，平台就可以对收集到的反馈信息进行分析，并对部分有价值的信息采取必要的处理措施。

应用物联网技术可以针对多个交通路况实现监控，协助交通管理者更好地实现城市交通管理的目的。此外，通过物联网技术可以对城市交通状况信息进行快速整合处理，方便车辆出行规划，从而降低"堵车"等问题，降低城市交通的负担，为城市交通规划创造更好的环境。

低轨卫星（LEO）的主要优势是低损耗、低时延、广覆盖、大数量级。低轨卫星物联网非常适合短数据、偏远或者远距离移动物体的监测、传感器数据采集等应用场景。低轨卫星物联网是当前的热门话题之一，越来越多的公司正在积极布局低轨卫星物联网，这一点在专利申请上也有所体现。

5.1.2 专利申请分析

5.1.2.1 专利申请趋势分析

在低轨卫星通信物联网应用技术领域，截至2019年8月31日，全球共有306件专利申请。其申请态势如图5-1-1所示。

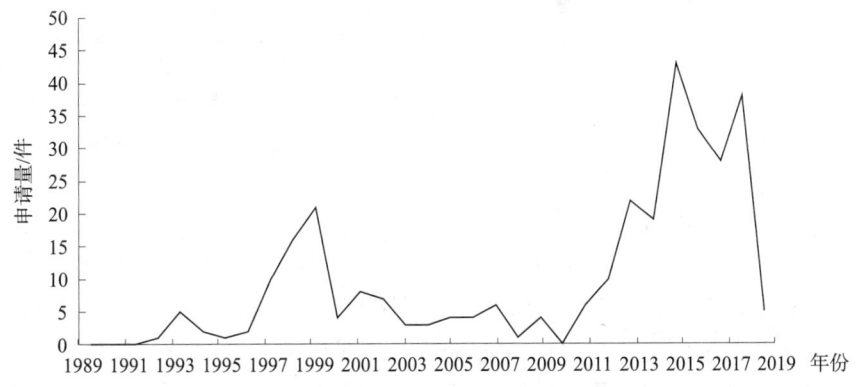

图5-1-1 物联网应用技术领域全球专利申请趋势

从图中可以看出，该技术领域的专利申请量整体呈上升趋势。在20世纪90年代初开始出现专利申请，但长时间内专利申请数量较少。

自2011年左右开始，该技术领域的专利申请呈现较快增长趋势。到2015年达到专利申请的高峰，至今仍势头不减，说明该领域的相关技术开始进入一个相对较快的发展阶段。该技术领域可初步划分为技术萌芽期（1991~2011年）和持续发展期（2012年至今）。结合非专利文献可知，2011年以后这一阶段是新一轮低轨卫星通信的热潮，目前仍热度不减。随着目前规划中的多个低轨通信星座的工程实施和投入运行，预测其最终的专利申请数量仍会保持较高的增长。

5.1.2.2 专利申请地域分析

图5-1-2给出了低轨卫星通信物联网应用技术专利申请来源国家/地区分布。从图中可以看出，美国在该技术领域拥有雄厚的技术实力，已占据该领域知识产权的高

峰，建立了一定的技术壁垒。美国低轨卫星通信研究与工程实施已开展多年，既拥有 Iridium、Globalstar、Orbcomm 等窄带通信运营商，也有 SpaceX、Oneweb 等低轨宽带卫星通信新秀，以及波音、Hughes 等，这些企业拥有雄厚的技术研发实力，技术积累深厚。来自欧洲专利局的专利申请数量占第二位，表明各国申请人高度重视在欧洲的专利布局。中国在该技术领域的专利申请主要是自2012年开始申请的，中国在该领域新一轮低轨卫星通信热潮中表现积极，应用领域技术研发势头强劲。另外，来自世界知识产权组织、日本等国家或组织也有相应的专利申请，但整体上数量较少。

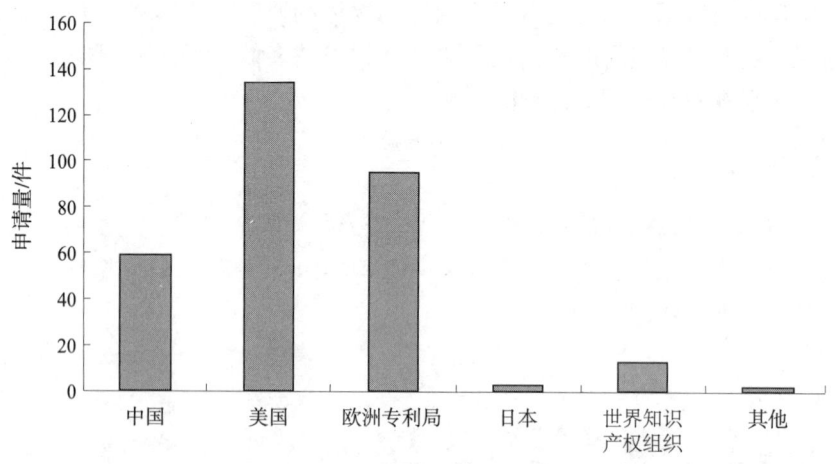

图 5-1-2　物联网应用技术领域全球专利申请来源国家/地区分布

5.1.2.3　主要申请人分析

图 5-1-3 给出了低轨卫星通信系统物联网应用技术全球主要申请人专利排名。从图中可以看出，排名前十位的申请人中，美国有7家，欧洲有2家，中国有1家。其中，专利数量最多的是美国的 Hughes。该公司总部位于马里兰州日耳曼敦，是全球领先的宽带卫星网络解决方案及服务供应商，其旗下的 Hughes Net 是著名的卫星物联网

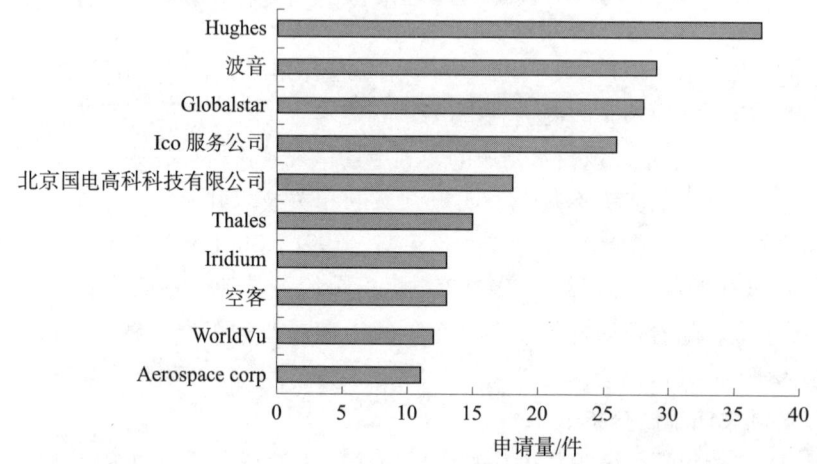

图 5-1-3　物联网应用技术领域全球主要申请人专利申请量排名

服务提供商。Hughes 在静止轨道卫星通信领域具有雄厚的实力，拥有 Echostar 等多颗大容量通信卫星。2015 年 6 月，休斯与低轨卫星通信运营商 Oneweb 签订技术、市场营销战略合作协议，标志着 Hughes 在巩固高轨卫星通信服务的同时，更加重视低轨卫星通信。Oneweb 的低轨卫星星座将极大增强 Hughes 的卫星通信运营能力。

Globalstar 和 Iridium 是全球成熟的低轨卫星通信运营商，目前物联网业务在两家公司的业务构成中均占较大比重，因此在该技术领域的专利申请也较多，通过合理的专利布局，在日益激烈的低轨卫星通信服务竞争中取得优势。近年来，两家公司为满足业务发展需要，都对系统进行了更新换代。2019 年，Iridium NEXT 星座已经完成部署。这些卫星由 Thales 负责制造。经分析可以看出，围绕物联网技术，低轨卫星通信产业链上的参与者，无论是运营商还是硬件制造商，都在积极进行专利布局，通过专利对自身研发创新技术进行积极保护。

北京国电高科科技有限公司是国家高新技术企业、国内卫星物联网行业的领军企业，物联网领域专利申请排在第五位。公司拥有由国际电联授权使用的卫星通信频率资源，以及由工信部颁发的第二类增值电信业务许可，该公司正在部署和运营由 38 颗卫星组成的"天启物联网卫星星座"，目前已有 3 颗卫星在轨组网运行，2020 年底完成全部卫星发射组网。该公司致力为全球物联网相关行业用户提供准实时的物联网卫星数据服务，真正实现空中、海洋和地面的万物互联，构建天地一体的卫星物联网生态系统。该公司申请的申请号为 CN201711416665.0 的专利涉及一种物联网数据采集传输系统及方法，包括由多个物联网卫星组成的物联网星座、地面中心和地面终端；物联网卫星上安装有多种载荷，分别用于接收地面终端所发送的数据，并将数据发送至地面中心。

另外，在中国高校系统中，南京邮电大学张更新教授团队近年来在低轨卫星物联网应用领域较为活跃，围绕该技术领域所涉及的协议、传输方法和物联网认证等相关技术进行了专利申请，并通过期刊和会议论文等其他成果形式，就低轨物联网相关技术进行了深入研究和公开，其研究成果值得关注。

5.1.3 关键技术分析

（1）数据传输

北京国电高科科技有限公司在 2017 年 12 月申请了公开号为 CN108134835A 的专利，其提供了一种物联网数据采集传输系统及方法，其中，系统包括：由多个物联网卫星组成的物联网星座、地面中心和地面终端；物联网卫星上安装有 DCS、AIS、ADS－B、ARGOS 等多种载荷，用于接收地面终端所发送的各类物联网数据，并将物联网数据发送至地面中心；地面终端用于进行数据采集，并将采集到的数据发送至物联网卫星；地面中心用于接收物联网卫星发送的数据，并将数据进行处理后分发至用户端。

分析该专利技术方案，可以发现该发明所提供的系统和方法使用物联网卫星进行物联网数据的采集与传输，具有可覆盖地面网络无法覆盖的海上、空中及偏远地区、抗地面灾害能力强的积极效果（见图 5－1－4）。

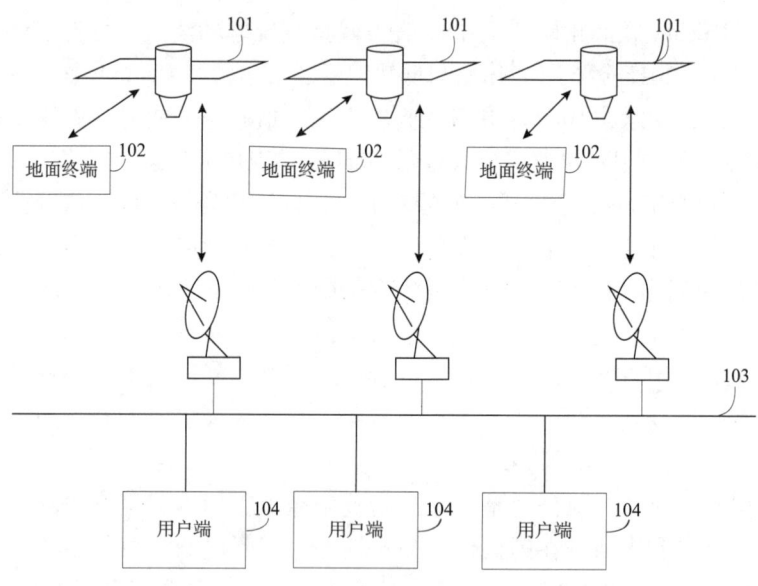

图 5-1-4　CN108134835A 说明书附图

（2）提高数据有效性

Hughes 在 2014 年申请了专利 US20150318916A1，该方案是一种用于天基和移动地面传感器车辆的系统和架构，可有效降低数据收集的延迟时间，提高数据的有效性。在物联网应用中，车辆数据监测传感是运输智能化的重要保证，其中数据收集的及时性至关重要（见图 5-1-5）。

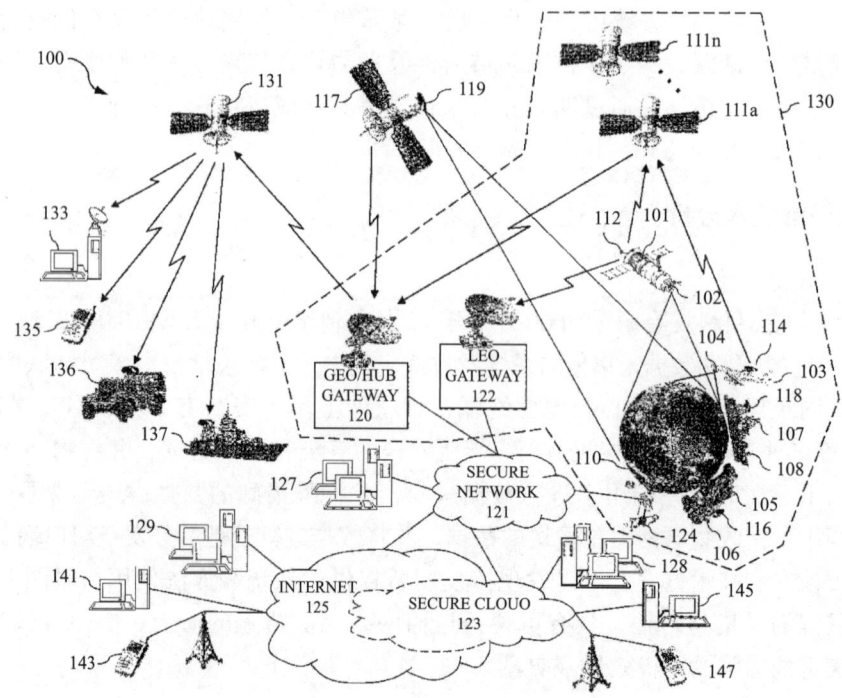

图 5-1-5　US20150318916A1 说明书附图

该专利除了在美国本土有申请外，还有世界知识产权组织、欧洲专利局及印度等多个同族专利，反映出该专利对于 Hughes 的重要性。

5.2 导航增强

5.2.1 技术概况

全球导航卫星系统（Global Navigation Satellite System，GNSS）自从应用以来，对人们生产、生活的影响越来越大，甚至改变着大家的生产方式以及生活观念。目前已投入使用的导航卫星系统有美国的 GPS、中国的北斗和俄罗斯的 Glonass，欧洲的 Galileo 仍在建设中。

导航卫星系统在具有显著优点的同时，也存在固有的缺点：

（1）导航卫星轨道高度高，一般在 20000～30000km 轨道高度上，导航信号经过空间损耗到达地面时已很弱，对于终端接收性能提出了更高的要求，尤其在一些特殊环境中，如室内、建筑物等阴影遮蔽比较严重的环境。

（2）在天体运动中，高轨道导致了卫星本身的几何位置改变慢的特点，而这一点恰恰与实时快速定位的要求存在冲突。

（3）现有全球导航卫星系统中导航电文传输速率比较低，接收机接收完一套完整的导航电文花费时间长，影响定位导航服务的实时性。

与此同时，用户需求对导航卫星系统的要求却显著提高。无论是军用还是民用，对导航卫星系统的定位导航及授时精度（PNT）的要求更加严格。另外，目前在轨运营的多个导航卫星系统面临着激烈的市场竞争，如果 PNT 精度得不到提高，在市场竞争中将处于劣势。

针对 GNSS 基本导航服务能力的不足，美国、欧盟、俄罗斯及中国等均建设了覆盖本国及周边地区的星基增强系统（Satellite Based Augmentation System，SBAS），对导航精确度、完好性等服务性能进行增强，如广域增强系统（Wide Area Augmentation System，WAAS）、欧洲地球静止导航重叠服务、差分校正和监测系统站、北斗区域增强系统等，可达到米级～分米级的导航定位精确度、I 类精密进近完好性服务能力。

但是，目前的导航增强存在较大缺点，主要是❶：

现有 SBAS 卫星均部署在地球静止轨道（Geostationary Earth Orbit，GEO），卫星轨道高，落地功率低，具有天然的脆弱性，即信号弱、穿透力差、易受干扰，并且高精确度定位需要较长的收敛时间；地基增强系统（Ground Based Augmentation Systems，GBAS）虽然可以实现较高的精确度与完好性服务性能，但其服务区域受地基网络覆盖的限制。

---

❶ 沈大海，等. 基于低轨通信星座的全球导航增强系统［J］. 太赫兹科学与电子信息学报，2019（4）：209-215.

为了克服 GNSS 系统在可用性、可靠性和抗干扰等方面的脆弱性，国内外已有学者提出利用播发导航测距信号的低轨星座，对 GNSS 卫星进行增强。

低轨卫星具有地面接收信号强度高、星座几何图形变化快的优势，能够与已有的 GNSS 系统形成优势互补、实现快速精密定位。同时，在相同发射功率情况下，用户可获取更高的信号电平，增强了用户在复杂环境下的导航可用性，组网后可实现全球无缝覆盖。

我国北斗导航卫星系统（BeiDou Navigation Satellite System）不具备全球建设监测站的条件，只能布设区域的地面跟踪网，难以实现对导航卫星的全弧段连续跟踪以及高精度轨道确定。但若引入低轨星座，将其作为星基监测站，通过融合低轨卫星星载数据和地面跟踪站观测数据，能够实现区域监测站条件下的导航卫星厘米级定轨。此外，基于低轨星座增强的北斗卫星系统，可以为无法或难以架设地面监测站的地域（如海洋、沙漠及部分其他国家）提供更高质量的导航定位服务。因此，考察国内外在该技术领域的研发情况，对于分析低轨通信星座来解决全球导航增强问题具有重要意义。

在低轨卫星通信领域，随着相关技术创新的发展，相关专利申请也呈现出较明显的态势。

5.2.2 专利申请分析

5.2.2.1 专利申请趋势分析

截至 2019 年 8 月 31 日，可以检索到的低轨通信星座导航增强应用技术的全球专利申请总量为 235 件。如图 5-2-1 所示，从历年专利申请情况可以看出，利用低轨卫星开展导航增强的相关专利申请起步较晚。从 1995 年出现第一件专利申请后，在 1998 年出现过一个专利申请的高峰，之后一直到 2007 年前的 10 余年间，只有少量的专利申请，这一专利申请分布与当时低轨卫星系统全面处于低谷期有密切关系。

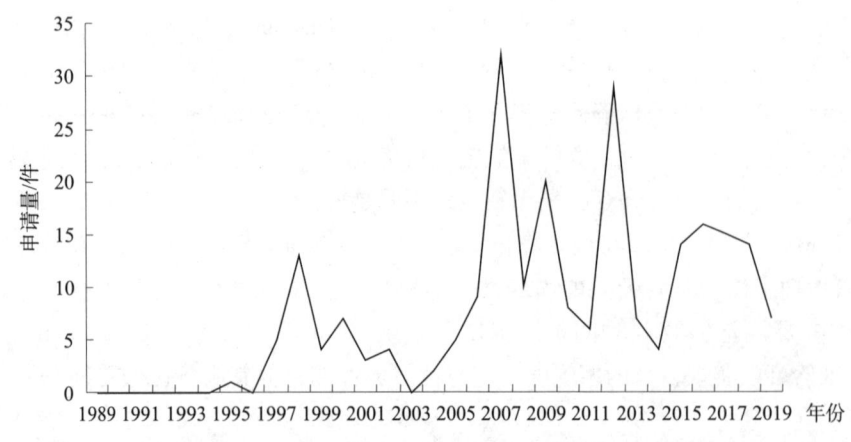

图 5-2-1 导航增强应用技术领域全球专利申请趋势

2007 年以后，这一技术领域年度专利申请数量起伏较大。结合非专利文献可以知道，一方面是现有低轨通信，如 Globalstar、Iridium 等运营商已逐步走出经营困境，服务内容逐步增多，例如 2010 年前后业界提出 Iridium 为 GPS 提供导航增强的 iGPS，相关研究逐渐增多。另外，随着新一轮低轨通信星座建设热潮的兴起，在星座系统载荷设计上，很多都在考虑增加导航增强载荷，各大导航卫星系统对通过低轨星座导航增强技术提高导航精度、完好性及可用性也更加重视。

5.2.2.2 专利申请区域分析

如图 5-2-2 所示，在导航增强技术领域全球专利申请区域分布中，美国在该技术领域的专利申请数量排在第一位。美国 GPS 系统目前导航增强主要采用的手段有全国范围差分 GPS 系统（NDGPS）、广域增强系统（WAAS）、持续运行参照站（CORS）、全球差分 GPS（GDGPS）等。近年来，随着新一轮低轨星座建设热潮的兴起，加之 Globalstar、Iridium 等已有低轨通信运营商在系统更新换代的同时，将导航增强作为搭载载荷增加到星座建设中，使得低轨星座导航增强在美国更加得到重视，相关专利申请也随之增加。美国的波音、Raython 等申请人均有相应的专利申请。

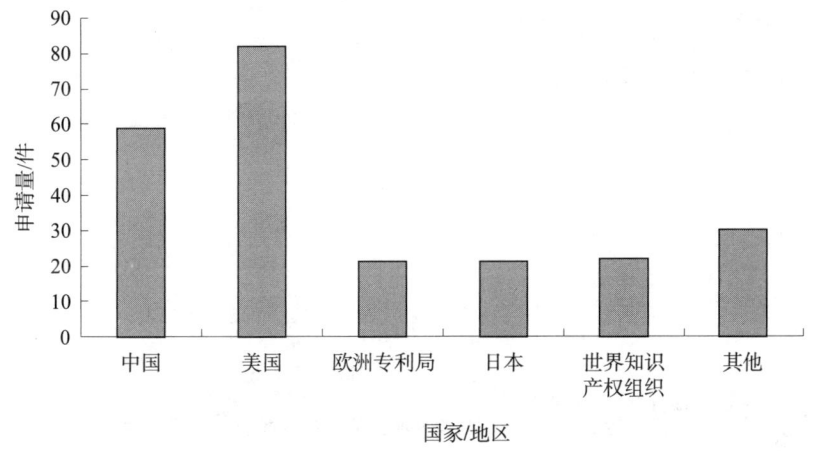

图 5-2-2 导航增强应用技术领域全球专利申请来源国家/地区分布

中国专利申请的数量排在第二位。在该领域，中国的航科集团、电科集团、中国科学院、高校（包括军队院校）、民营企业都在积极参与，说明上述主体对该领域的重视程度高，投入了一定的研发力量，并申请了相关专利。

结合非专利文献可以知道，2009 年，中国"北斗三号"工程正式启动建设，到 2020 年要实现全球导航的目标。我国北斗导航卫星系统难以全球建站实现全球连续监测，因此通过低轨星座实现通信与导航的融合，为北斗系统提供导航增强，成为进一步提升北斗导航卫星系统精度、实现全球导航服务目标的重要选择。这可能是中国在低轨通信导航增强技术领域专利申请增长迅速的一个重要原因。

在欧洲，Airbus、Thales Alenia Space 等低轨通信卫星制造商的公司位于法国和德国等地，其在该技术领域有相应的专利申请，但整体数量不多。

从非专利文献看，欧洲的伽利略（Galileo）导航卫星系统建设是欧盟主要国家为摆脱美国 GPS 制约、实现导航自主的一个重要举措。为了提高系统精度和完好性，在系统建设的同时，注重星基导航技术研发和工程实施。欧洲伽利略导航卫星系统最初采用的星基导航增强措施是地球同步轨道卫星的欧洲地球静止导航重叠服务（EGNOS），该系统于2006年初步建成。为适应近年来低轨星座导航增强技术的发展，欧洲对该技术领域有所重视，在相关技术的专利申请上也有所体现，如空客防务与航天公司（Air Defense and Space）的专利EP3355079A1等，就是在低轨导航增强技术领域有所重视的体现。

5.2.2.3 主要申请人分析

如图5-2-3所示，在导航增强应用技术领域，全球专利申请量排名前九位的申请人几乎全部来自美国。

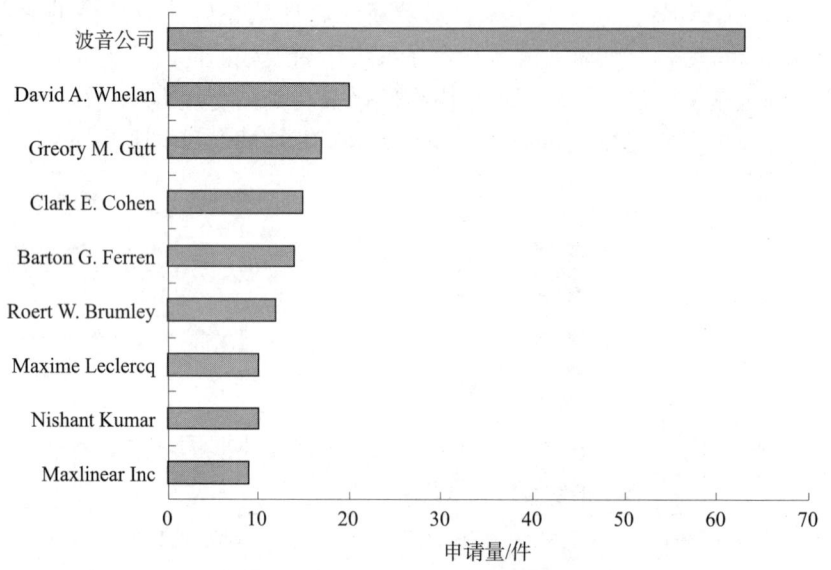

图5-2-3 导航增强应用技术领域全球主要申请人专利申请量排名

从申请数量上看，美国的波音排在第一位，其申请数量几乎是其他申请人申请数量之和。从非专利文献可知，波音是Iridium系统工程实施和系统运营的分包商。

中国尽管在专利申请总量上较为靠前，但申请人数量众多，反映出中国在该技术领域研究力量分散。

5.2.3 关键技术分析

（1）提高定位效率

成都电子科技大学在2016年10月申请了公开号为CN106646517A的专利，公开了一种基于低轨通信卫星的导频信道传输星历信息的方法，通过获取低轨通信卫星与用户通信时的泊松流密度而评估通信用户的数量，以及根据低轨通信卫星的导频信道全零原始速率、Walsh扩频序列码速率以及短PN码码长，确定一个周期的短PN码对应的原始全零数据位，从而设定适合定时信息与星历信息相结合的导频信道信号结构。该技术方案的优点是充分利用导频信道高速的传输速率，降低导航卫星电文传输时间，提高定位速度。图 5-2-4 是该技术方案的说明书附图。该专利技术方案可以在不影响导频信道的定时、相位参考原始功能的前提下，充分利用导频信道高速率的特点，提高插入的导航星历数据量。

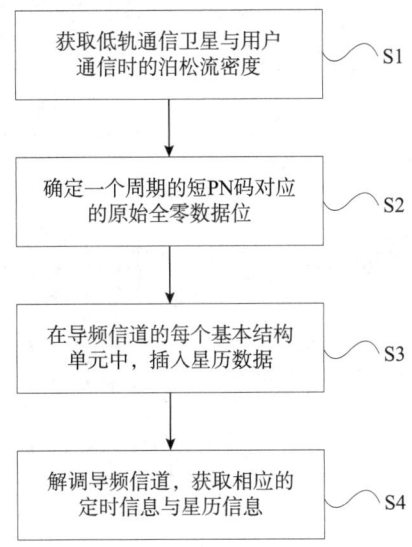

图 5-2-4　CN106646517A 说明书附图

（2）精密定轨

武汉大学于 2017 年 7 月申请了公开号为 CN107229061A 的专利，公开了一种基于低轨卫星的星地差分实时精密定位方法。该技术方案利用低轨卫星对地面广播其星载 GNSS 接收机的观测数据以及实时轨道数据；地面接收机接收到低轨卫星播发的差分信息后与本地 GNSS 观测值组成双差观测值，进行基于伪距的动基站 DGNSS 定位或者于载波相位的动基站 RTK 定位。这个技术方案的显著特点是利用全球移动的低轨卫星平台作为参考站，能够实现全球范围内的实时精密差分定位服务，不依赖地面参考站的分布。用户使用单个接收机即可实现差分实时精密定位，无作业范围限制，无需考虑数据通信链路。图 5-2-5 是该技术方案的说明书附图。

该技术方案提供的是一种利用低轨卫星作为参考站，与地面或近地空间的接收机实现差分定位的方法。低轨卫星以一定的时间间隔向地面播发星上接收机的观测值和对应时刻的卫星轨道信息，地面接收机将接收到低轨卫星播发的差分信息与本机接收的导航卫星测距信号组成双差观测值，实现移动基站的 RTK 或者 DGNSS 定位。

通过分析可以发现，该技术方案使用局域差分的方法，但是通过移动的参考站平台提高了参考站的利用率，使得参考站服务范围不局限于周围几十公里，而是提供全球范围的差分服务，这一点使得该技术方案的适用性大大增强。如果使用多颗低轨卫星组成的星座作为参考基站，则可以提供全球范围不间断的星站差分定位服务。正因如此，该技术方案能够为受自然条件和经济条件影响导致没有架设或者无法架设地面站的区域，如远洋地区、偏远地区、地震灾区等区域提供实时差分定位服务。

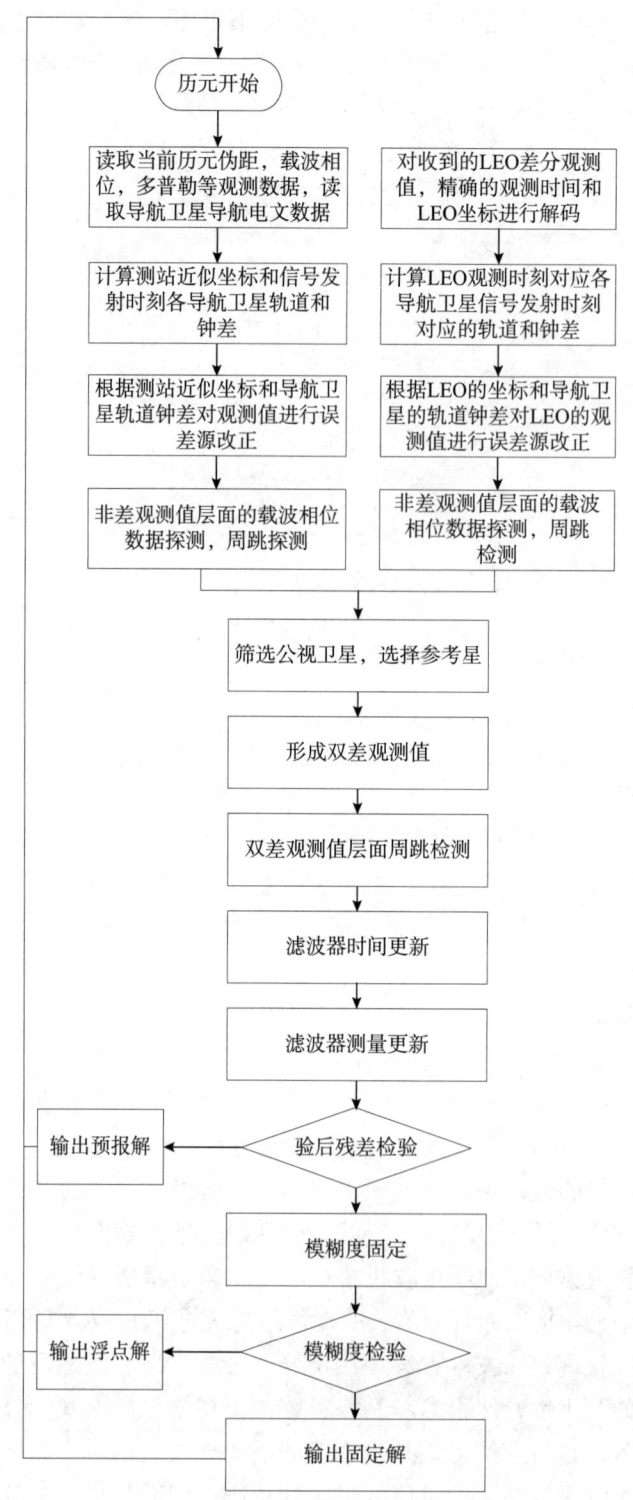

图 5-2-5 CN107229061A 说明书附图

5.3 LEO 蜂窝星地融合通信

5.3.1 技术概况

随着移动互联网、物联网、云计算等新技术的蓬勃发展，通信网络呈现出许多新趋势。2009 年 9 月，国际电信联盟（ITU）定义了泛在网络（ubiquitous network）[1]，即在预订服务情况下，个人和/或设备无论何时何地何种方式以最少技术限制接入到服务和通信；并描绘了泛在网络愿景：5C（融合、内容、计算、通信、连接）和 5A（任意时间、任意地点、任意服务、任意网络、任意对象）。泛在网络的基本特征是泛在通信和万物互联，为蜂窝通信和卫星通信两者的融合发展提供了良好机遇。

卫星通信具有覆盖范围广、设施部署快、灵活性高、容灾性强等优点，特别是低轨卫星通信具有更明显的好处：卫星的轨道高度低，使得传输延时短，路径损耗小，多个卫星组成的星座可以实现真正的全球覆盖，频率复用更有效。

蜂窝移动通信（Cellular Mobile Communication）简称蜂窝通信，是采用蜂窝无线组网方式，在终端和网络设备之间通过无线通道连接起来，进而实现用户在活动中可相互通信。其主要特征是终端的移动性，并具有越区切换和跨本地网自动漫游功能。

蜂窝通信主要针对陆地（尤其是人口密集地区）和中低速移动终端设计，迄今为止已推出四代商用系统，成为发展最成功、影响最广泛的陆地移动通信网络。

展望 5G、6G 技术的未来发展，低轨卫星通信特别是与蜂窝通信的融合将具有广阔的应用前景。国内外业界已经对这一技术发展逐步重视。2017 年 11 月，英国电信集团（BT）首席网络架构师 NeilMcRae 对 6G 通信技术进行了展望，认为 6G 技术将是"5G + 卫星网络"，在 5G 技术的基础上集成卫星网络来实现全球覆盖，并有望在 2025 年得到商用。2018 年 11 月，我国科技部开展了"与 5G/6G 融合的卫星通信技术研究与原理验证"课题研究。

5.3.2 专利申请分析

5.3.2.1 专利申请趋势分析

截至 2019 年 8 月 31 日，可以检索到的 LEO 蜂窝星地融合通信技术领域全球专利申请总量为 343 件。历年专利申请情况如图 5 – 3 – 1 所示，在 1998 年，该技术领域曾经出现过一个专利申请高峰，此后到 2008 年，专利申请数量一直在低位徘徊。反映出在这一时间段内，该技术领域的技术研发不稳定。结合非专利文献可以得知，这段时间也正是低轨卫星通信发展的低谷期，这一阶段的专利申请主要来自美国的 Globalstar 和摩托罗拉，后者经营的就是铱星系统。

---

[1] 王继业，等. 蜂窝通信和卫星通信融合的机遇、挑战及演进［J］. 电讯技术，2018（5）：607 – 615.

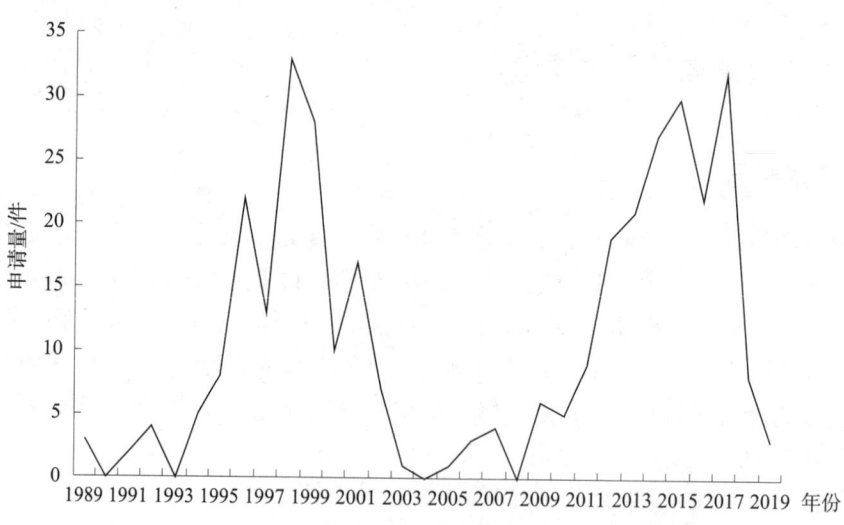

图5-3-1 LEO蜂窝星地融合通信技术领域全球专利申请趋势

2008年以后，随着3G时代的到来，移动通信发生了革命性的变革。3G能够在全球范围内实现无线漫游，并处理图像、音乐、视频流等多种媒体形式，提供包括网页浏览、电话会议、电子商务等多种信息服务，这些低轨卫星运营商期望通过提供面向个人的语音和低速数据业务取代蜂窝通信，以实现真正的全球覆盖。因此，围绕相关的技术发展，为了在3G竞争中赢得优势，通过积极申请相关专利，通过开展专利布局，对自身的技术进行保护。

近年来，随着4G、5G技术的快速发展，"泛在网络"客观上要求低轨通信与蜂窝星地融合通信发展，实现优势互补，在一定程度上促进了该技术领域的专利申请，从整体上看，呈现两个明显的专利申请高峰。基于对目前低轨卫星通信发展环境的考察，可以推断出后续的专利申请数量仍将保持较高的增速。

5.3.2.2 专利申请地域分析

从图5-3-2中可见，在LEO蜂窝星地融合通信技术领域的全球专利申请中，欧洲专利局在该技术领域排名第一，反映出申请人对欧洲市场的高度重视。主要申请人是英国的Ico服务公司和Airbus Defense Space公司。Ico服务公司的专利申请时间集中在20世纪90年代末至21世纪初，结合非专利文献可以知道，这一时期该公司是Globalstar的大股东，拥有54%的股份，其专利申请主要侧重卫星通信抗干扰。Airbus Defense Space公司的专利申请主要在天地融合的网络架构方面。

来自中国的专利申请数量排名第二，主要申请人包括波音、Globalstar、航科集团下属单位、中科院、高校和民营公司，一方面反映出各申请人对中国市场的重视，另一方面可反映出中国在该领域研发较为活跃。从专利申请的侧重点来看，有的专利申请面向与5G网络融合的卫星移动通信，有的专利申请面向信息安全的天地一体化网络系统与安全，在一定程度上反映出申请人对加强星地融合、实现优势互补、满足当前及未来5G及后续通信技术发展的重视。

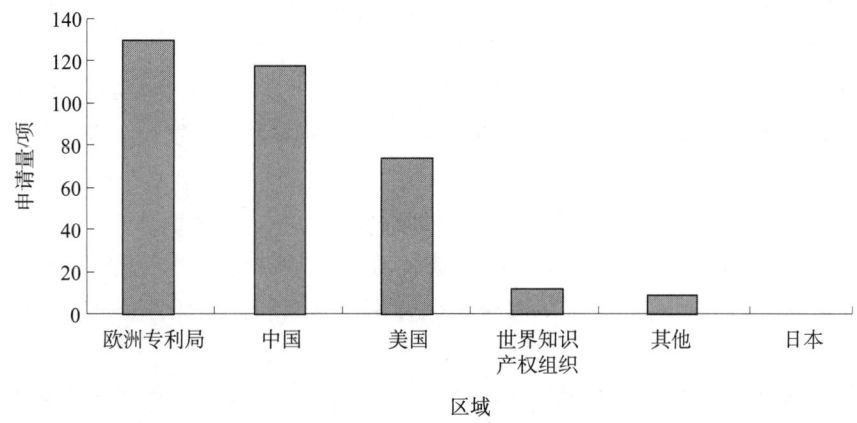

图 5-3-2　LEO 蜂窝星地融合通信技术领域全球专利申请来源国家/地区分布

来自美国的专利申请数量排名第三。在该领域中，美国的 ATC 技术公司、移动卫星公司（Mobile Satellite Ventures）等主要在地面辅助组件（Ancillary Terrestrial Component, ATC）方面进行专利申请。ATC 本质上是卫星通信的地面辅助基站，可改善卫星网络在城市、室内等区域的信号质量，实现卫星网络与地面网络的无缝集成。另外，波音、Globalstar、摩托罗拉等在该技术领域的不同分支也进行了相应的专利申请，说明美国在该技术领域投入了大量的研发力量并申请了较多的专利，以对相关技术进行保护。

5.3.2.3　主要申请人分析

从图 5-3-3 中可以看出，在该技术领域，全球专利申请量排名前十位的申请人中，美国有 7 家，欧洲有 2 家，中国有 1 家。从申请人的专利申请数量看，Ico 服务公司排在第一位。从时间上看，这家公司的专利申请主要集中在 20 世纪末至 21 世纪初，特别是 21 世纪初的前几年，该公司针对 3G 技术的发展，在专利申请上重视通过卫星移动通信系统与地面移动通信系统的频率复用，满足双模用户终端的通信需求。

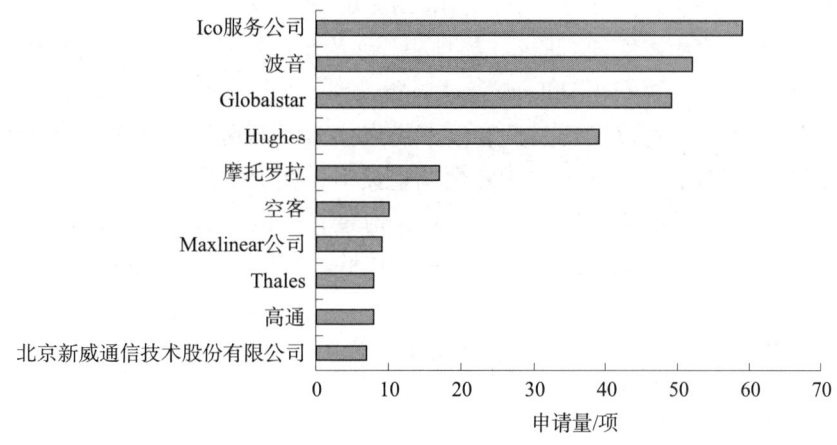

图 5-3-3　LEO 蜂窝星地融合通信技术领域全球主要申请人专利申请量排名

波音和 Hughes 分别排在第二位和第四位。如前所述，Hughes 与低轨卫星通信新秀 Oneweb 有技术及营销战略合作关系，而波音是 Iridium 系统工程实施和系统运营的分包商。随着 Oneweb 低轨星座计划的制定和实施，以及 Iridium Next 卫星的正式投入运行，Hughes 和波音可能围绕面向 5G 及后续通信技术发展的需求，开展相关专利的布局。

Globalstar、摩托罗拉在该技术领域的专利申请位于前列，相关专利申请主要集中在 20 世纪末和 21 世纪初，当时是低轨卫星通信发展的一个高峰期。

前十位中的中国申请人是北京信威通信技术股份有限公司。该公司在低轨卫星通信技术领域的专利主要是与 LEO 蜂窝星地融合相关的专利，小部分是和星间链路相关的专利。

该公司的授权专利为 CN105635016B（发明名称为"支持单工数据采集业务的卫星移动通信系统、方法及装置"）和 CN106254019B（发明名称为"一种低轨卫星星座的星间链路通信方法"）。其中 CN105635016B 描述了在双工低轨通信卫星上向下支持单工数据采集业务，应用范围较窄；CN106254019B 描述的方法为"星座内所有卫星收发时隙严格同步，即在发送时隙，星座内所有卫星同时向建立星间链路的卫星发送信号；在接收时隙，星座内所有卫星同步接收信号。"这种改进的 TDD 方法，适合在传输时延大于时隙长度的情况下使用，而星间链路往往具有较大的时延，因此未来有一定的应用空间。

5.3.3 关键技术分析

（1）路由优化

2016 年 12 月，航天科技集团公司五院下属的航天东方红卫星有限公司申请了公开号为 CN106850431A 的专利，其公开了一种应用于低轨信息网的多属性最优路由选择方法。

首先，选取可以表示网络优劣的 N 个属性；其次，计算全网拓扑结构中所有边的每个属性值的评价函数；再次，计算全网拓扑结构中每条边关于其表示网络优劣的 N 个属性的评价函数的 Choquet 模糊积分值 A_m，$m = 1 \sim M$，最后，将模糊积分值 A_m，$m = 1 \sim M$，作为网络中边的度量权值，利用 Dijkstra 算法计算得到最优路由。

该方法以基于模糊测度的 Choquet 模糊积分作为集成算子，将多属性参数转化为单一综合属性评价参数，再利用 Dijkstra 算法进行选路。

考察该技术方案，可以发现其具有以下优点：①可得到多属性路由条件下最优路由；②节点的选路算法复杂度低；③参数调整灵活，适应性强。随着移动互联网应用的快速发展以及数据业务需求的爆发式增长，通过异构网络协同可以优化无线网络资源，提高网络容量，多终端协同可以提高用户体验。同时，回程链路资源分配和路由设计问题日益成为影响用户业务速率的关键因素。该技术方案可以为解决上述问题提供一个较好的思路。图 5-3-4 是该技术方案的说明书附图。

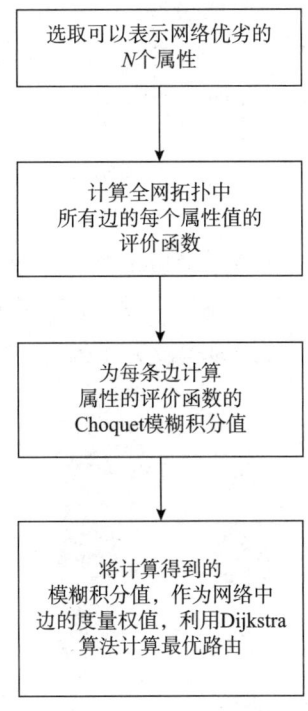

图 5-3-4　CN106850431A 说明书附图

(2) 多频段通信

北京信威通信技术股份有限公司 2015 年 6 月申请了公开号为 CN106253964A 的专利，提出了一种包括至少一颗低轨卫星的基于低轨卫星星座网络的移动通信系统，可为用户提供基于 L/S 波段的窄带通信和基于 Ku/Ka 波段/激光的宽带通信；当用户终端位于不同卫星时，该系统还提供所述多个低轨卫星之间的星际链路传输（见图 5-3-5）。

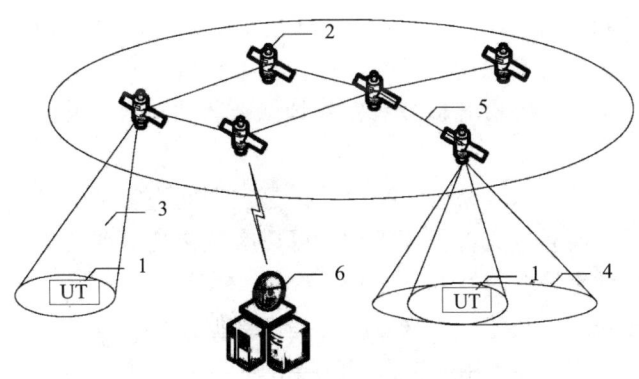

图 5-3-5　CN106253964A 说明书附图
1—终端　2—LEO 卫星　3—Ku/Ka 宽带波束
4—L/S 窄带波束　5—星际链路　6—网络管理中心

该技术方案中包括了卫星和地面网络两部分,其中地面网络根据用户终端业务,确定组成空间传输子网的卫星列表,并指示低轨卫星组建空间传输子网。同时在空间传输子网存续期间,负责维护空间传输子网的拓扑,从而实现卫星与地面通信网络的有机融合。

5.3.4 技术功效分析

通过对 LEO 蜂窝星地融合通信技术领域检索的专利进行分析,制作了技术功效矩阵图,如图 5-3-6 所示,分别从相控阵天线、资源管理、多址接入、功率控制、身份认证等技术分支,获得了提高数据速率及频谱效率、网络安全、干扰规避及保证实时性等技术效果。

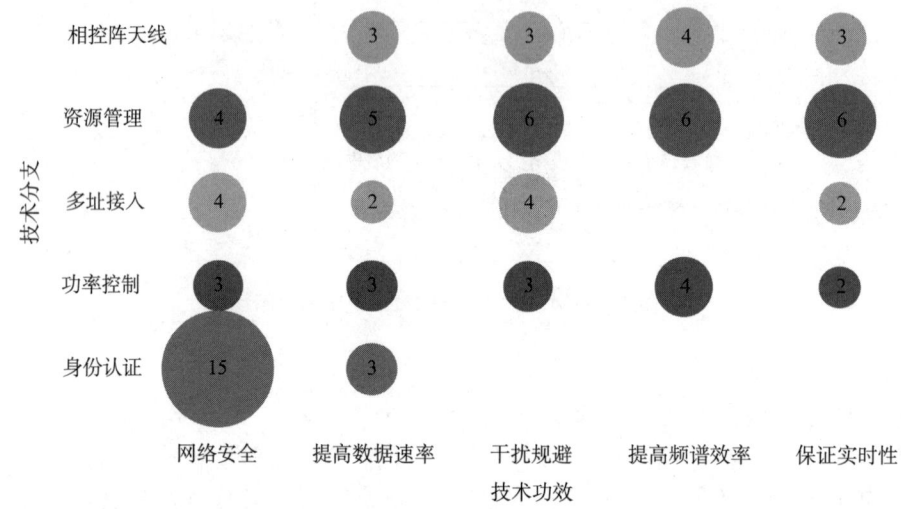

图 5-3-6　LEO 蜂窝星地融合通信技术专利功效矩阵

注:图中数字表示申请量,单位为件。

防范非法入侵和数据泄露,确保网络安全是实现 LEO 蜂窝星地融合通信的头等大事,应通过多种技术手段实现这一目标。从该技术领域的专利申请来看,网络安全领域的专利申请数量最多,反映出 LEO 蜂窝星地融合通信技术领域的技术布局重点是如何提高网络安全。

从技术分支对应的技术效果看,身份认证是实现网络安全的最重要手段,但难以实现其他技术效果,而通过完善资源管理,可以实现包括保证实时性、提高干扰规避能力以及提高频谱效率等在内的多个技术效果。

从各技术效果对应的技术分支来看,要提高数据速率,可以通过多种技术途径来实现,而提高频谱效率所能采用的技术手段相对较少。

5.4 互联网接入

5.4.1 技术概况

低轨卫星通信在互联网接入领域的应用,即低轨卫星互联网,是近年来随着低轨星座建设新一轮热潮的兴起提出的一个重要应用领域。

低轨卫星互联网,简单地说,就是针对地面网络覆盖受限、难以支持高速移动用户应用、广播类业务占用网络资源较多、易受自然灾害影响等的不足,利用低轨卫星通信覆盖广、延迟低、容量大、不受地域影响、具备信息广播优势等特点,实现用户接入互联网,可有效解决边远散、海上、空中等用户的互联网服务问题。

自 20 世纪 90 年代以来,欧美等发达国家和地区相继掀起了两次低轨星座发展热潮。面向个人移动通信服务,低轨卫星迎来第一次发展热潮,摩托罗拉、劳拉、阿尔卡特、波音等公司相继提出 20 多种低轨星座方案,陆续建成极具代表性的 Iridium(铱星)、Orbcomm、Globalstar 等低轨卫星通信系统。但是,由于市场定位不准、建设成本高昂,投入运营的 Iridium、Orbcomm、Globalstar 系统均于 2000 年前后申请破产重组,其他项目也都相继宣布终止。近几年,在互联网应用、微小卫星制造和低成本发射等技术发展的驱动下,面向卫星互联网接入服务,低轨星座研究迎来规模更大、更猛烈的第二次发展热潮,典型的低轨星座有 OneWeb、Starlink 等系统。

在传统低轨卫星通信运营商的服务中,Globalstar 第二代系统进一步提高了系统传输速率,增加了互联网接入服务、广播式自动相关监视(ADS-B)、自动识别系统(AIS)等新业务。

新兴的低轨卫星互联网星座主要包括:

(1) Oneweb 系统❶

该系统计划部署近 3000 颗低轨卫星,初期采用 Ku 频段,后续向 Ka、V 频段扩展。星座初期计划发射 720 颗卫星,轨道高度 1200km,采用设计简单的透明转发方式,通过地面关口站直接面向用户提供互联网接入服务。OneWeb 单星重量不超过 150kg,单星容量 5Gbps 以上,可为配置 0.36m 口径天线的终端提供约 50Mbps 的互联网宽带接入服务。同时,OneWeb 公司现已获得美国联邦通信委员会授权,批准其在美国提供互联网服务。2018 年 12 月 13 日,据悉 OneWeb 初期星座规模将缩减至 600 颗,以降低实现全球覆盖成本,目前 OneWeb 进入部署阶段,2019 年 2 月 27 日,已发射首批 6 颗卫星。

(2) Starlink 卫星互联网星座❷

Starlink 卫星互联网星座由 SpaceX 提出。SpaceX 初期计划建设一个由近 1.2 万颗卫星组成的卫星群,由分布在 1150km 高度的 4425 颗低轨星座和分布在 340km 左右的

---

❶ 高璟园,等. 卫星互联网星座发展研究与方案构想[J]. 中国电子科学研究院学报,2019 (8).
❷ 卫星互联网星座国内外发展全解析[EB/OL]. [2019-10-12]. http://www.ccsa.org.cn/article_new/show.article.php?article_id=cyzx-7834ecfb-f834-80c0-5349-5da103a0932d.

7518颗甚低轨星座构成。低轨星座选择了Ku/Ka频段，有利于更好地实现覆盖；甚低轨星座使用V频段，可以实现信号的增强和更有针对性的服务。

2019年10月22日，SpaceX首席执行官埃隆·马斯克使用Starlink卫星发出了他的第一条推文。截至2019年10月，SpaceX已经发射了62颗卫星，额外还申请发射3万颗卫星，总共4.2万颗，以完成Starlink项目。

（3）LeoSat卫星互联网星座

LeoSat卫星互联网星座由LeoSat公司提出，计划构建由108颗卫星组成的卫星星座，提供全球高速数据传输服务。星座部署在1400km的近地轨道上，采用6个轨道面，每个轨道面上部署18颗卫星。LeoSat卫星采用Ka频段，为用户波束提供1.6Gbps的带宽。LeoSat星座将会使用星间链路，并采用光通信。LeoSat公司主要为政府及企业提供数据传输服务，计划为3000余家大型企业及机构用户提供高速数据接入服务。

低轨卫星星座在互联网接入应用方面既有优点也有不足。优点是其在覆盖范围、填补数字鸿沟、网络时延、系统容量等方面优势明显，用户终端设备更易实现小型化、手持化。与此同时，存在系统规模庞大，系统建设及维护成本较高、频率协调难度大等问题。

5.4.2 专利申请分析

5.4.2.1 专利申请趋势分析

截至2019年8月31日，可以检索到的低轨卫星通信在互联网接入领域的应用技术专利申请总量为181件。下面是低轨通信互联网接入应用领域全球专利申请情况。

从图5-4-1中可以看出，该技术领域的专利申请从1996年开始，到1998年出现了一个专利申请的高峰，此后专利申请数量处于振荡调整状态。2007年以后，专利申请数量尽管有起伏，但整体呈上升趋势。随着新一轮低轨通信星座发展热潮的到来，该技术领域的专利申请也持续走高，一定程度上反映了各参与方对该技术领域研发的热情。

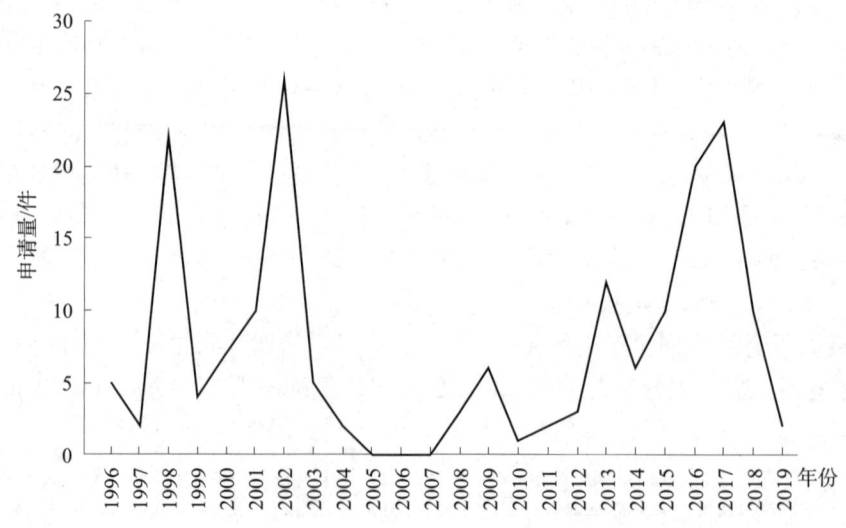

图5-4-1 互联网接入技术领域全球专利申请趋势

5.4.2.2 专利申请地域分析

从图5-4-2中可以看出，该技术领域的专利申请主要来自中国和美国。其中来自中国的专利申请排第一位，反映出申请人对中国市场的高度重视。根据2019年7月中国互联网协会发布的《中国互联网发展报告（2019）》，我国网民规模在2018年底已经达到了8.29亿人，互联网普及率为59.6%。我国陆域、海域、空域广阔，对互联网的发展需求强劲，通过低轨卫星通信实现互联网接入，可以解决众多用户上网难的困境，前景看好。因此，随着中国低轨卫星系统的规划和建设，中国的专利申请还将继续增加。

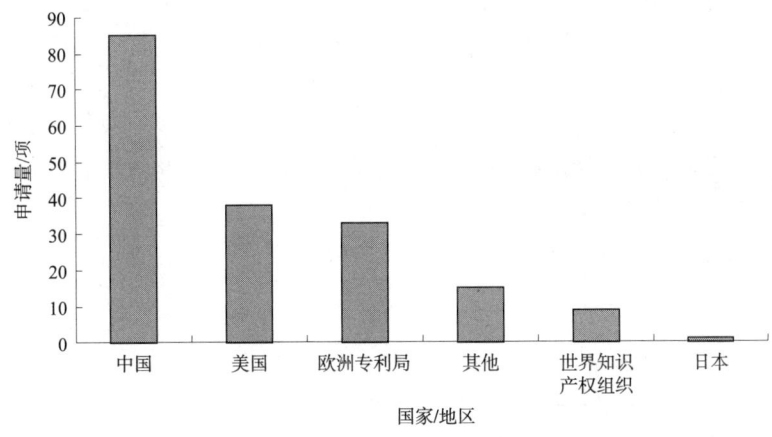

图5-4-2 互联网接入技术领域全球专利申请来源国家/地区分布

美国的专利申请排在第二位，且申请人主要是美国本土的公司，表明在该技术领域美国具有较强的研发实力和技术储备。美国是两次低轨通信热潮的引领者，对互联网接入已有较丰富的经验。

5.4.2.3 主要申请人分析

如图5-4-3所示，在互联网接入技术领域，全球专利申请量排名前十位的申请人主要来自美国和中国，其中美国6家、中国4家。美国的6家分别是波音、Globalstar、Iridium、Worldspace、WorldVu和Hughes。这6位申请人中，既有传统的低轨通信运营商，包括Globalstar、Iridium；也有新一轮低轨通信热潮的新秀，如WorldVu。来自中国的申请人数量排名第二位，其中北京空间飞行器总体设计部和航天恒星科技有限公司隶属中国航天科技集团有限公司。

从申请人的专利申请数量看，美国波音的相关专利申请占该技术领域专利申请量的近一半。波音在该技术领域的专利申请时间跨度最大，从2002年开始直至最近，反映出对该技术领域的重视。传统低轨通信运营商Globalstar和Iridium分列第二位和第三位。从专利申请数量上看，Globalstar比Iridium要多，但从专利申请时间上看，Globalstar在该技术领域的专利申请主要集中在20世纪末21世纪初，即第一轮低轨通信热潮；而Iridium在该技术领域的专利申请主要集中在2016年以后，结合非专利文献可知，Iridium的第二代低轨通信系统Iridium NEXT在近几年内完成了卫星发射和系统部署，将互联网接入确定为这一代系统的重要服务内容。

图 5-4-3 互联网接入技术领域全球主要申请人专利申请量排名

5.4.3 关键技术分析

（1）用户管理

西安空间无线电技术研究所于 2018 年 12 月申请了公开号为 CN109547096A 的专利，公开了一种适用于全球低轨卫星星座的编址与路由方法。根据该技术方案，首先划分全球低轨卫星星座系统组织结构，其次进行单一系统多平行地址空间独立编址，最后搭建全球低轨卫星星座路由。

相对于以往传统方案，该技术方案的创新点是，通过单一系统多平行地址空间独立编址方法，将同一个系统划分为多个地址空间，各自独立编址，从而将复杂的用户地址管理问题与低轨卫星星座本身解耦，解决了端口/网段匹配与用户地址管理问题，充分考虑了全球低轨卫星星座系统的任务需求和卫星系统的能力特点。图 5-4-4 是该技术方案的说明书附图。

（2）宽波束覆盖

上海微小卫星工程中心于 2018 年 7 月申请了公开号为 CN109037968A 的专利，公开了一种宽窄波束结合的低轨卫星接入天线系统，目的是解决天线的低轨宽波束覆盖问题，从而能够减少星座卫星数量，降低星座建设成本；天线的高增益问题，从而能够提高落地信号功率，为全球用户提供高速通信；解决点波束天线覆盖下用户广域分布和接入用户数量相对较小的问题。

分析该技术方案可以发现，其中的天线系统由一半球拱形收发一体天线和一多波束相控阵发射天线组成，其中半球拱形收发一体天线由均匀布置在半球面上喇叭天线阵列组构成，其中 1 个喇叭天线位于半球面中心，其余喇叭天线在半球面上对称均匀分布；其中的半球拱形收发一体天线由均匀布置在半球面上的 19 个高增益窄波束喇叭天线组成，多波束相控阵发射天线由天线阵列单元天线组成；其中半球拱形收发一体天线和所述多波束相控阵发射天线均安装在卫星本体对地面的 +Z 轴方向。

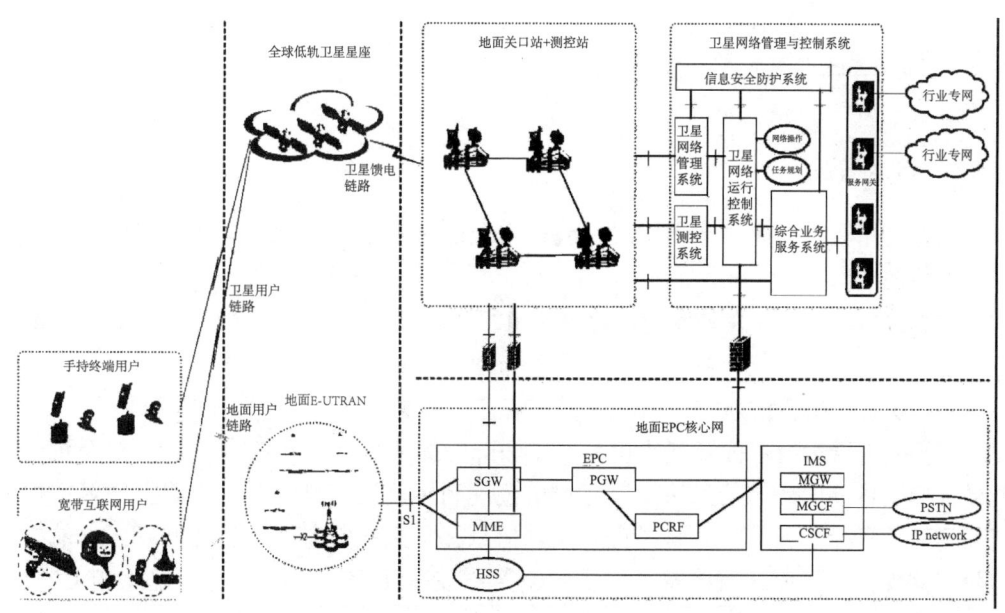

图 5-4-4　CN109547096A 说明书附图

这种布局相对于以往技术方案,其优点是可以在不影响系统性能的前提下,减少卫星数目从而降低建设成本,可以实现低轨卫星低功耗设计能力目标,有效解决用户对互联网接入的通信速率和全球覆盖之间的矛盾。图 5-4-5 是该技术方案的说明书附图。

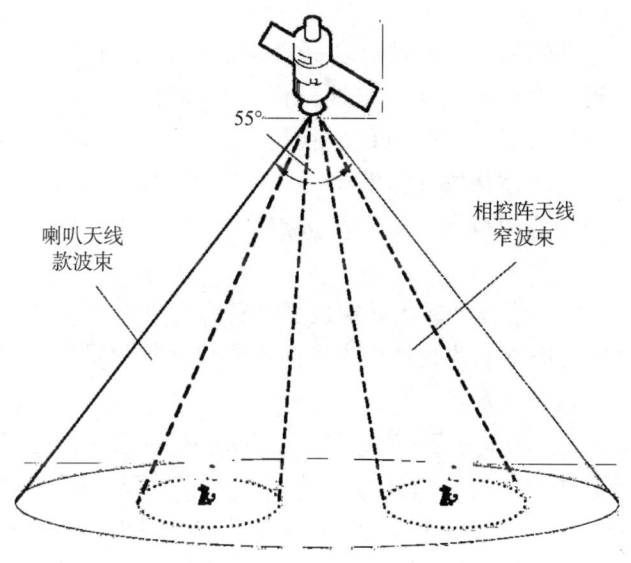

图 5-4-5　CN109037968A 说明书附图

5.5 航空监视

5.5.1 技术概况

随着民用航空产业的蓬勃发展,航空安全的保障日益得到各国政府、企业以及科研机构的关注。

监视(Surveillance)技术是国际民航组织新航行系统(CNS/ATM)的重要组成部分,是星基定位与导航、航空器机载设备与地面设备等多种先进技术的结合,为管制员和飞行员提供所需的航空运行态势感知信息,是现代空中交通管理的基础。

监视为空管运行单位及其他相关单位和部门提供目标(包括空中航空器及机场场面动目标)的实时动态信息。空管运行单位等利用监视信息判断、跟踪空中航空器和机场场面动目标位置,获取监视目标识别信息,掌握航空器飞行轨迹和意图、航空器间隔及监视机场场面运行态势,并支持空-空安全预警、飞行高度监视等相关应用,整体提高空中交通安全保障能力,提升空中交通运行效率,提高航空飞行安全水平以及运行效率。合理利用各种监视技术,提供更加丰富、安全、高效的空中交通监视手段,有效提高空中交通安全水平、空域容量与运行效率。

按照监视技术的工作原理,国际民航组织(ICAO)将监视技术分为独立非协同式监视、独立协同式监视和非独立协同式监视[1]。

独立非协同式监视指无需监视目标协作,直接通过地面设备独立辐射电磁波测量并获取监视目标定位信息的监视技术。目前主要包括一次监视雷达和场面监视雷达。其中,一次监视雷达按作用距离分为远程一次监视雷达和近程一次监视雷达。

独立协同式监视指由地面设备向监视目标发出询问,并接收监视目标的应答信息,通过计算获取监视目标定位信息的监视技术。目前主要包括二次监视雷达和多点定位。其中,二次监视雷达按询问模式分为A/C模式二次监视雷达和S模式二次监视雷达;多点定位按应用范围分为场面多点定位系统(ASM)和广域多点定位系统(WAM)。

非独立协同式监视指监视目标依靠定位系统获取自身位置信息,并通过数据链向地面设备主动发送定位信息的监视技术。目前主要包括契约式自动相关监视(ADS-C)、广播式自动相关监视(ADS-B)。

除国际民航组织定义的应用于空中交通管理的监视技术外,近年来还涌现了其他监视技术,包括基于卫星的广播式自动相关监视(星基ADS-B)、卫星定位+北斗短报文(GNSS+RDSS)、卫星定位+移动通信网络(GNSS+4G/5G)和遥控无人驾驶航空器通信链路位置信息自动广播监视。但上述技术在被写入国际民航组织相关标准与建议措施(SARPs)前,不能用于空中交通管理。

---

[1] 《民用航空监视技术应用政策》[AC-115-TM-2018-02]。

目前最通用的航空安全监视手段是全球范围内所建立的 ADS-B 位置报告体制。民用飞行器通过搭载 ADS-B 信号机，按照一定的时间间隔进行自身位置信息的播发，在陆地范围广泛布设的地面监测站接收导航信号后，可以近实时获取飞行器的位置信息，信息汇总后由空管部门实现对区域航班动态的监控。但是基于地面布设的监测网难以对全球广大海域范围内的飞行进行有效监控，由此所带来的安全隐患得到了国际范围的关注。2014 年 10 月"马航 370"事件的发生，为全球航空安全监视敲响了警钟。

伴随空间信息网络的快速发展，依托卫星系统建设航空安全监视系统，由于其全球范围和可控的成本优势，逐步得到各国的青睐，目前包括美国和中国在内，都已开展相关系统的布局和技术研究。

美国联邦航空管理局（FAA）以联邦法规的方式，要求到 2020 年 1 月 1 日前，在美国空域飞行的大部分飞机要安装 ADS-B，以确保飞行安全得到有效监视。

随着通用航空与无人驾驶航空器技术不断发展，国内研究机构也积极开展针对不同类别航空器的新监视技术研究。星基 ADS-B、广域多点定位、卫星定位+北斗短报文、卫星定位+移动通信网络、遥控无人驾驶航空器通信链路位置信息自动广播监视等一批新监视技术陆续通过研发与试验验证，为新的空域使用者提供监视服务奠定了基础。

星基 ADS-B 应用于洋区、极地、偏远地区等无法建设地基监视设施的区域，通过卫星搭载 ADS-B 载荷，为航空器提供包含位置数据在内的 ADS-B 信息，实现对全球航空器的无缝连续追踪监控。目前，欧洲、美国、亚洲均开展了基于星基的广播自动相关监视 ADS-B 方面的研究工作，目前较为成熟的有铱星二代（Iridium NEXT）系统和全球星二代（Globalstar）系统。

基于星基的 ADS-B 系统通过在铱星二代卫星上搭载 ADS-B 接收机来实现在地球海洋上空、偏远地区上空以及其他无雷达覆盖区域上空提供飞机位置报告服务，目前该系统仅在卫星上安装了 ADS-B 接收机，没有安装 ADS-B 发射机。因此，该系统主要用于飞行监视和追踪，没有空中交通情报服务 TIS 广播能力❶。

Globalstar 和 ADS-B 技术公司联合推出了基于全球星卫星的 ADS-B 链路增强系统 ALAS（ADS-B Link Augmentation System）。卫星上的 ADS-B 设备具备发射和接收功能，可支持 TIS/FIS 信息的传递。

整体来说，基于卫星的广播式自动相关监视有其自身的优点和缺点。优点是通过全球部署的低轨通信卫星搭载 ADS-B 载荷，可以避免地面站设施建设与维护，能够实现全球各空域无缝覆盖。缺点是星基 ADS-B 在卫星通信信号抗干扰、更新率及传输延迟方面距离空中交通管理管制要求仍有较大距离，因此要实现大规模应用还有较大的距离。

---

❶ ［EB/OL］. https：//www.globalstar.com.

5.5.2 专利申请分析

5.5.2.1 专利申请趋势分析

截至2019年8月31日,航空监视技术领域全球专利申请共49件。

图5-5-1显示了航空监视技术在全球范围内历年专利的申请量。1997年左右,该技术领域开始有专利申请,但申请量较少。在2008年之后,该技术领域专利申请数量有所起伏,但整体上呈增加趋势。

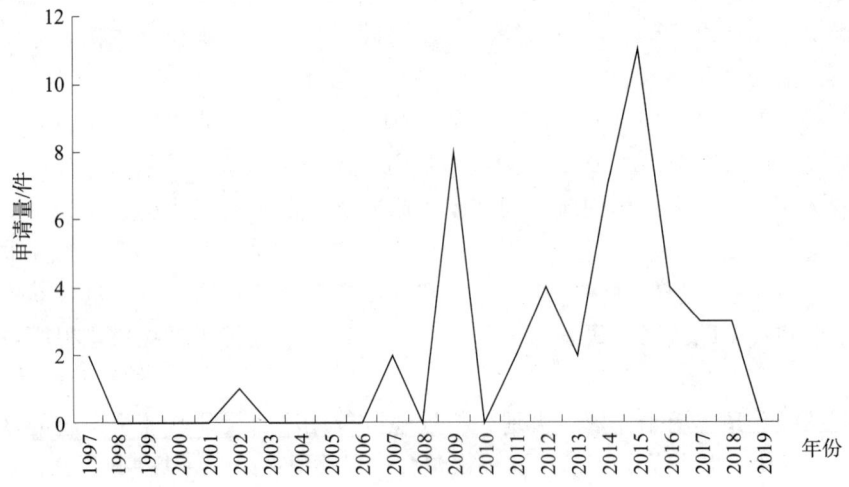

图5-5-1 航空监视技术领域全球专利申请趋势

从2013年开始,该技术领域专利申请出现快速增长趋势,到2015年达到一个高峰。结合非专利文献可以知道,从2000年开始,低轨通信系统在投入运行后不久,由于市场等多种原因,发展进入了低谷,相关技术研发也随之走低。2013年开始,新一轮低轨通信系统建设兴起,在系统载荷配置上,将ADS-B作为重要的载荷之一,基于卫星的ADS-B逐步为航空监视所重视,并开展了相应的技术研发,进行了相应的专利申请。

5.5.2.2 专利申请地域分析

从图5-5-2可以看出,航空监视技术领域的专利申请主要来源于欧洲,反映出申请人对欧洲市场的重视。来自美国的专利申请排在第二位,申请人主要是美国本土公司,反映出美国在该技术领域拥有较雄厚的研发实力。美国在该技术领域的主要申请人是波音。中国在该技术领域的专利申请位列第三,申请时间以2014年以后为主。此外,来自世界知识产权组织的专利申请虽然数量较少,但反映出申请人通过PCT等国际专利申请渠道开展相应的专利布局。

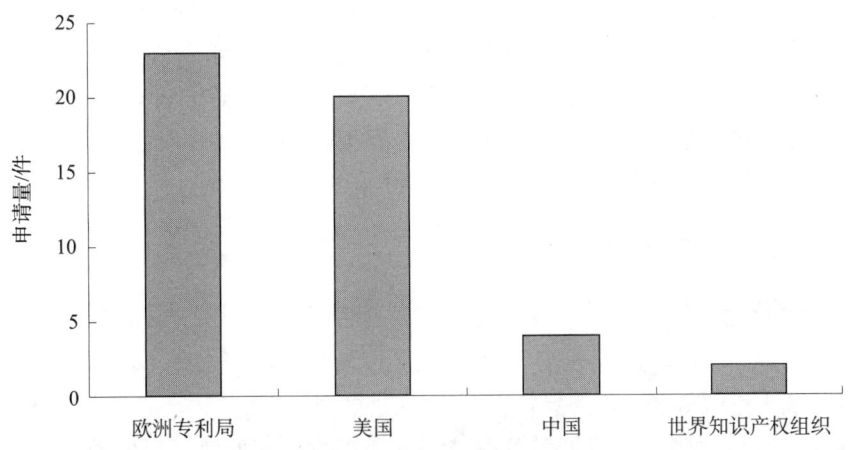

图 5-5-2　航空监视技术领域全球专利申请来源国家/地区分布

5.5.2.3　专利申请人排名分析

如图 5-5-3 所示，在该技术领域专利申请前十位申请人中，美国数量最多，其中波音的专利申请量最多，占该领域申请总量的一半以上，一定程度上反映出波音在该技术领域的研发实力。根据其他文献可知，Iridium 在该领域也有较强的研发实力。Iridium 与其他公司共同成立的 Aireon，通过其"Push-to-Talk"（PTT），可以提供星基 ADS-B 全球航空监视，并已就相关技术进行了相应的专利布局。

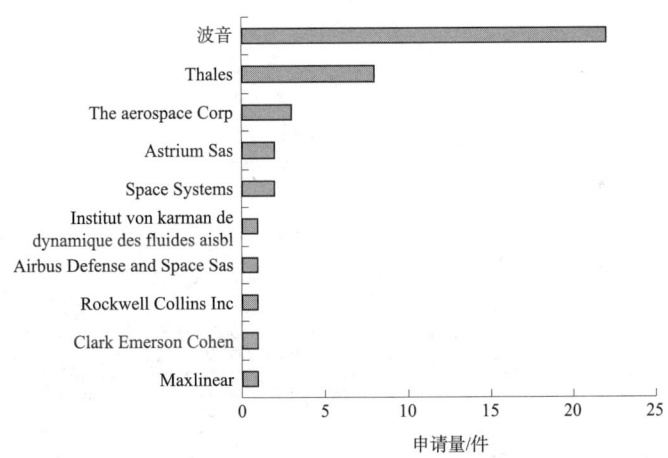

图 5-5-3　航空监视技术领域全球主要申请人专利申请量排名

欧洲有 4 位申请人，其中有 2 家公司申请人和 2 位个人申请人。经分析，欧洲这 4 位申请人实际均来自 Thales，其中的 2 位个人申请人是与该公司进行的共同申请。Thales 的专利申请主要集中在飞行安全及空中交通管制。该公司在 2008 年 3 月申请的公开号为 DE102008013357A1 的专利，通过国际专利申请渠道在包括中国在内的 10 余个国家和地区进行了申请。综合其他信息，了解到总部位于丹麦奥尔堡的纳米卫星制造商 GomSpace 公司（中文名称为"格梦空间股份有限公司"）在该技术领域进行了相应的专利申请,该公司的专利"Low earth orbit satellite for air traffic control"(公开号为DK201500417A1) 2015年7月在丹麦提出申请后,又通过国际专利申请在中国、日本、美国、欧洲专利局、WIPO等地提出申请,显示了该专利的重要性。GomSpace公司的业务已拓展至中国,是民营卫星公司长沙天仪空间科技研究院有限公司(天仪研究院)的部件供货商。该公司专利数量不多,但值得引起重视。

5.5.3 关键技术分析

(1) 异常目标定位

中国人民解放军国防科技大学于2018年3月申请了公开号为CN108693545A的专利,提供了基于星载ADS-B的异常目标定位方法。该方法利用已有的星载ADS-B平台,根据异常目标视野中的可见搭载有ADS-B接收机的低轨卫星的数目,采用单星定位、双星定位、三星定位以及四颗以上的多星定位方法,实现对异常目标的定位。

根据该技术方案,搭载在低轨卫星上的星载ADS-B接收机在正常的ADS-B信号解调过程中,需要估计ADS-B信号的载波频率以及ADS-B信号到达卫星的时刻,之后将频率、时间和ADS-B报文信息统一打包发往地面数据处理中心;若数据处理中心检测到异常报文,则提取报文对应的载频和时间信息送往后端定位处理模块进行定位。图5-5-4是该技术方案的说明书附图。

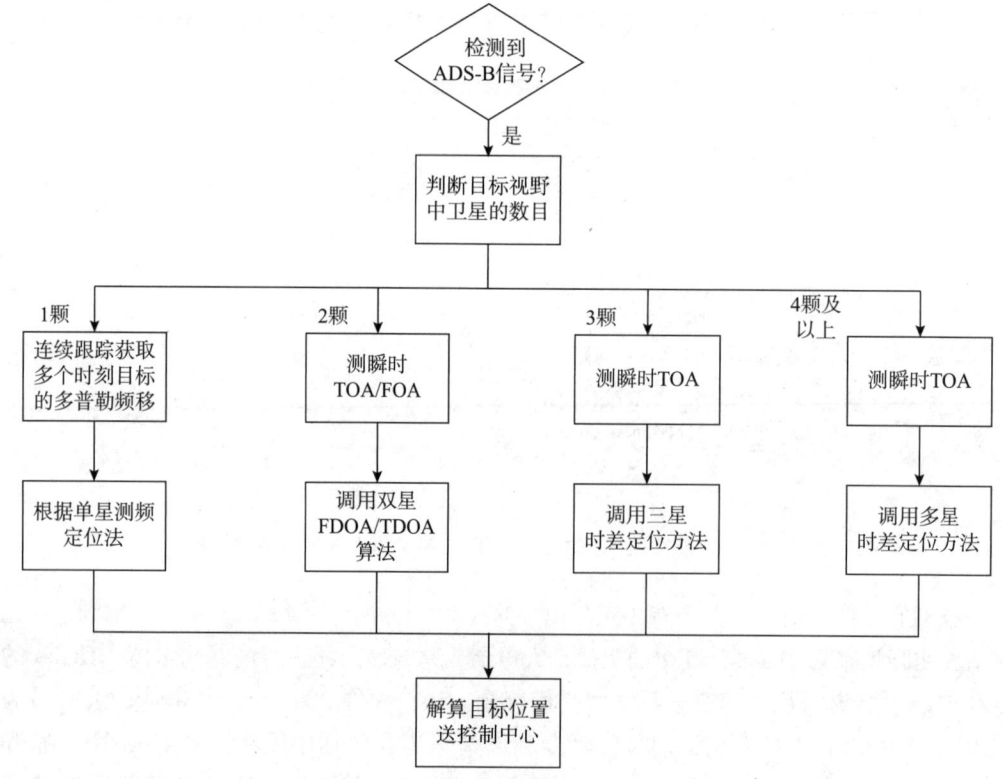

图5-5-4 CN108693545A 说明书附图

（2）空中目标跟踪

中国人民解放军国防科技大学于2018年3月申请了公开号为CN108768492A的专利，提供了一种基于星载ADS-B特殊电文的空中目标跟踪方法。该技术方案的主要内容是，在各目标飞行器上预先安装ADS-B收发机，目标飞行器的ADS-B收发机按照DF19类电文格式广播包括自身信息的ADS-B报文；安装有ADS-B接收机的低轨卫星搜集多个目标飞行器播发的ADS-B报文，并通过低轨卫星与其地面控制中心间建立的星地通信链路下传给地面控制中心。如目标飞行器因故坠落在未知地，则可利用安装有ADS-B接收机的低轨卫星的对地俯视特性快速搜寻目标并通过星地数传链路弯管转发给地面控制中心，为应急搜救提供信息支持。

该技术方案的优点是，利用卫星的大范围覆盖，可实现对目标的广域跟踪，尤其是对目标的跨境、坠落等跟踪和搜寻，优势明显。图5-5-5是该技术方案的说明书附图。

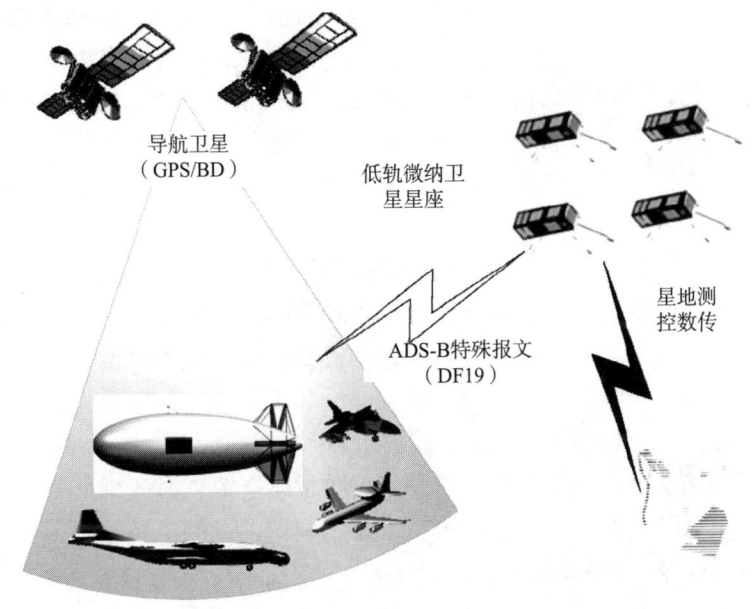

图5-5-5　CN108768492A 说明书附图

5.6　小　　结

本章选取了物联网、导航增强、LEO蜂窝星地融合通信、互联网接入、航空监视等典型应用，对低轨卫星通信的主要应用领域开展了相关分析和研究，可以看出具有以下特点：

在目前低轨卫星通信应用中，物联网应用较为突出。国外低轨卫星通信公司，特别是美国的Globalstar和Iridium公司，已经在物联网的众多应用领域积极介入。Globalstar在渔业、油气、自然资源、交通运输等领域都有物联网服务。Iridium与Amazon建立合作关系，为后者提供基于卫星云的物联网服务。这些公司在物联网应用技术领域的专利布局已相当完善。相比之下，我国的低轨卫星通信物联网应用技术尚处于起步和探索研究阶段，研究力量分布在军工集团下属公司、民营企业和高校，较为分散，同时专利布局有待提高。

低轨导航增强应用是通过搭载星基增强系统，提高现有卫星导航系统定位、授时及导航精度的重要措施，是对卫星导航系统的重要补充，特别是对于难以全球建站实现全球连续监测的卫星导航系统，如我国未来的北斗全球卫星导航系统更具有重要意义。根据计划，我国北斗卫星导航系统从2020年起开始提供全球服务，加强导航增强技术研发和专利布局极为迫切，但从前面专利分析看，我国低轨导航增强应用的专利布局还相对薄弱，力量较为分散，难以为我国北斗卫星全球导航提供充足的保障。因此，该应用领域应作为我国低轨卫星通信关注的重要方向，应在技术和管理上与我国卫星导航系统的建设协调进行，系统开展专利布局，做好相应的知识产权保护。

随着5G时代的到来和6G时代的蓄势，低轨星座与互联网接入的深度融合，解决传统互联网覆盖盲区人们的接入需要，为低轨星座寻找到新的应用市场，真正实现"全球随时随地接入"，改变目前星地网络独立发展的根本局面，实现两种技术手段的优势互补。我国研究人员在星地融合通信和互联网接入应用领域研发较为活跃，并开展了相关专利申请，需要密切跟踪全球技术发展趋势，结合我国实际开展相关技术研发和专利申请工作。

"马航MH370"事件充分暴露了现有的基于地面布设的监测网难以对全球广大海域范围内的飞行进行有效监控，而基于低轨星座和星间链路建立的低轨航空安全监视网络可以在全球范围内实现数据高效可靠回传，提高航空安全性已经引起全球多个低轨系统运营商的重视。我国是航空大国，航空安全关乎每一个航空乘客。国家民航总局2018年12月发布的《民用航空监视技术应用政策》明确提出，推进我国自主全球低轨卫星移动通信系统及星基ADS－B的建设，表明了航空监视对我国低轨卫星通信的需求是重要的政策保障。相比之下，我国在该技术领域的专利申请显得薄弱，需要加强专利申请布局，提高专利申请的数量和质量。

综上，本章所选取的几个典型应用只是低轨卫星通信系统应用的一部分。随着低轨系统技术的进步，以及用户需求的不断扩大，低轨卫星通信系统的应用场景必将进一步扩大，需要持续跟踪研究。

第6章 主要申请人布局策略和关键专利技术分析

6.1 波音

波音是全球最大的航空航天公司，也是世界领先的民用飞机和防务、空间与安全系统制造商，以及售后支持服务提供商。作为美国最大的制造出口商，波音为分布在全球150多个国家和地区的航空公司和政府客户提供支持，在低轨卫星通信领域，波音也进行了大量创新投入。

除了卫星制造，波音在低轨卫星通信领域也进行了部署，计划在1200km高的轨道上部署一系列V波段卫星。2017年，波音向美国联邦通信委员会（FCC）提交了V频段低轨星座运营申请，在之前公布的星座计划中，卫星星座第一次拟先部署1396颗卫星，分别分布在35个轨道倾角为45°的轨道面和6个倾角为55°的轨道面上。一旦证明计划合理，余下的1560颗卫星也将部署，将再增设12个55°倾角、高度为1200km的轨道面，并加设21个88°倾角，高度1000km的轨道面。

波音是传统航空航天企业，实力雄厚、布局广泛。本课题的检索结果也说明了这一点，在低轨卫星通信的多个分支领域，其专利数量都排名靠前，是该领域全球专利总申请最多的公司。本章对波音公司涉及低轨卫星通信的专利进行了检索和汇总，对其专利布局总体情况以及在低轨卫星通信中重点布局的技术和专利进行了梳理和分析，下面将从专利趋势和关键专利技术两个方向进行介绍。

6.1.1 总体态势分析

截至检索日，课题组共检索到波音涉及低轨卫星通信技术的专利申请共313件，专利授权共107件。

从图6-1-1可知，早在20世纪90年代，波音已经开始在低轨卫星通信领域布局相关专利，在2002年达到了第一个高峰，申请量高达45件。此后除2004年之外，每年都保持着专利产出，在2012年达到了第二个高峰，并且之后申请量一直居高不下。其中，2018年和2019年因为尚未完全公开，不能反映真实的专利申请情况，但根据目前的趋势，以及波音目前在市场上的活跃表现，可以推测波音专利申请量近几年仍是增长趋势。

2002年，波音布局了大量干扰规避和数据同步方向的专利；2012年，波音主要在导航增强方向进行专利布局；2015年之后，波音布局的方向较为分散，如航空监视、LEO蜂窝星地融合通信，同时还关注了如光通信等新兴通信领域。从关注方向的演变可以看出，波音一直在关注低轨卫星最新的技术发展方向。

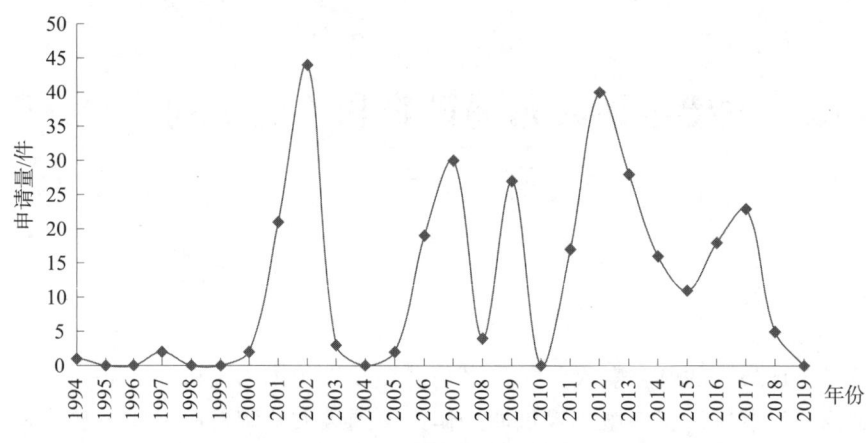

图6-1-1 波音低轨卫星通信专利申请趋势

图6-1-2展示了波音在美国国内和其他国家的布局比例。可以看出,波音虽然在美国具有相当大的卫星市场,但也十分重视海外市场的发展潜力,在申请美国国内专利的同时,也没有放松其他国家专利布局,其他国家专利布局比例高达75%。

图6-1-3列出了波音在低轨卫星通信方向上的全球专利区域分布。从图中可以看出,中国、美国、欧洲三大卫星市场受到波音重视,欧洲和中国专利申请数量甚至略高于美国本土的专利授权数量。除中国、美国、欧洲外,波音也布局了部分PCT专利,可以看出波音全球化布局的倾向。

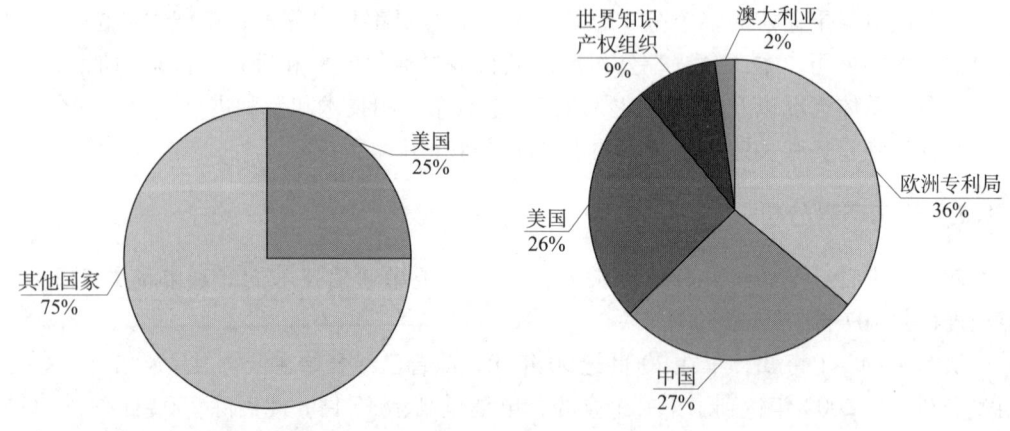

图6-1-2 波音低轨卫星通信专利美国和其他国家分布占比

图6-1-3 波音低轨卫星通信全球专利主要国家/地区分布

图6-1-4展示了波音低轨通信卫星专利申请法律状态统计。从图中可以看出,波音专利授权率较高,有效专利超过了50%。同时,这些专利全部为发明专利,没有申请实用新型专利,说明波音的研发实力十分强大,具有雄厚的技术积累。

第6章 主要申请人布局策略和关键专利技术分析

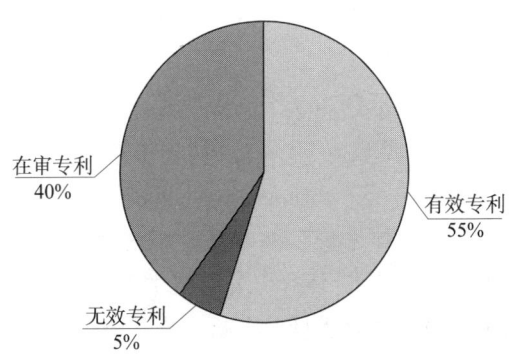

图6-1-4 波音低轨卫星通信专利申请法律状态

图6-1-5列出了波音低轨卫星通信专利的IPC分类排名。从图中可以看出,波音在G01S方向申请的专利数量最多,共有96件。G01S为无线电定向、导航、测距、检测方向,是低轨卫星的重要应用之一。波音在H04B方向共申请了79件专利,H04B是信号传输方向,卫星通信作为可覆盖范围最广的通信方式,也是低轨卫星的重要应用之一。排名第三的H04L也是传输方向,是数字信息的传输,如电报通信等。排名第四的B64G方向是宇宙航行及其所用的飞行器或设备方向,波音在这个方向共申请了29件专利。总体来说,H04电通信技术大类和G01测量、测试大类是波音的布局重点。

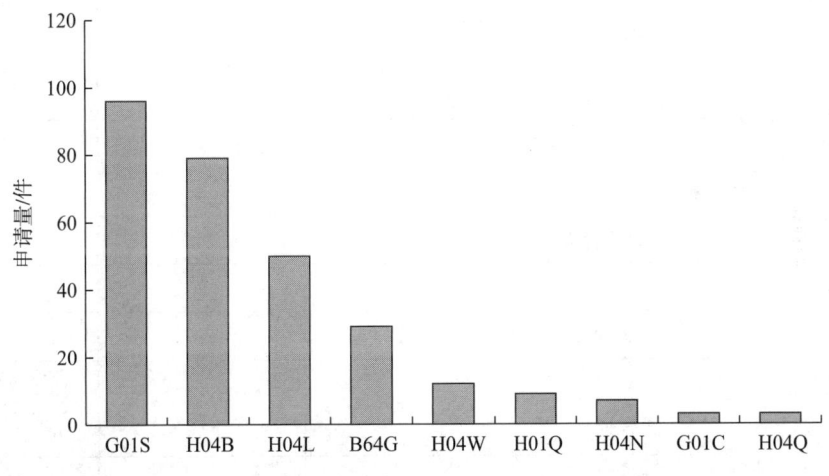

图6-1-5 波音低轨卫星通信专利IPC分类排名

综合以上低轨卫星通信技术总体态势分析可以看出,从时间上看,波音在低轨卫星通信技术领域起步较早,从1993年就开始进行专利布局,到2010年之后,每年都维持着较高的专利申请量。从申请地域上看,波音从一开始就十分重视海外布局,常常同时进行国内外专利的布局,最重视中国、美国、欧洲三大市场。从专利IPC分类上看,波音在不断转变专利布局重点,紧跟技术发展和市场脚步。

115

6.1.2 专利申请趋势分析

课题组将低轨通信卫星技术拆分为3个一级分类,再对每个一级分类进一步分解,共有16个二级分类。具体信息见表6-1-1。从表中可以看出,波音专利申请量大,在许多细分领域申请数量都排名第一,如转发器、调制编码等,但在组网构型、无线资源管理领域未有布局专利。总体来说,波音专利申请数量在LEO通信应用关键技术领域优势最大、数量最多,其次是星上系统关键技术领域,在无线通信关键技术领域布局较少。下面将对几个一级技术分类展开分析。

表6-1-1 波音低轨卫星通信专利分类统计

一级分类	二级分类	专利数/件	该领域专利申请量排名	该技术分类总专利量/件
星上系统关键技术	星载天线	16	2	186
	转发器	22	1	49
	卫星姿态控制	6	4	89
	星间链路	12	2	127
	组网构型	0	0	138
无线通信关键技术	空间网络技术	4	16	208
	随机接入	5	3	165
	调制编码	13	1	67
	干扰规避技术	11	1	80
	无线资源管理	0	0	78
	移动性管理	0	0	64
LEO通信应用关键技术	物联网	29	2	306
	导航增强	63	1	235
	LEO蜂窝星地融合通信	52	2	343
	互联网接入	58	1	181
	航空监视	22	1	49

6.1.2.1 星上系统专利申请趋势分析

(1) 总体态势分析

星上系统关键技术共有589件专利,其中属于波音申请专利共有56件。从图6-1-6可以看出,波音在转发器方向申请专利最多,达到22件,该方向共有49件专利,波音在此方向专利申请数量上排第一位,占比接近45%,具有领先地位。排名第二的是星载天线方向，波音在此方向申请了 16 件专利。在组网构型上，波音没有布局专利，和波音市场表现一致。

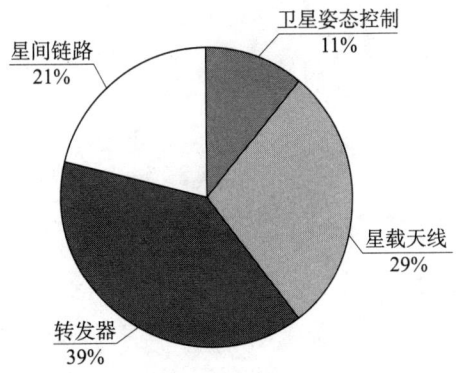

图 6-1-6　波音星上系统关键技术专利申请分布

波音低轨卫星星座布局项目至今还没有公布详细的计划，也没有发射过实验星，但波音是传统的卫星制造公司，在星载天线、转发器、姿态控制、星间链路等星上系统技术方向上均有专利布局。

（2）星载天线

图 6-1-7 为波音星载天线专利申请趋势。从图中可以看出，波音在此方向上第一次进行专利申请是在 2002 年，涉及卫星和移动终端之间的信号干扰。之后波音数年没有在此方向申请专利，直到 2017 年申请量迅速攀升，共申请了 7 件专利，主要是关于介质透镜和相控阵列天线自适应技术，这两项技术在中国、美国、欧洲均进行了布局。从图 6-1-8 也可以看出，波音在星载天线技术领域专利申请在中国、美国、欧洲均匀分布。

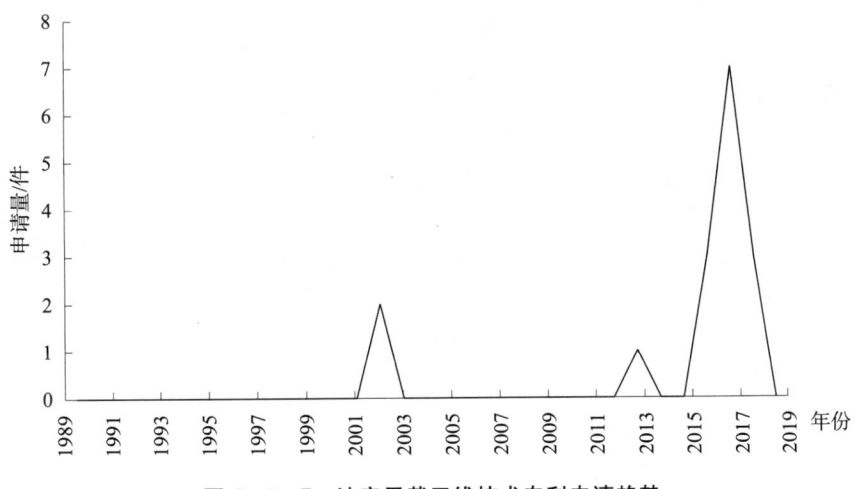

图 6-1-7　波音星载天线技术专利申请趋势

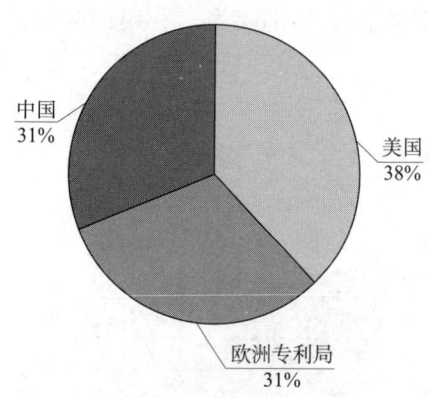

图 6-1-8　波音星载天线技术全球专利区域分布

（3）转发器

转发器是通信卫星中重要的组成部分，它能起到卫星通信中继站的作用，转发器的质量将直接影响卫星的通信水平。

在转发器方向上，波音一直具有优势，其申请量占到该领域总量的 44.9%。波音从 2001 年开始申请与转发器相关的专利，2002 年达到峰值，共申请了 12 件专利，之后在相当长一段时间没有继续申请专利，直到 2014 年又申请了 2 件专利，这与该领域专利申请的总体趋势是相符合的。在 2003 年之后，转发器方向的专利申请量很低，甚至部分年份没有新的专利申请产生，可以认为该技术已经达到了一个阶段性的成熟（见图 6-1-9）。

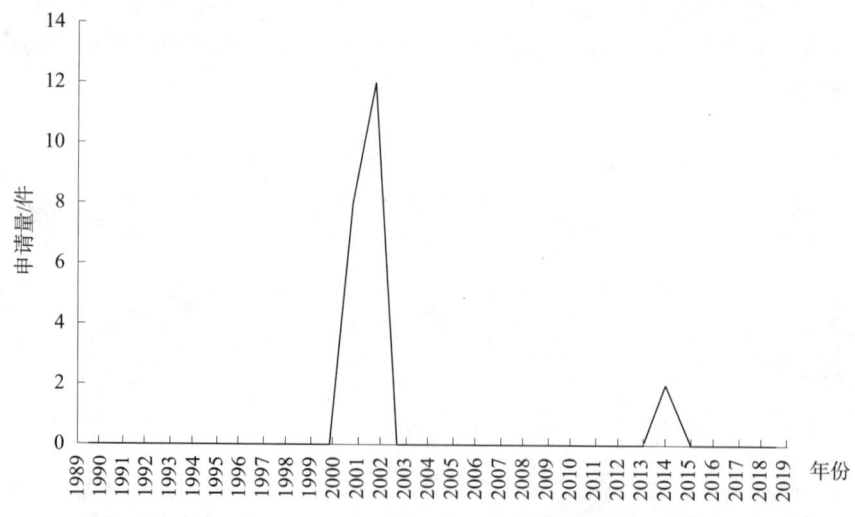

图 6-1-9　波音转发器技术专利申请趋势

（4）卫星姿态控制

波音在卫星姿态控制方向申请的专利数量并不多，只有 6 件，占比为 6.7%。具体的专利如表 6-1-2 所示。

表6-1-2 波音卫星姿态控制技术专利

公开号	发明名称	申请日
WO2008118140A2	Methods and apparatus for Node – Synchronous eccentricity control	2007 – 10 – 18
US10005568B2	Energy efficient satellite maneuvering	2015 – 11 – 13
US20170137151A1	Energy efficient satellite maneuvering	2015 – 11 – 13
EP3170753A1	Energy efficient satellite maneuvering	2016 – 08 – 23
CN106697331A	能量有效的卫星机动	2016 – 11 – 11
US20180194495A1	Energy efficient satellite maneuvering	2017 – 10 – 09

从表中可以看出，波音关于卫星姿态控制的专利申请集中于2015年前后，主要关注的技术方向是如何高效地操纵卫星。卫星可携带资源有限，如何更高效率地利用能源，用更少的资源达到目标是卫星姿态控制的关键问题。由此可见，波音在此领域虽然申请的专利数量少，但关注的是该领域最核心的问题。波音在美国申请其重点专利后，也在中国和欧洲进行了布局，目前尚未授权。

（5）星间链路

星间链路是卫星之间的通信系统，可以有效提升信号质量。在低轨卫星星座技术发展中，星间链路是近年来的研究热点之一。

如图6-1-10所示，2001年，波音在此方向申请了2件专利，2002年申请了4件专利，2012年申请了3件专利，在2017年申请了2件专利。结合星间链路技术全球的总体趋势可以看出，波音在此领域起步较晚。同时，近几年技术发展后，波音也没有紧跟技术前沿继续进行专利投入。结合波音的低轨卫星规划可以看出，波音尚未有自己完整的星座体系，因此对星间链路投入较低。

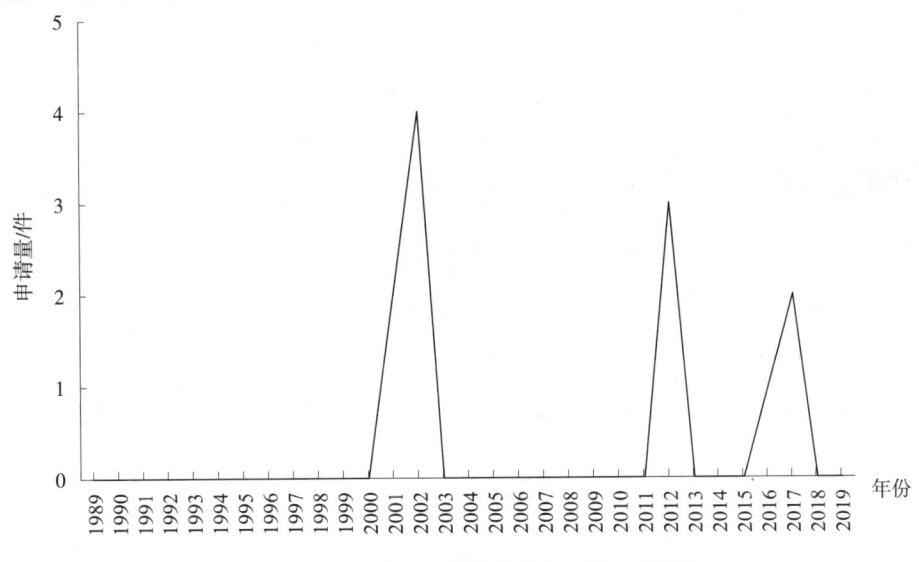

图6-1-10 波音星间链路技术专利申请趋势

（6）组网构型

波音在组网构型方向并没有专利申请，未来波音自身的低轨卫星发射后，预测会提高在此方向的专利申请。

6.1.2.2 无线通信专利申请趋势分析

（1）总体态势分析

无线通信关键技术共包含6个二级分类，其中随机接入二级分类还可进一步拆分成多址接入和信号同步两个小分类。无线通信关键技术一共包含662件专利，其中波音共申请了33件专利，占比为5.0%，相对于另两个一级分类来说，优势较小。

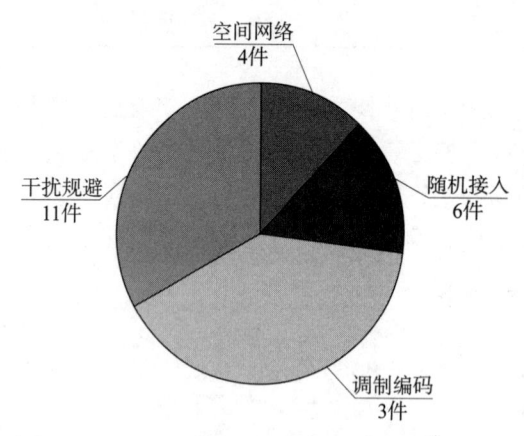

图6-1-11 波音无线通信关键技术专利分布

如图6-1-11所示，在6个二级分类中，波音在干扰规避技术和调制编码技术两个分类中分别拥有11件、13件专利，均排名第一。在随机接入技术中，波音申请了6件专利，排名第三。在空间网络技术方向，波音共申请了4件专利，排在第16位。在无线资源管理和移动性管理两个方向上，波音均没有专利申请。

从无线通信关键技术几个二级分类的数据来看，波音在星地通信之间的具体通信技术细节方面投入较少，如移动性管理等方向。相对于这些与通信协议技术细节相关的技术方向，波音更愿意在一些基础方向进行技术投入，如干扰规避、调制编码等，这些都是有可能带来颠覆性性能提升的方向。而资源管理和空间网络仅是在性能优化层面的提升，不是波音的重点技术研发领域。

（2）空间网络技术

波音在空间网络技术方向一共申请了4件专利，如表6-1-3所示，专利均在2013年前后申请，可见波音在2013年前后，在空间网络技术方向上进行了集中研发，具体的技术方向是基于空间虚拟化的网络拓扑。

表6-1-3 波音空间网络技术专利

公开号	发明名称	申请日
WO2014028154A1	System and method for geothentication	2013-07-16
CN105103619B	基于路由器物理位置的安全路由	2014-01-16
EP2573998B1	Method and system for smart agent download	2012-09-03
CN104160673B	提高路由安全的方法和系统	2013-01-07

这4件专利中除了EP2573998B1之外，波音均在全球进行了布局。其中

WO2014028154A1 共有 11 件简单同族专利，CN105103619B 共有 8 件简单同族专利。对这两件专利，波音在中国、欧洲、日本、韩国、国际局均进行了布局，WO 选择的指定国是美国，即波音对这两件关键专利在五大局均进行了布局。对于 CN104160673B，除韩国外，波音也在五大局进行了申请。可见，波音虽然在空间网络技术方向布局的专利不多，但对这几件专利颇为重视，在各国均进行了布局。

（3）随机接入

随机接入领域专利申请共 165 件，其中波音共有 5 件专利。随机接入方向在 20 世纪 90 年代已开始进行研究，在 2012 年申请量开始了较快的增长，而波音在 2011 年开始进入此领域申请专利，与行业内保持一致，无论从时间还是数量看，都没有占据优势地位。波音对这数件专利在全球均进行了布局。其中 2014 年申请的专利 US09698987B2，在中、美、欧、日、韩五大局共拥有 13 件同族专利，其中授权专利达到了 5 件（见图 6-1-12）。

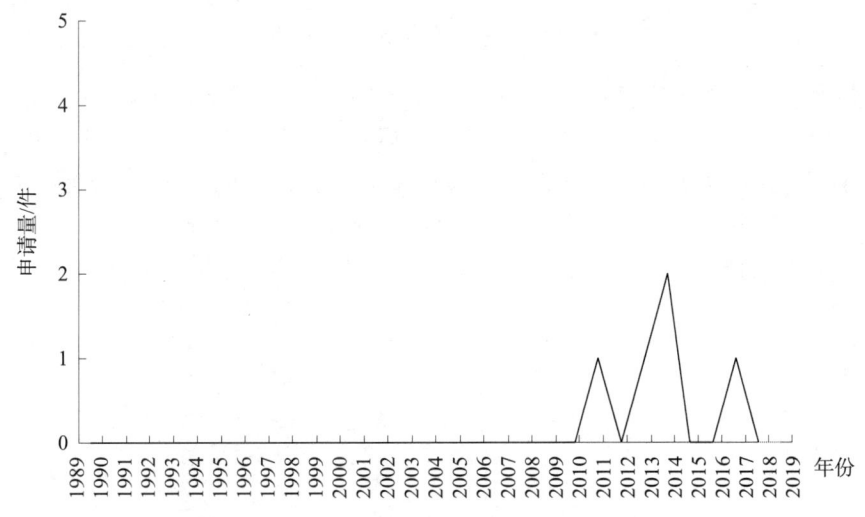

图 6-1-12 波音随机接入技术专利申请趋势

（4）调制编码

调制编码作为通信系统的基石，波音在此领域共有 13 件专利申请。尽管低轨卫星通信领域关于调制编码的起步较早，但波音在 2007 年开始申请专利，进入调制编码领域较晚，在 2007 年专利申请较为集中（见图 6-1-13）。此后直到 2012 年再次申请数件专利，之后一直到今并未有新的专利申请。结合第 4.3 节的申请趋势可以看出，这两年调制编码领域专利申请表现活跃，并非没有新的专利诞生，虽然专利数量较大，但和其全球布局的同族专利数量相关，技术并没有占据领先地位。

（5）干扰规避

干扰规避也是低轨卫星通信技术中的关键技术之一。低轨卫星通信的干扰规避涉及卫星与卫星之间的通信以及卫星到地面之间的通信，环境复杂多变；同时，因为频谱资源有限，不同频率之间的干扰和复用问题也需要加以解决。

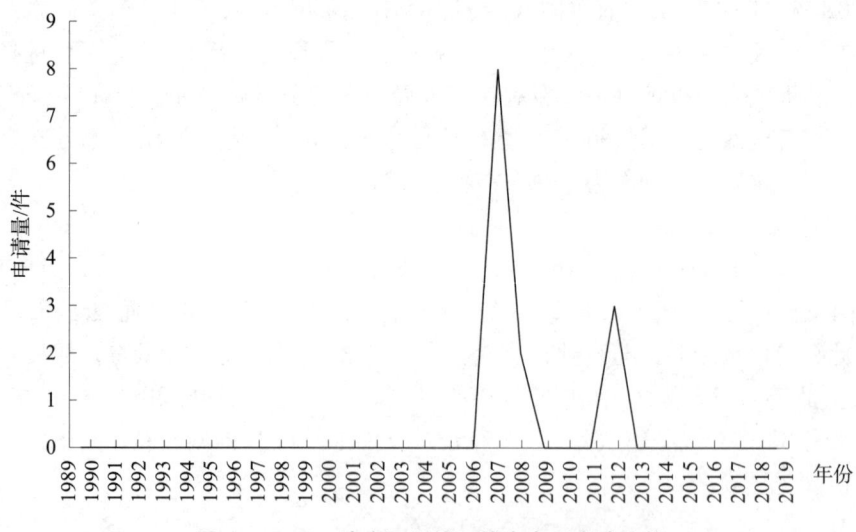

图 6-1-13　波音调制编码技术专利申请趋势

课题组检索到的干扰规避方向的专利共有 80 件，其中波音占了 11 件，在申请人中排名第一，占比为 13.75%。干扰规避技术发展较早，但波音直到 2005 年才开始申请此方向的专利，2006 年申请了 7 件，之后只有个别年份有少量的专利申请，主要都是与导航相关的干扰规避技术（见图 6-1-14）。近几年干扰规避技术方向迎来了新的申请高峰，以中国企业为代表，在卫星通信干扰方面申请了大量专利，但是波音尚未有动作。

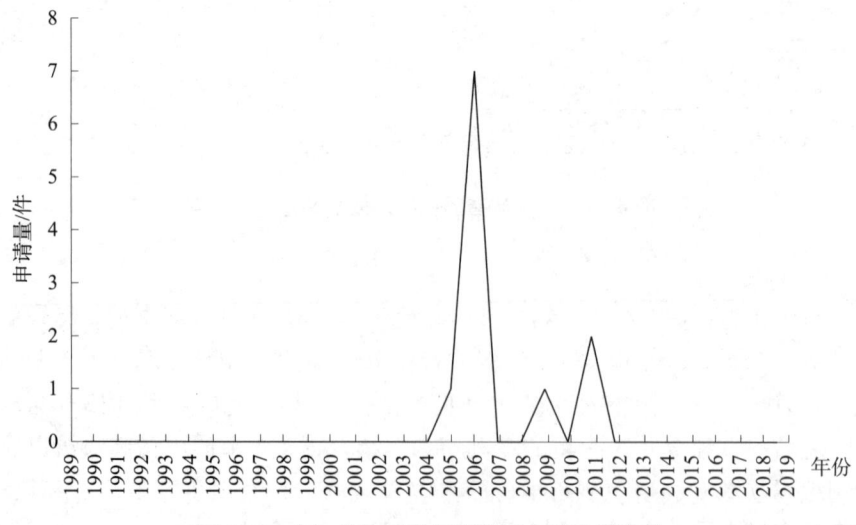

图 6-1-14　波音干扰规避技术专利申请趋势

（6）无线资源管理

波音在无线资源管理和移动性管理两个方向上没有进行专利申请，这两个方向并非波音传统擅长的领域，高通等通信公司在此方向积累颇深，波音放弃这些方向符合企业的发展战略。

6.1.2.3 LEO 通信应用层专利申请趋势分析

（1）总体态势分析

LEO 通信应用关键技术主要关注的是与低轨卫星通信系统和物联网、蜂窝通信等相关的应用层面的技术发展，包括物联网、导航增强、LEO 蜂窝星地融合通信、互联网接入、航空监视共 5 个二级分类。

LEO 通信应用关键技术共有 1114 件专利，其中波音共有 224 件专利，占比为 20.1%，是此方向申请量最高的申请人；同时，在 5 个二级分类中，波音的申请量均排在前 2 位。

如图 6-1-15 所示，在 5 个二级分类中，波音在导航增强方向申请的专利数最多，达到 63 件，占比为 28%；LEO 蜂窝星地融合通信以及互联网接入两个方向申请的专利数量也较为可观，分别为 52 件和 58 件，占比分别为 23% 和 26%。物联网和航空监视两个方向申请数量少于前述分类，但也分别达到了 22 件（占比为 10%）和 29 件（占比为 13%）。导航增强等领域发展较早，而物联网和航空监视是近几年发展起来的应用方向，因此专利数量存在差异。

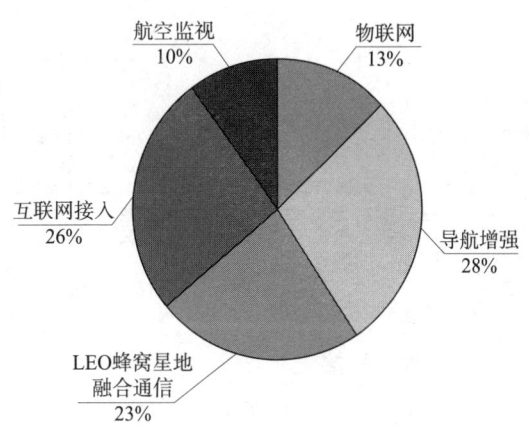

图 6-1-15 波音低轨卫星通信应用关键技术专利申请分布

可见，波音非常重视低轨卫星通信应用关键技术的发展，在此方向上投入了大量的研发资源。低轨卫星通信应用关键技术方向是低轨卫星通信技术的盈利方向，更好地将卫星与应用结合，就能实现更多的盈利。因此，作为重视盈利的商业企业，应当重视此方向的发展。

（2）物联网

物联网方向共有 306 件专利，其中波音共有 29 件专利，占比为 9.48%，在申请人中排名第二。

如图 6-1-16 所示，虽然在 20 世纪物联网方向已经有专利申请，但是此时的专利是与物联网相关的可用技术，并非为了物联网而研发的技术，正式开始研究始于 2000 年以后，波音也是于此时开始申请专利的。

从 2000 年开始，波音的低轨卫星通信技术中开始出现阐述与物联网相关的应用和技术。然而，在 21 世纪的第一个十年内，这种物联网的应用在波音只是作为低轨卫星通信技术的一个潜在应用而存在，并且未有持续的研发活动。

如图 6-1-16 所示，从 2010 年开始发生了较大的变化。随着 4G 网络的普及，在地面通信网络无法覆盖的区域提供物联网通信逐渐成为低轨卫星通信技术的应用方向。因此，波音在对应的技术方向中的研发活动转为持续化、系统化的研究。此外，值得注意的是，随着物联网通信广阔的商业机会，波音的专利开始系统性地进入中国，这与21世纪第一个十年的趋势是完全相反的。

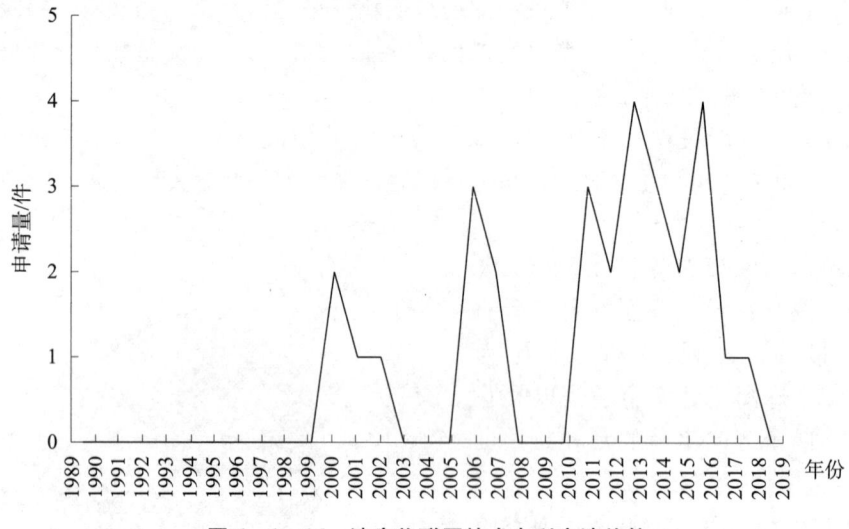

图 6-1-16　波音物联网技术专利申请趋势

（3）互联网接入

在互联网接入技术方面，波音的研发活动存在较大波动性。除了2002年存在一个较大的申请高峰以外，在其后的多年申请没有发现有规律的特征。2002年的申请高峰与卫星通信的应用场景变迁有关。在2002年前后，宽带卫星通信的需求被提出，并且使用 Ku、Ka 频段配合大规模星座群的技术被提出。高频段的应用带来的一个显著的问题就是频谱分配的冲突以及更复杂的干扰管理策略。2002年波音的相关专利技术与干扰管理和抑制高度相关，这反映了波音对卫星通信技术演进动态具有较高的敏感性。而在此后的时间里，波音只有一些零星的专利申请（见图 6-1-17）。

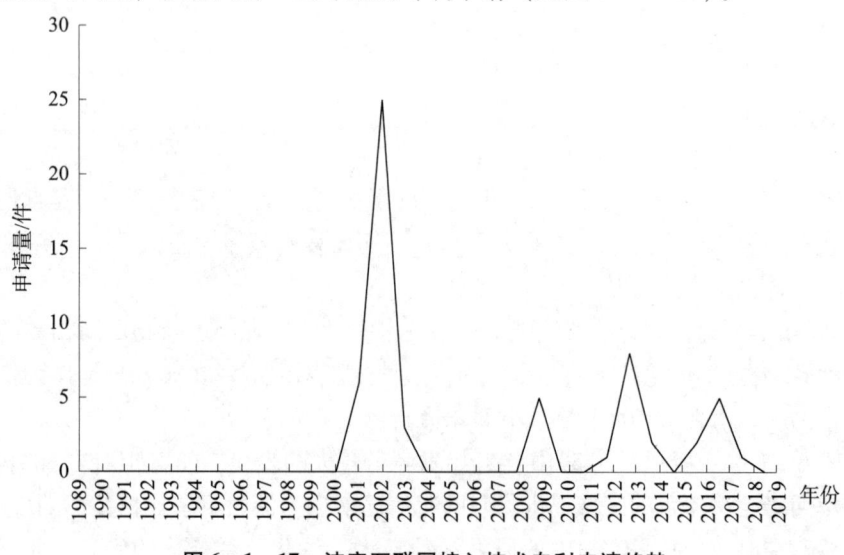

图 6-1-17　波音互联网接入技术专利申请趋势

(4) LEO 蜂窝星地融合通信

LEO 蜂窝星地融合通信方向共有 343 件专利,其中波音共有 52 件专利,排名第二。此方向不仅被各家卫星相关企业关注,也被许多蜂窝通信强势企业关注,在这样的情况下,波音依然能在申请量上保持在第一梯队的位置,足以证明波音对此方向的重视。

LEO 蜂窝星地融合通信技术是低轨卫星通信潜在最重要的方向。波音在该方向的申请起步较早,并且随着时间的推进不断增多。但与整个技术方向的大趋势相比,波音在最近 3 年内没有集中专利申请(见图 6-1-18)。

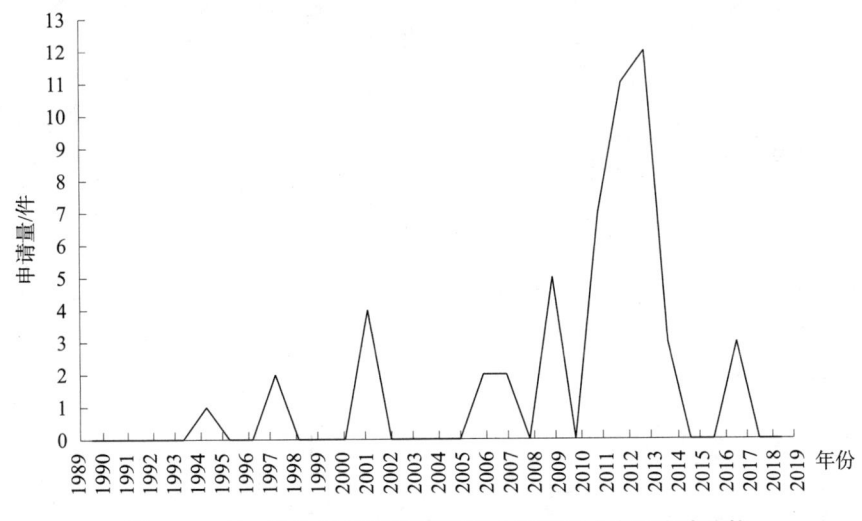

图 6-1-18 波音 LEO 蜂窝星地融合通信技术专利申请趋势

(5) 导航增强

导航增强是卫星通信的传统应用方向之一,这个领域虽然在 2000 年之前就存在专利申请,但是波音真正实现技术突破、开始大量申请专利是在 2006 年之后。2013 年后,波音的专利申请陷入低谷,在 2017 年之后没有公开的专利申请(见图 6-1-19)。

在 4G 以及智能手机还没有大范围应用之前,车载导航是卫星通信的重要应用场景之一。如今智能手机已经普及,4G 网络覆盖也愈发广泛,许多智能手机内的导航采取了卫星导航和蜂窝通信导航相结合的方式,同时车载导航产品逐渐落寞,也从另一个方面降低了卫星导航的应用范围,因此,波音作为传统卫星制造商,降低了在导航增强上的技术投入。

(6) 航空监视

航空监视是民航安全保障的重要系统之一,也是低轨卫星通信技术的重要应用方向之一。

如第 5.5 节描述,航空监视正式开始发展是 2013 年之后,而波音除了 2007 年申请的 2 件专利之外,在 2012 年继续申请专利,比行业发展稍早,抢占了一定的优势。2014 年之后,波音一直维持着 4 件以上的申请量,2017 年和 2018 年专利未完全公开,所以数量较低,可以预测的是,波音将会持续在这个技术领域上进行专利申请(见图 6-1-20)。

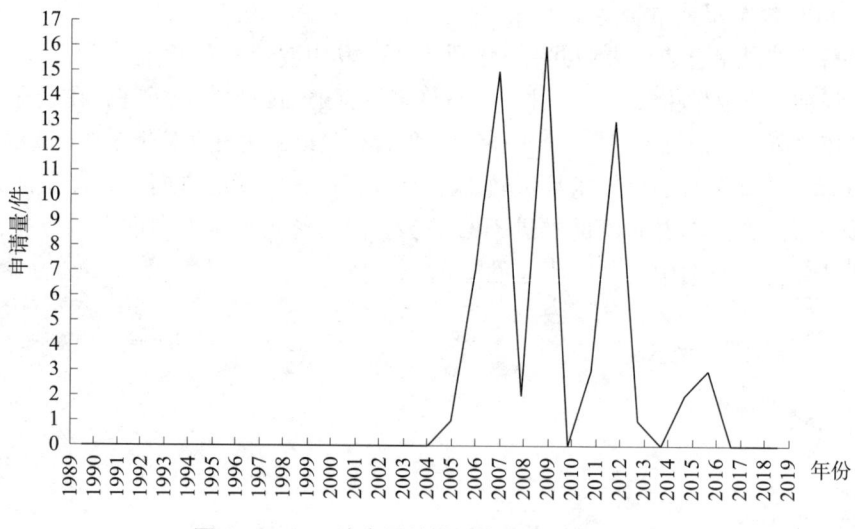

图6-1-19 波音导航增强技术专利申请趋势

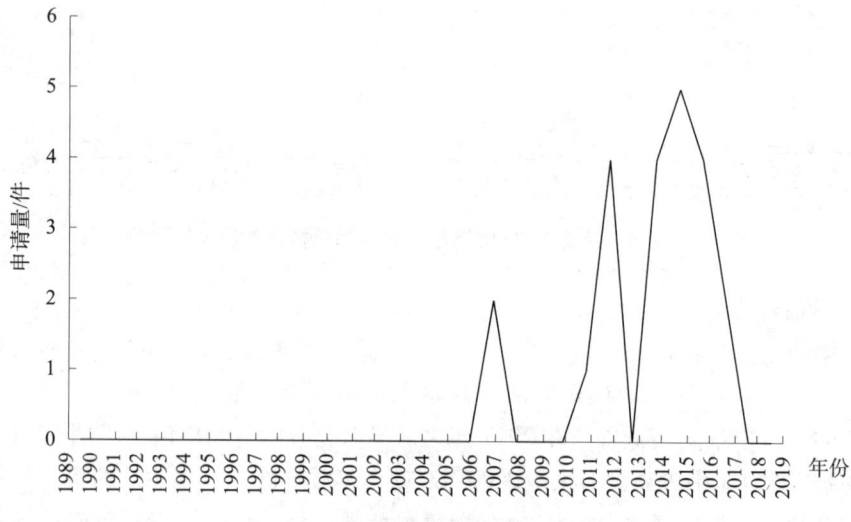

图6-1-20 波音航空监视技术专利申请趋势

6.1.2.4 小 结

通过对波音所涉及的所有二级分支专利进行分析,可得出以下结论:

从市场的角度上看,波音作为低轨卫星通信技术专利申请量最大的申请人,其专利申请量和低轨卫星通信的市场表现密切相关:在市场低迷的时候申请量走低,在市场形势好的时候申请量走高。同时,对于无线通信等并不擅长的领域也做到了适时放弃。波音的整体思路符合自身和市场发展需求。

从时间的角度上看,波音较少在某项技术进行早期布局,一般都是跟随总体申请量的趋势,而并不做开创者。这与其行业地位密切相关,技术开创者固然有可能抢占技术先机,但投入和产出不一定合理。波音作为一家体量颇大的航空航天公司,投入产出的稳定性是其主要诉求之一。

从技术分布的角度来看，波音在大多数细分技术领域都进行了专利申请，只有部分通信技术方向进行了放弃。

6.1.3 布局策略和关键专利技术分析

课题组经过分析发现，波音在星上系统、无线通信、导航增强这几个方向具有一系列关键专利技术。

关键技术是行业发展的重要技术，关键技术的突破将为整个行业带来明显的技术进步。波音作为行业内专利申请最多的公司，在关键技术的布局上也有自己的特点，下面将从专利的角度，对这几个关键技术方向上波音专利的技术特点进行分析和介绍。从波音对这些关键技术方向的重视程度也可以看出其专利布局战略。

6.1.3.1 星上系统布局策略和关键专利技术分析

波音在星上系统，包括低轨卫星控制方面具有较强的技术积累，这从其持续20年的申请数据中可以得到反映。尽管专利申请并不是在每一年都有呈现，但是可以理解其研发活动是持续进行的。如图6-1-21所示，在2010年前，波音对应的专利较为明确，集中在航天器姿态控制，这些技术虽然是通用技术，但也适用于低轨卫星的姿态控制。也就是说，2010年前波音对卫星姿态控制的研究仍然是传统卫星系统的视角。而值得注意的变化发生在2010年之后，从波音的专利技术中呈现了清晰的趋势。新型的卫星姿态控制集中在能源受控卫星、可折叠小型卫星、单航天器运载的多星、无组织操控卫星等应用场景。这些场景清晰地反映了波音为建设低成本、低轨卫星星座所做的技术准备。因此，在航天器姿态控制方向的专利清晰地反映了波音正在加入低轨卫星星座的热潮，并且其起步时间较早。

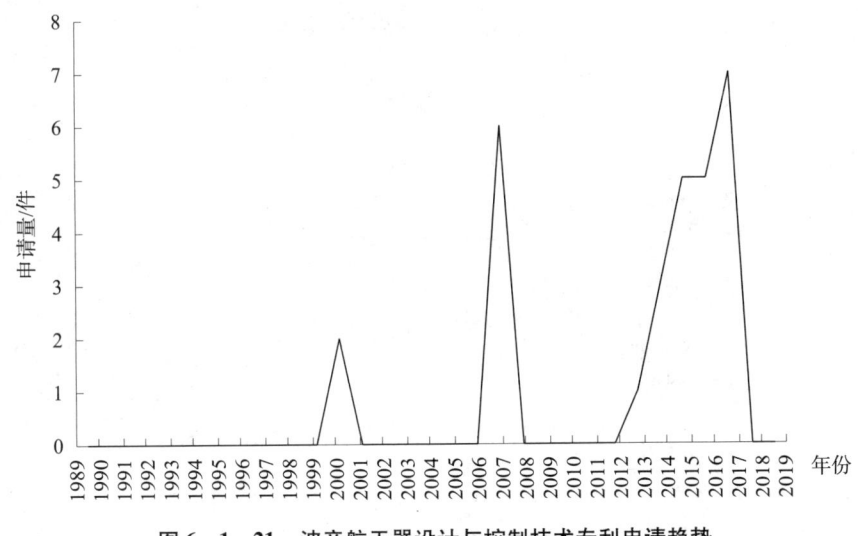

图6-1-21 波音航天器设计与控制技术专利申请趋势

在航天器设计与控制方面，波音的布局趋势呈现出与通信系统及通信应用等技术的差异性。具体而言，波音在航天器设计与控制方面的布局集中在欧洲，而在中国布局数量极少。这个趋势反映了波音在产品策略方面的考虑，航天器设计和控制等业务发生在中国的概率较低，因此不是布局的重心（见图6-1-22）。

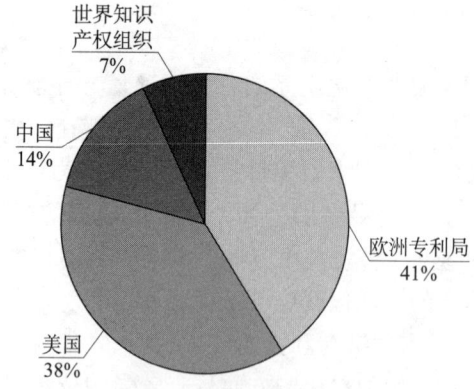

图6-1-22 波音航天器设计与控制技术全球专利区域分布

波音早在2000年就申请了专利EP1110862B1，该方法针对性地解决了低轨卫星与地面终端间通信时动态抖动带来的问题。该专利反映了波音对低轨卫星研究具有较长的历史，因此可以预见未来的低轨卫星发展中波音仍将扮演重要的角色。如图6-1-23所示，该方法的具体方案是通过计算卫星与地面设备的相对位置变化，并控制卫星的天线姿态，以补偿卫星与地面终端间由于地球自转带来的信道抖动。然而，在该专利之后的数年，相关的低轨卫星姿态控制技术没有继续出现。

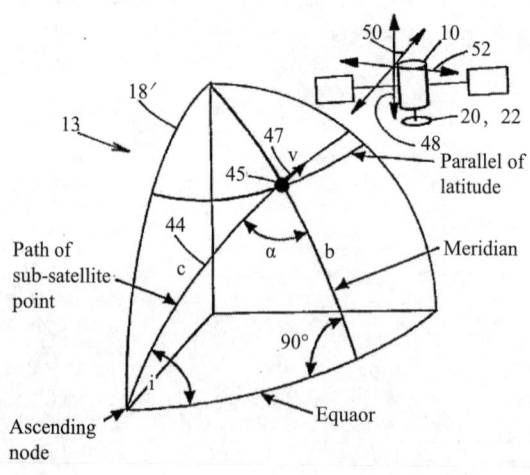

图6-1-23 EP1110862B1说明书附图

波音在2007年申请的专利EP2001743B1描述了一种卫星姿态控制方法，但该方法仍然是针对较为传统的卫星，并且该卫星仅在低轨道做短暂的操作。可见在2010年前，波音并没有在该技术中对低轨卫星进行针对性的研发。

在2010年后，波音申请的专利US20150197350A1、US20170355474A1、US20180194495A1

等技术覆盖了卫星星座的干扰控制、卫星的小型化、能源优化等方面的技术。这些技术针对的是在未来的低轨卫星星座建设中解决不同方面的问题。例如 US20150197350A1 是一种通过多星控制的方式来解决通信干扰的问题。如图 6-1-24 所示，该技术是一个卫星姿态控制问题，但是方案解决的是多个卫星的姿态控制问题，显然对于一个拥有大量卫星的低轨卫星星座而言，该技术具有重要意义。

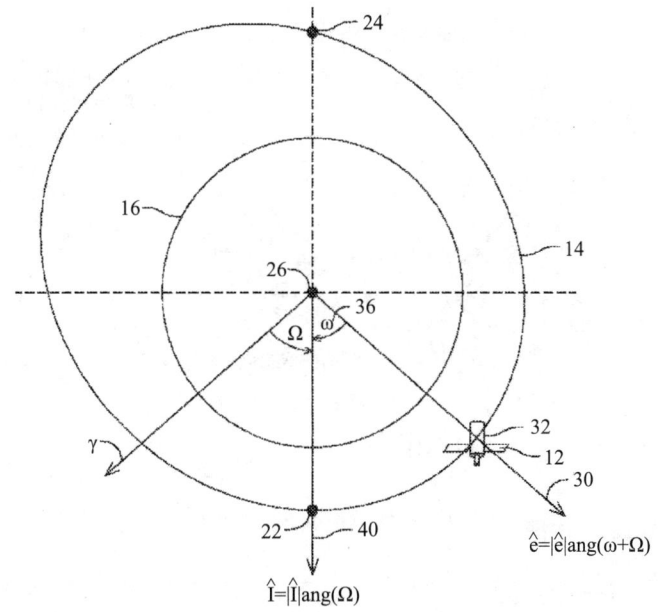

图 6-1-24　US20150197350A1 说明书附图

US20180194495A1 给出了一种低功耗的卫星姿态控制方法，这种技术将在可能遭遇频繁姿态变换的低轨通信卫星星座中延长卫星的服务寿命，这对降低需要周期维护的星座群的成本将起到直接作用。例如 2017 年波音申请的 CN107487457A 是一种关于可折叠的卫星，这对降低卫星的运载成本具有直接的作用。如图 6-1-25 所示，一种可折叠的卫星设计方案被提出，尽管该方案并没有强调是为低轨卫星而专门设计的，但由于低轨通信卫星需要周期性地更新大批量的卫星来维持全球全时通信网络覆盖，任何能够提升单次发射运载量的技术均能实现大规模的成本削减。在卫星设计与控制方向将存在持续研发的空间。

6.1.3.2　无线通信布局策略和关键专利技术分析

尽管当前行业认为低轨卫星的应用是建立全球覆盖的宽带移动通信网络，但在过去 20 年的历史中，卫星通信只作为一种潜在应用而存在。尤其是波音本身并不是提供通信服务的企业。但是在波音卫星无线通信技术的专利趋势中（见图 6-1-26），可以看到数据呈现出显著的特点。在 2002 年左右出现了一波申请高峰，随后多年则无相关技术的申请。而在最近的 10 年，申请趋势又重新开始爬升，并呈现稳中有升的态势。2002 年的申请高峰与低轨卫星无线通信技术本身的变迁是高度吻合的，2002 年前后，宽带卫星通信的技术概念被提出，其中使用 Ka、Ku 波段配合大规模星座群的技术被认

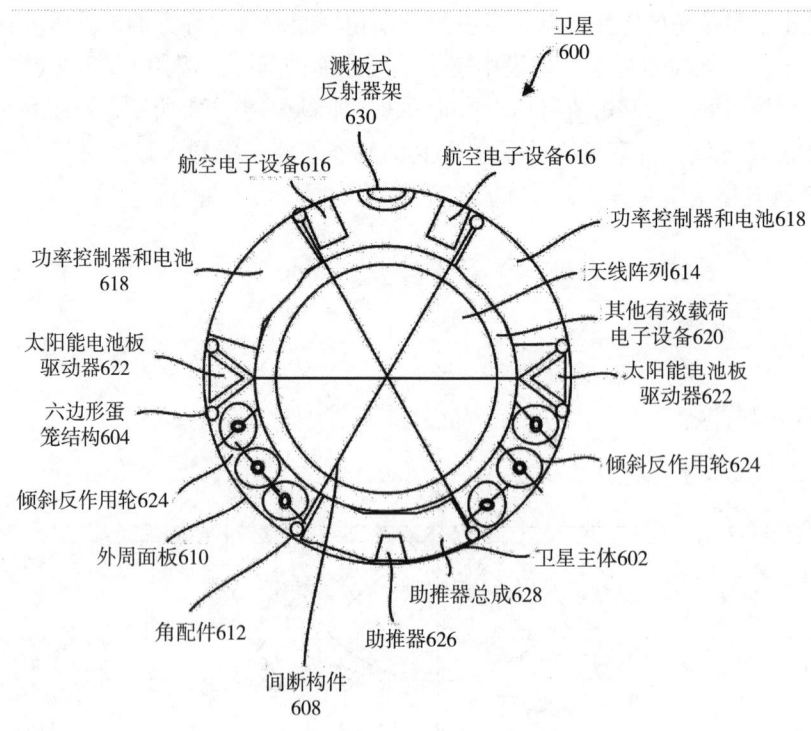

图 6-1-25　US20180194495A1 说明书附图

为是提供宽带数据通信的新型解决方案。Ka、Ku 等高频段的应用也带来了频谱分配冲突以及复杂干扰的问题，因此亟需新的方法来解决对应的问题。而由于产业化进程的受阻，此后的 10 年间相关的技术并没有得到大规模的应用，专利申请也随之沉寂。随着近期低轨卫星技术的再度兴起，波音在相关技术研究方面及专利申请再次活跃起来。因此，从以上的数据可以看到，波音对低轨卫星技术的演进以及商业化进程方面均具有较高敏感度。

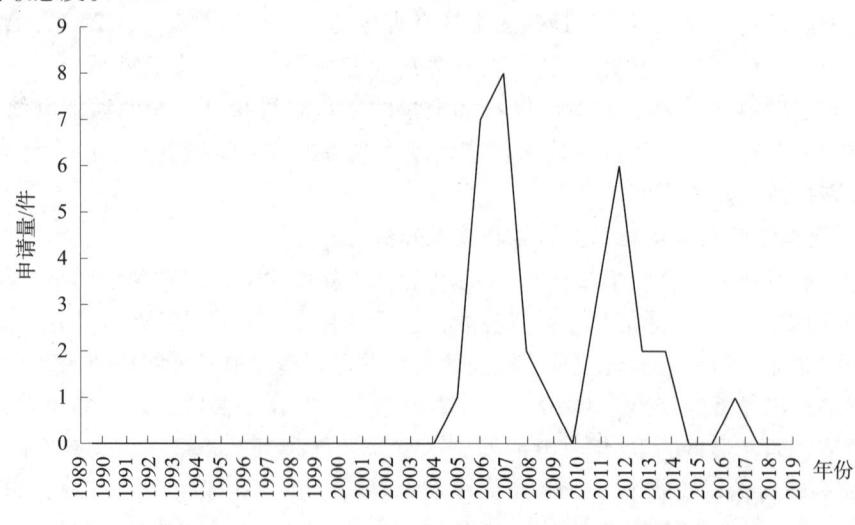

图 6-1-26　波音无线通信技术专利申请趋势

在低轨卫星无线通信技术的相关专利中，图6-1-27展示了波音在全球范围内的布局情况。波音延续了其在全球布局的特点，但更多集中在了欧洲和中国。尤其是在中国方面的布局，从2000年起中国市场就是波音布局的重要方向，这与新兴的技术驱动型企业存在明显的差异，这可能与波音长期在中国拥有广阔的市场有关。

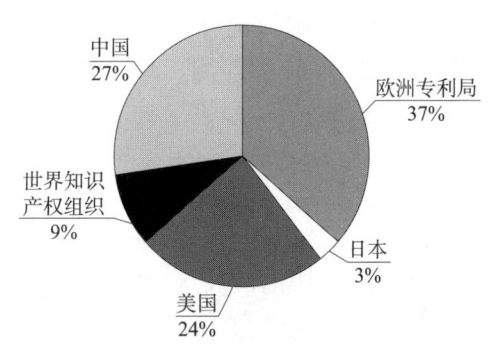

图6-1-27 波音无线通信技术全球专利布局

在2002年波音申请的专利中，CN100367689C提供了一种卫星干扰规避的方法，该专利具有较强的代表性并主要体现在引入Ku波段后大规模的星座群带来的新的技术问题：移动终端的发射天线与接收天线间产生了潜在的干扰。这种干扰在星座群较少、通信系统容量较低的情况下是不存在的。由此可见，传统卫星通信向大规模低轨卫星通信系统迁移过程中需要解决新的技术问题。可以说，这个问题在未来商用的低轨卫星通信系统中仍将存在，如图6-1-28所示，干扰环境在多接收终端、多低轨卫星的情况下变得极其复杂。该关键专利提出的启示可以总结为，干扰管理将会成为未来低轨卫星通信技术中长期的研究对象，具有广阔的研发需求并且会成为设备供应商的核心竞争力指标之一。从技术方案角度，该方法提供了一种基于向目标卫星发送扫描信号，并由地面站进行干扰协调的方法。也就是说，该方法提供了一种基于地面协调的复杂星座带来的干扰问题。

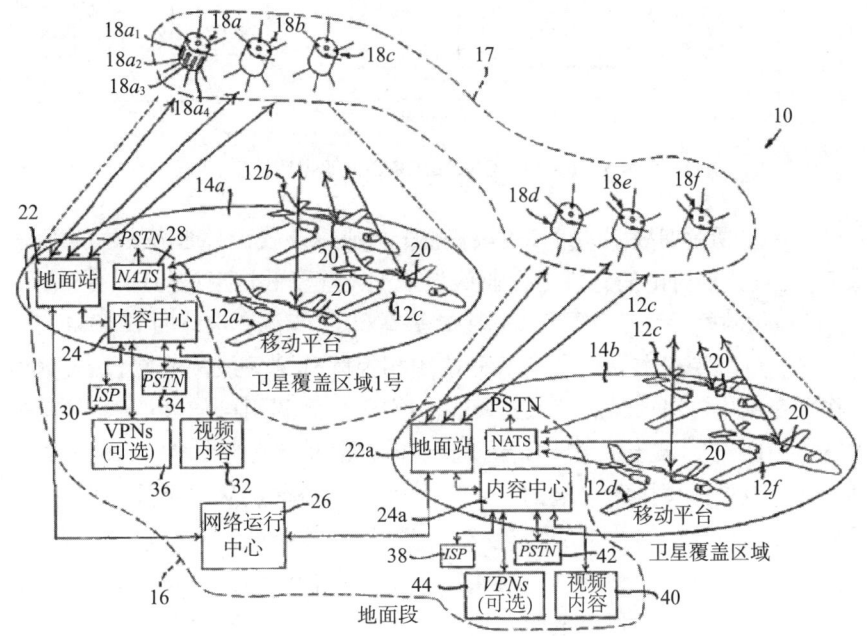

图6-1-28 CN100367689C说明书附图

专利 CN1327636C 是同时期另一件具有代表性的专利方案,其技术逻辑同样基于对宽带卫星通信时代到来的预测。其技术方案在地面通信技术领域属于常用的技术,提供了一种多载波自适应速率的控制方法。虽然这种方法在地面移动通信中早已普遍存在,但波音第一次引入至低轨卫星星座中,反映出其对卫星技术演进趋势把握是极其敏锐的,该技术本身也将大大提升卫星通信技术利用不同信道状态的能力,具有较大的性能提升意义。如图 6-1-29 所示,该方案的多载波是通过多个 RF 滤波器实现的,并没有使用基于 OFDM 或类似技术实现的数字多载波调制方案。该方案对未来的启示在于,在未来可见的低轨卫星通信系统中,采用地面移动通信中已经广泛成熟的先进技术来榨取更多的频带资源是一个可预见的趋势。

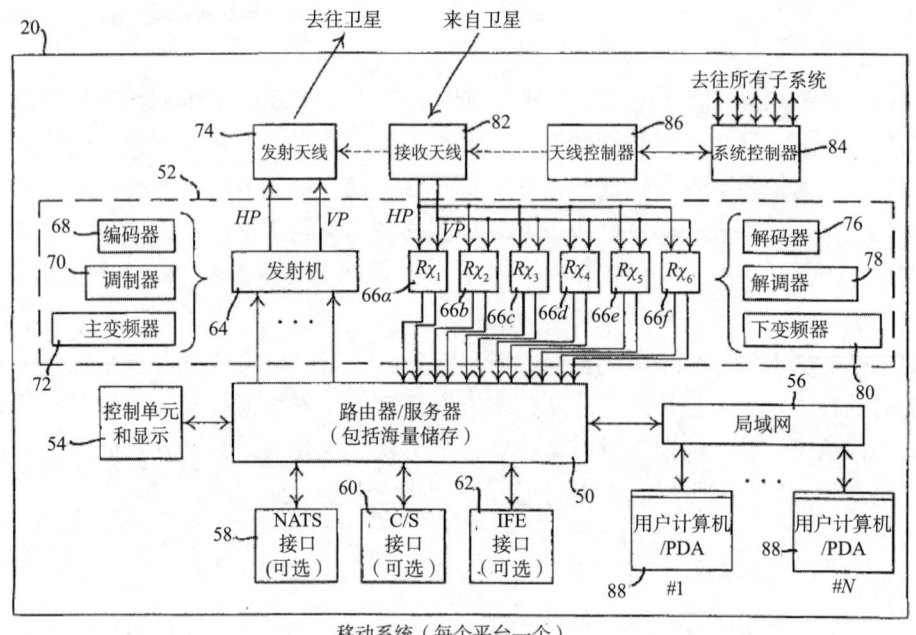

图 6-1-29　CN1327636C 说明书附图

在图 6-1-30 所示曲线中的第二阶段,整个行业以及波音对通信技术的理解发生了本质的转变。正如当前讨论的一样,行业认为基于大规模低轨卫星星座的通信系统正在变得成熟,商业化的可行性变得更大。这个趋势在 2017 年波音申请的 EP3334060A1 专利中得到了反映。在该专利中,提出了一种使用相控阵阵列天线的终端设备。大规模的卫星通信技术商业化应用意味着接收终端的小型化,而利用可伸展的相控阵阵列天线是必由之路。2018 年,波音再次申请终端相控阵雷达相关的专利 US20190028175A1,可见其对大规模卫星信号接收终端的判断。此外,布局重点从卫星技术向终端技术的迁移也反映了当前卫星通信技术的大规模民用领域商业化的浪潮。波音敏锐地捕捉到了这个趋势并及早进行了专利布局,再次反映了其在行业内的洞察力。上述无线通信技术仅局限于单个卫星设备和在地面站的通信,而没有涉及建设一套覆盖全球的通信系统方面的讨论。

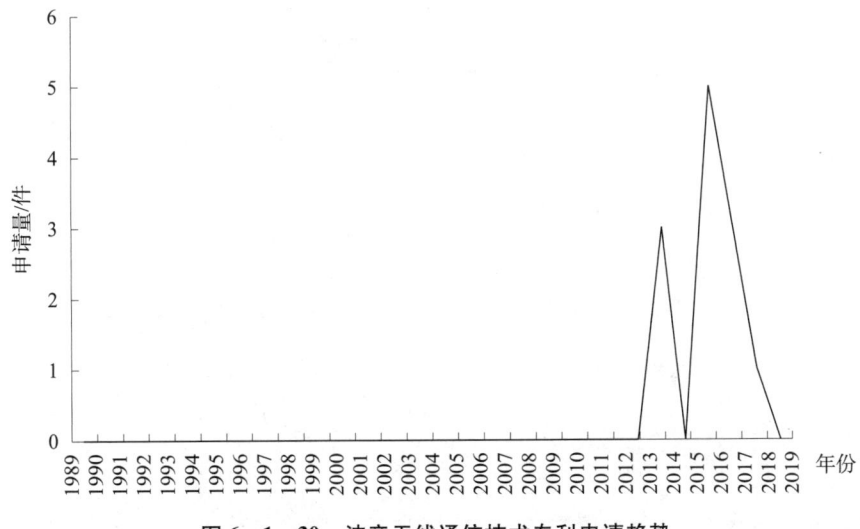

图 6-1-30 波音无线通信技术专利申请趋势

在 2010 年之前波音专利技术关注度不高,2010 年之后,这种趋势越发明显,这也是由于整个行业对通过低轨卫星星座建立全球覆盖的通信系统有了新的认识。

如图 6-1-31 所示,在卫星通信系统和网络方面,波音的专利布局高度重视中国市场。由于该系统本身意味着大规模的民用化场景,因此其布局的关键必须考虑目标区域的潜在市场规模。毫无疑问,波音高度重视中国庞大的通信用户,并且该技术方向的专利申请较新,趋势与当前的市场技术现状吻合。

在 2014 年波音申请的专利 US20160095109A1 中可以明显看到上述的趋势判断,该技术所涉及的移动卫星系统(MSS)已经涉及了蜂窝通信的概念,也就是将地面区域划分成精细的蜂窝,从而实现无线资源的复用和管理。如

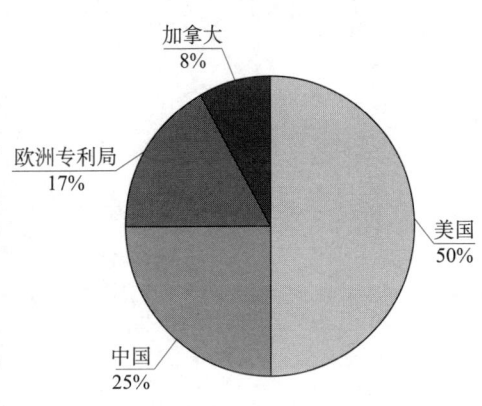

图 6-1-31 波音无线通信技术全球专利区域分布

图 6-1-32 所示,该专利技术方案是一种基于蜂窝概念的卫星资源自适应优化方法,其核心在于通过对卫星系统的控制来保障地面某一蜂窝的无线资源需求能够得到动态的满足。该方案以及后续高速增长的专利申请清晰地反映了波音向卫星通信系统研发转变的决定。

2016 年波音申请了专利 US20170318610A1,该方案是一个涉及用户端可穿戴设备的技术,其技术构思已经将可穿戴设备的通信融入卫星通信系统之中。如图 6-1-33 所示,这种物联网通信系统构思如果没有一个基于低轨卫星的全球通信网络是不具备实用价值的。也就是说,这种应用型专利也从侧面体现出了波音对未来的判断:低轨卫星网络将能够提供全球、全时的覆盖,进而裂变成普及的应用服务。

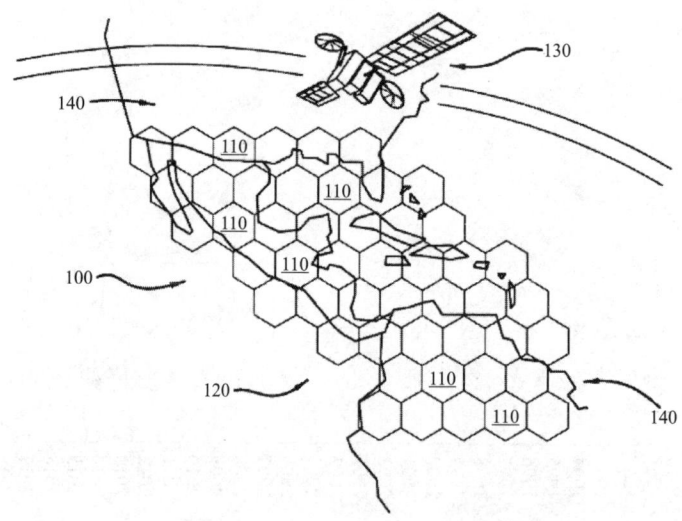

图 6-1-32　US20160095109A1 说明书附图

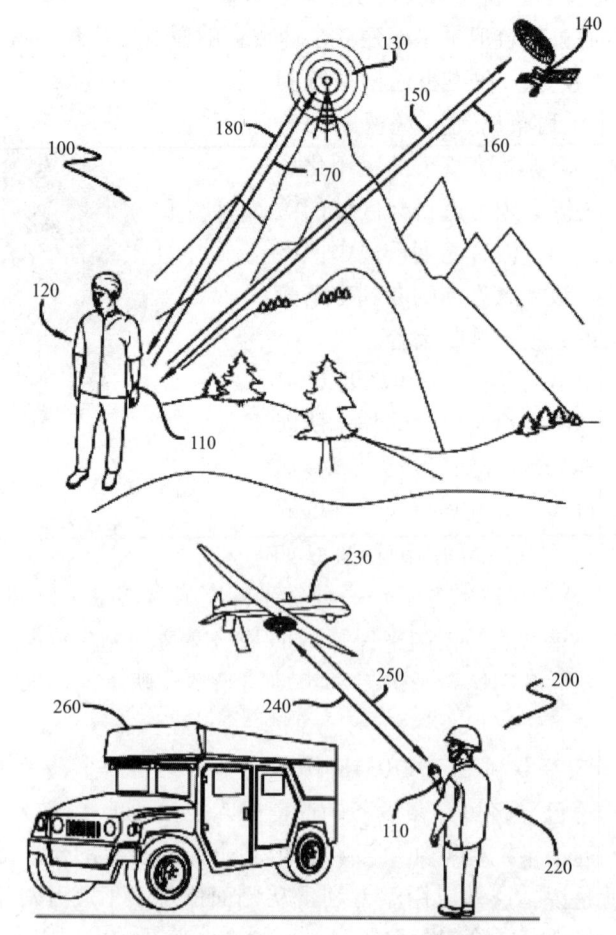

图 6-1-33　US20170318610A1 说明书附图

2016年波音申请的另一件专利 US10206161B2 也涉及了基于卫星通信的通信系统和通信网络方法。虽然该方法中卫星通信仅作为整个通信过程中的一个中继过程，但卫星通信作为一个孤立的系统的设想开始发生变动，进一步向与地面通信系统融合的通信系统方向演变。就方案而言，如图6-1-34所示，该方法提供了一种涉及卫星以及多个地面设备并通过中继方式完成通信过程的方法。

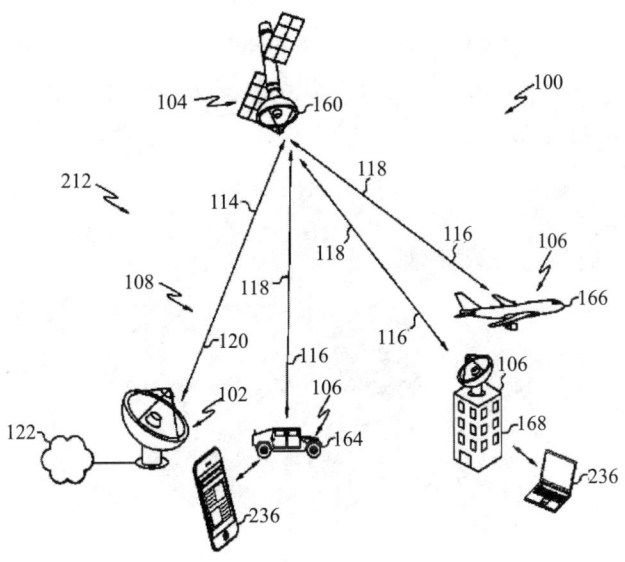

图6-1-34　US10206161B2 说明书附图

6.1.3.3　应用层布局策略和关键专利技术分析

如图6-1-35所示，波音的定位与导航增强技术见证了一个10年的研发周期，在2005~2015年，利用低轨卫星进行定位与导航性能增强成为一个较为成熟的应用场景。在2010年左右达到了研发巅峰。这个趋势与定位及导航技术的商业化应用高度吻合。

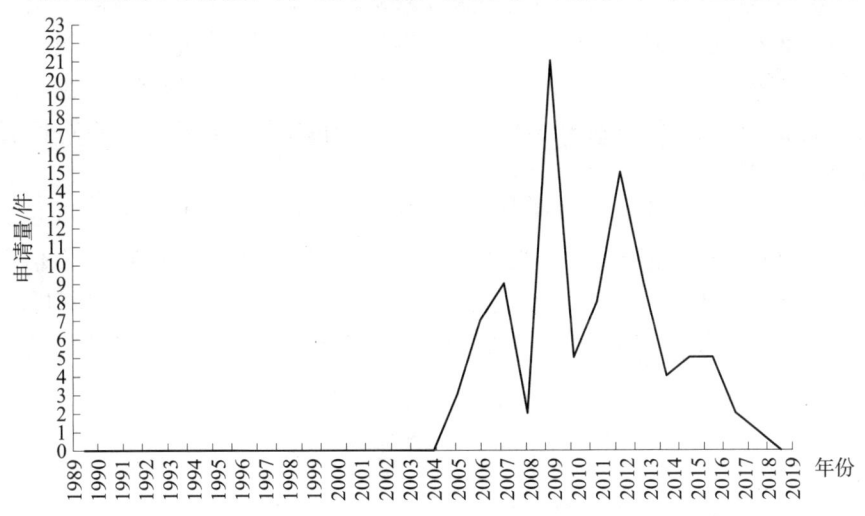

图6-1-35　波音导航与定位增强技术专利申请趋势

随着智能手机的普及,基于卫星的定位与导航技术从垂直领域进入了民用领域,利用低轨卫星对全球定位系统进行增强是伴随着全球定位系统本身发展的一个分支技术。然而,随着技术的发展、性能的进步,逐步满足了当前应用场景的各种需求,可以看出波音的研发投入逐步降低。随着无人驾驶汽车、物联网技术的发展,尤其是低轨卫星通信系统带来的星座群基础,可以预见的是,基于低轨卫星的定位与导航技术可能再次进入一个研发高潮。

从波音在定位与导航增强方面的布局趋势可知,波音较为重视欧洲地区,其专利申请数量远远领先于中国和美国。这可能与波音 2005~2015 年在欧洲地区拥有较多的业务有关(见图 6-1-36)。

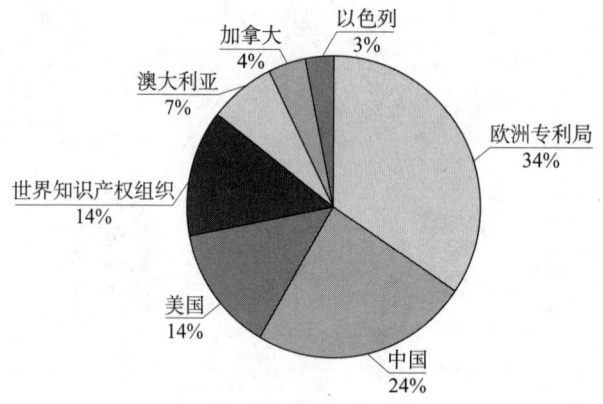

图 6-1-36 波音导航与定位增强技术全球专利区域分布

波音在 2009 年申请的专利 EP2227702A1 是具有代表性的专利技术。如图 6-1-37 所示,整个系统的技术框架就是让全球定位卫星系统与低轨卫星系统进行融合,其具体的方案是将全球定位控制中心的关于全球定位系统的误差信号通过低轨卫星的转发能力,发送到用户终端侧,辅助用户终端完成更精准的位置计算过程。本质上,这是一种利用了更多卫星资源的精确定位方法,借助了可能用于其他用途的低轨卫星来弥补全球定位系统的某些缺陷。可以预见的是,未来在低轨卫星星座建设得更为充分后,全球定位系统可以更灵活地利用这种卫星来增强定位精度,这将是一个可持续研究的技术方向。

波音在 2015 年申请的专利 US10036813B2 在利用低轨卫星方面则更为复杂,如图 6-1-38 所示,航空器可以通过低轨卫星的通信能力,将自身的位置信息发送回地面站,并由地面站进一步与其他信息源完成数据的融合与校验。相比 EP2227702A1 中的技术,卫星通信从单向下发数据变为双向通信技术,可见波音对低轨卫星的利用逐渐深入、逐步增强。

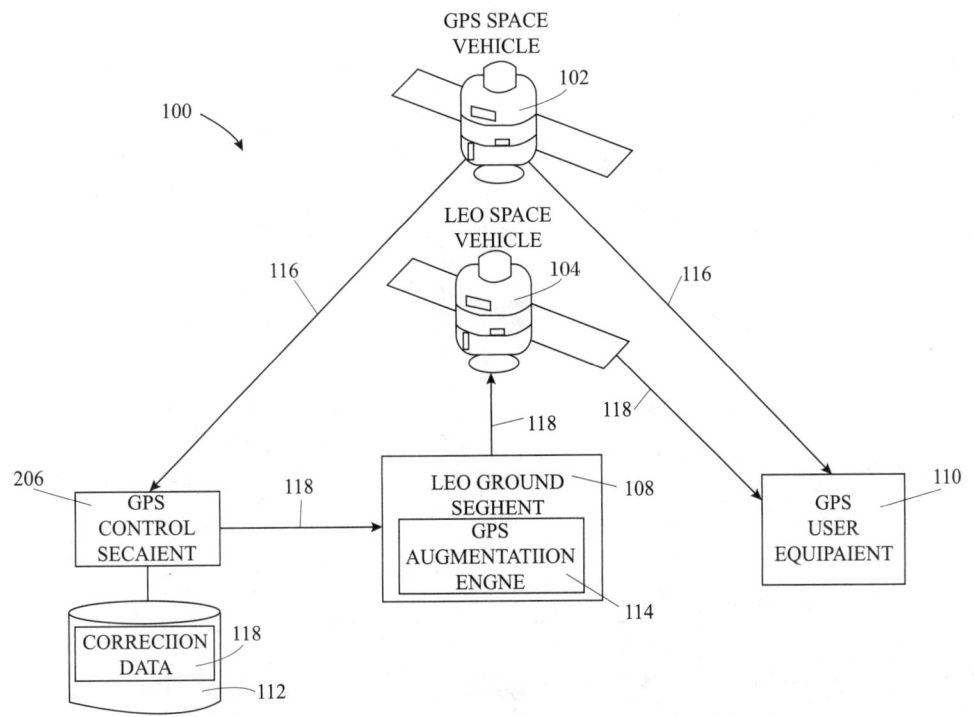

图 6-1-37　EP2227702A1 说明书附图

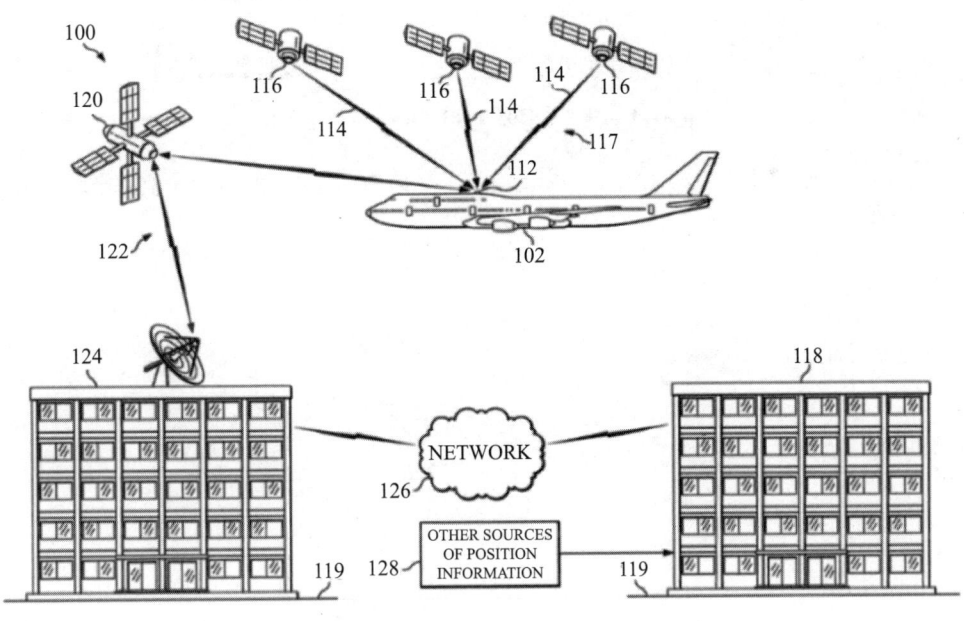

图 6-1-38　US10036813B2 说明书附图

进一步，波音在 2017 年申请的专利 US20170261616A1 提出了一种利用低轨卫星来进行位置校验的方法。与单纯的位置增强或位置数据传输不同，位置校验则反映了波音进一步探索使用低轨卫星在定位与导航方面增强的应用潜力。图6-1-39展示了该方案的一个实际应用场景。

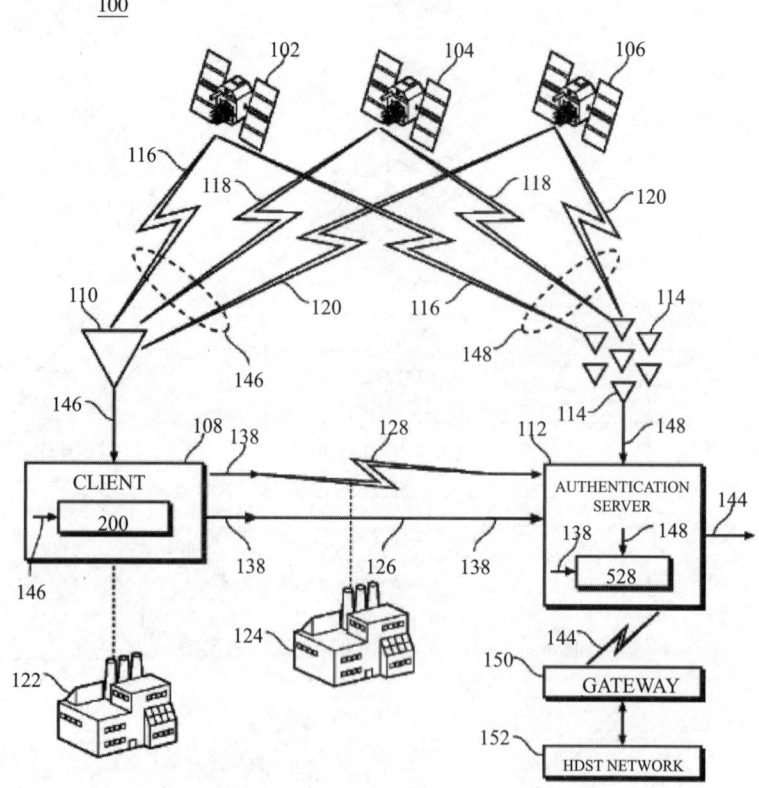

图6-1-39　US20170261616A1说明书附图

在利用低轨卫星通信能力方面，如图6-1-40所示，波音在一个较为集中的时期

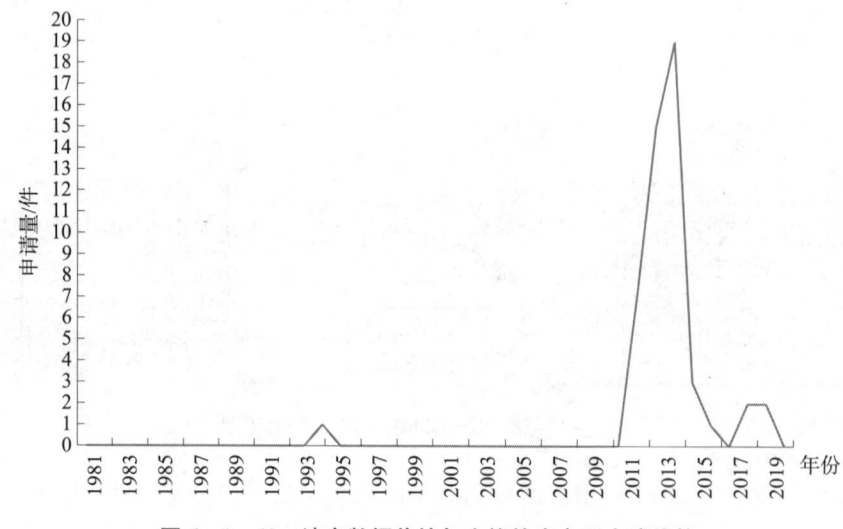

图6-1-40　波音数据传输与交换技术专利申请趋势

对低轨卫星通信能力的应用进行了相关的研究。但是从具体的专利技术来看，这种应用并不是替代地面移动通信系统或提供直接的数据交换服务，而是作为一种天基设备来提供场景化、增强性的数据服务，例如地理位置信息确认、安全性确认等互联网补充功能。在2015年后，波音尝试利用低轨卫星的通信能力提供一些更重要的数据交换业务，但也仅限于垂直领域的航空器数据的传输。而作为一种与地面移动通信系统等同的天基互联网系统方面，暂时未发现波音有相关的想法，这可能是波音公司自身的局限所决定。

进一步，在数据传输与交换的专利布局方面，如图6-1-41所示，波音的数据呈现出与通信系统和网络相同的趋势，也就是大量专利布局在中国，基于低轨卫星的通信技术及其应用技术在中国拥有广阔的市场。

2012年，波音申请的专利CN103548308B是上述研发阶段的代表性专利，该方法提供了一种基于低轨卫星的数据传输安全性确认方法。具体而言，该方法的核心在于对于一些较为敏感的数据，例如DNA数据等，其在互联网路由器的交换是安全性存在风险的环节，因此通过低轨卫星的时间信号，敏感

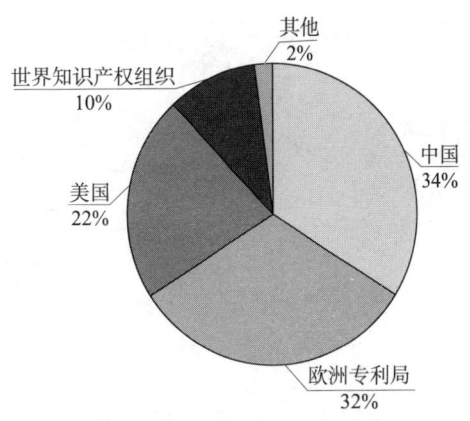

图6-1-41 波音数据传输与交换技术全球专利区域分布

数据所经过的路由器位置将被确认，进而保障数据传输的安全。具体如图6-1-42所示，卫星通信系统通过对路由器进行授时，来完成路由器的位置验证，并保障数据传输的可靠性。从该专利可见虽然是一种数据传输方法，但是该专利技术仅能引用在一个垂直的、特定的地面数据交换业务中。同期其他的技术也具有相同的特征，也就是低轨卫星仍然是地面通信业务的补充。

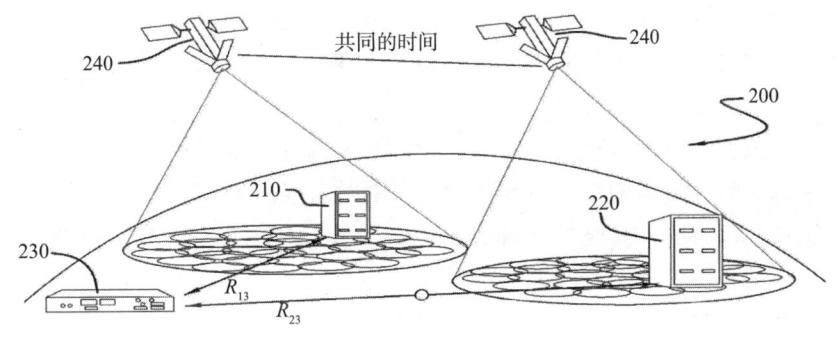

图6-1-42 CN103548308B说明书附图

2015年，波音申请了专利US20170063944A1，该技术的代表性在于波音开始尝试利用低轨卫星进行航空器的飞行记录数据交换。如图6-1-43所示，这意味着通信应用从单向下行发送演进为双向数据链通信。至于该技术本身，则只是提供了天线控制

的方法，以使得对应的数据流可以发送到对应的卫星，属于容易理解的常规方法。

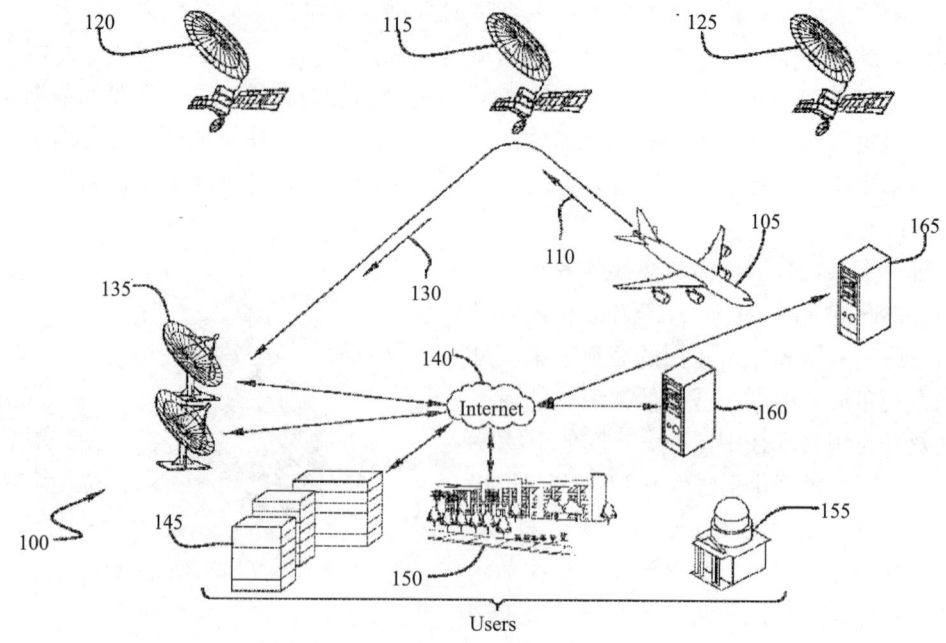

图6-1-43　US20170063944A1说明书附图

6.1.4　小　　结

从图6-1-44（见文前彩色插图第1页）中可以看到，波音具有非常悠久的低轨卫星技术研发历史，并贯穿低轨卫星的应用场景变迁以及多次研发周期的起落。

在第一代星座发展中波音承担Iridium系统的地面运管工作，尽管抢占了先机，由于市场推广进入瓶颈，波音此后进入长期的研发低谷。在第一次研发热潮中，波音收购了Hughes的航天和通信业务分部，获得了在通信卫星制造、通信系统技术方面的能力，使波音成为美国乃至全球最大的通信卫星制造商之一。波音对低轨卫星的主要应用探索集中在卫星电视转播方面，此时一些新的技术方案，例如相控阵天线、多星干扰管理、多载波调制等技术得到了发展，但此次研发热潮并没有带来低轨卫星的快速发展。在第二次研发热潮中，定位与导航增强技术得到了广泛的探索，这与波音的主营航空器制造高度关联，此时波音进一步探索了该领域的相关技术，该技术虽然具有较大的实用性及其市场，但低轨卫星的高昂成本无法通过定位与导航增强细分市场来弥补，因此波音在第二次研发热潮中也只是进行了探索性研究工作。而在第三次研发热潮中，波音提出了V频段的3000余颗卫星组成的星座（也是全球六大卫星制造商中唯一一个提出自己做星座自己运营的公司），虽然后续经历了波折，但可以在一定程度上解释其为何在第二轮星座建设过程中，专利申请数量实现了激增。

因此，波音作为老牌的航空航天技术研发与制造企业，与整个低轨卫星技术的变迁紧密关联，但在未来可能的低轨通信卫星星座方面的技术中，波音并不具备太强的竞争力和先机。

总体而言，波音在低轨卫星通信技术上的专利布局策略主要有以下特点：

（1）波音作为老牌的航空航天技术研发与制造企业，具有雄厚的技术积累，但申请策略较为保守，一般不会成为某个技术的先驱者，但当这个技术有一定技术突破后，会迅速进行专利申请跟进。

（2）波音的专利申请趋势跟其市场布局密切相关，不仅对相当多的专利进行全球范围的布局，每当市场发生了变化之后，波音还会迅速调整其专利申请战略，将研发资源投入到和市场紧密相关的领域中。

（3）波音专利申请习惯于将所有专利在总公司申请，即使收购其他企业，也会降低收购企业的申请量，整合研发资源。

6.2 航天五院

为便于国内专利申请人的特点分析，课题组针对中国空间技术研究院及下属主要研究所和公司合并进行研究，本节统称为航天五院。

中国空间技术研究院简称航天五院，成立于1968年2月20日，隶属中国航天科技集团公司，是中国主要空间技术及其产品研制单位，主要从事空间技术开发、航天器研制。自1970年4月24日成功发射我国第一颗人造地球卫星以来，研制和发射了200余颗航天器，已经形成了载人航天、月球与深空探测、北斗卫星导航系统、对地观测、通信广播、空间科学与技术试验六大系列航天器，实现了大、中、小、微型航天器的系列化、平台化发展，铸就了"东方红一号"卫星、"神舟五号"载人飞船、"嫦娥一号"卫星中国航天发展的三大里程碑。航天五院下属主要科研院所和公司包括北京空间飞行器总体设计部、北京控制工程研究所、航天恒星科技有限公司等。

6.2.1 专利申请趋势分析

如图6-2-1所示，航天五院专利申请总量整体呈增长趋势，在2014年和2017年出现两次高峰。航天五院以宇航制造和卫星应用作为其核心主业，2007~2019年，传统航天产业基地持续发挥领军作用，星上系统、应用层技术持续创新。经过"东方红二号""东方红三号""东方红四号""东方红五号"几代典型卫星平台研发经验积累，可以制造频谱范围涉及S、C、Ku、Ka等各个频段的通信卫星。与航天卫星发射、运营服务单位等基本形成完整的通信卫星产业链，且各环节不断开拓创新，处于产业成长期。

2013年起，鸿雁星座论证工作启动，航天五院对低轨卫星无线通信和应用层加大创新投入。2018年11月，工信部颁发首张卫星移动终端电信设备进网试用批文暨中国首张国产卫星移动通信终端牌照，我国国产卫星移动通信终端实现零的突破，是我国移动通信卫星产业链形成并进入商用阶段的重要标志。随着我国商业航天市场的逐步开放，航天五院加快布局卫星互联网，星座产业近5年专利申请迎来快速发展期。

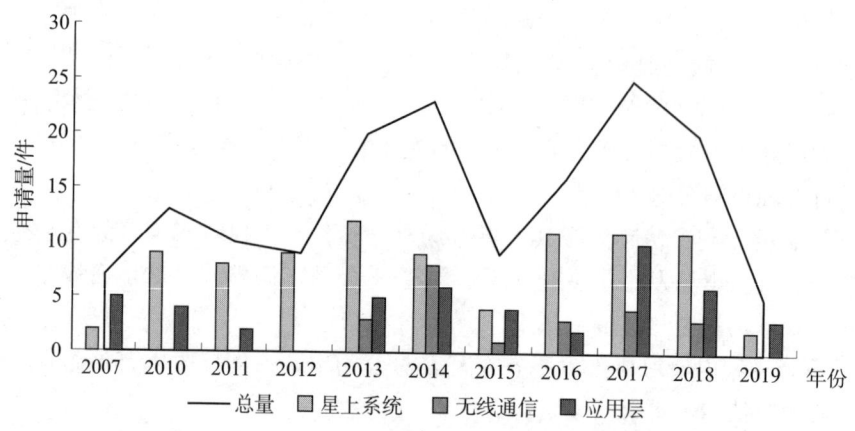

图 6-2-1 航天五院低轨卫星通信专利申请趋势

注：图中未标出无申请年份。

6.2.2 关键技术分布分析

如图6-2-2所示，星上系统的专利布局主要集中在天线、姿态控制和星间链路，天线涉及双圆极化宽带天线、螺旋天线、跟踪地面站天线、平板相控阵天线等技术，姿态控制涉及电推进、太阳帆指向控制推进等，星间链路涉及自主维持、星间交换等；应用层主要关注低轨蜂窝星地融合、互联网接入技术，具体涉及数据传输系统等。

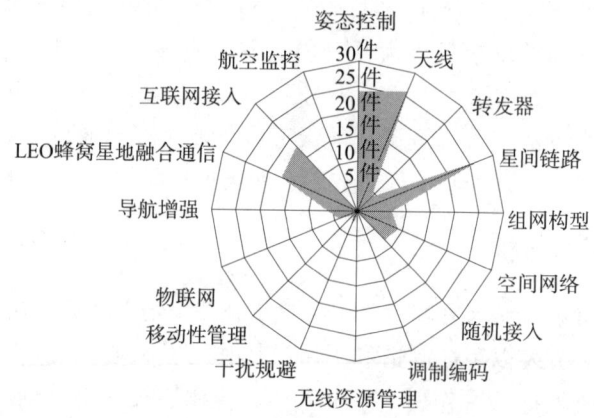

图 6-2-2 航天五院低轨卫星通信专利关键技术分布

6.2.3 产学研合作分析

通过对航天五院的专利联合申请情况进行分析可知，低轨卫星通信领域专利技术中11%的技术创新与高校联合研发，合作单位主要包括北京邮电大学、武汉大学、中国石油大学（华东）（见图6-2-3）。

北京邮电大学在低轨卫星通信领域星上系统和应用层的技术创新与航天五院关联度较高，具体涉及星间接入方法及装置、卫星星间网络通信路径确定方法、装置及电子设备、数据传输方法、定向蚁群路由优化方法等；武汉大学在星间链路、空间网络、互联网接入方面与航天五院的技术创新合作密切，中国石油大学（华东）由于某研发项目与航天五院合作进行联合研发。

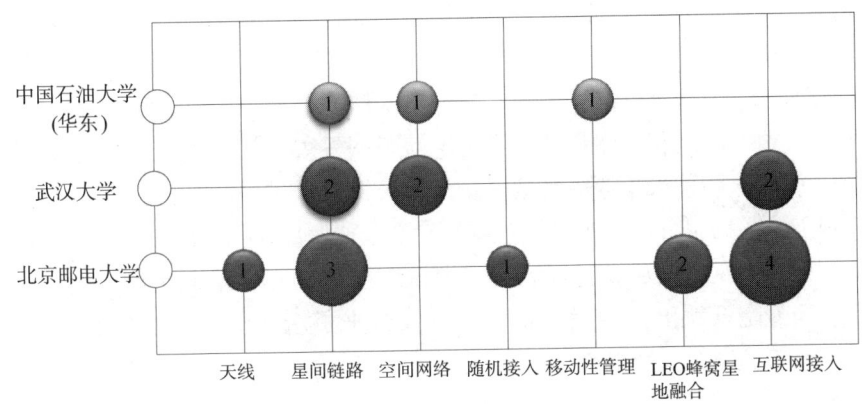

图6-2-3 航天五院低轨卫星通信产学研主要专利技术分布

注：图中数字表示申请量，单位为件。

航天五院为加强技术创新基础性研究工作，培育新的技术发展方向、培养创新性人才，加强产学研合作推进工作，特设立CAST创新基金制度，为高校、研究院所等从事卫星领域相关理论、技术研究的科技工作者，每年提供总计近5000万元的CAST基金，资助卫星应用领域新概念、新机理、新方法、新技术为重点的研究项目，联合国内高校、研究院所等优势力量，推动卫星技术领域可持续发展，为低轨卫星通信相关技术提供技术储备和专业人才力量。

6.2.4 引证专利分析

通过对航天五院低轨卫星通信专利的引证和被引证专利分析可知，航天五院的被引证专利次数共计59次，引证专利次数共计176次，星上系统的专利引证频次相比无线通信和应用层技术领域的引证次数较多。在被引证专利中，3个技术领域的他引专利数量少且自引专利数量极少，与该申请人是卫星通信领域主要研制单位，行业研发主体单一化有关，且该申请人很多通用卫星技术用于低轨卫星通信，在低轨卫星通信领域专利技术未出现自引专利的研发持续性和连续性的明显特征（见图6-2-4）。

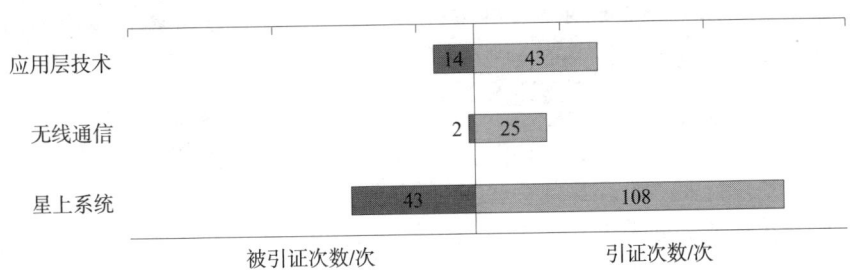

图6-2-4 航天五院低轨卫星通信领域各技术分支专利引证和被引证数量对比

6.2.5 小　　结

通过以上航天五院的低轨卫星通信专利分析可知，航天五院作为国内主要通信卫星研制单位之一，在低轨卫星通信的星上载荷的研制技术积累深厚，近年来在移动通信卫星领域取得一定的创新。在技术创新工作中坚持可持续发展道路、人才强企战略，近20余年坚持CAST基金制度，为卫星通信技术储备大量人才和技术力量。

此外，为主动应对扑面而来的全球卫星互联网发展浪潮，航天五院紧抓当下网络信息技术革命的重大历史机遇，大胆创新、积极探索，进一步加强卫星互联网技术研究和产业规划，2018年12月29日，"鸿雁"星座首发星在我国酒泉卫星发射中心成功进入预定轨道，卫星的成功发射标志着"鸿雁"星座的建设全面启动。创新技术持续增长，为航天五院低轨卫星通信技术的再升级带来了新的动力，结合下一代互联网、移动通信网及工业制造、智能交通、智慧城市等领域发展，不断加强物联网、星地融合等创新技术，拓展卫星互联网应用广度和深度。

在国际布局方面，航天五院缺少国际专利申请，应提前筹划未来市场专利布局，并防范国外企业在华布局高风险专利，尤其在星上系统、应用层等领域进一步加强专利导航，为推动卫星通信可持续发展保驾护航。

6.3　国外其他主要申请人分析

通过当前数据分析显示的内容以及结合行业知识，确定国外申请人中除波音以外的主要申请人为Globalstar（全球星）、Hughes Network Systems（休斯）、Space Systems（劳拉）、Thales（泰雷兹）、OneWeb-WorldVu（一网）。上述5家企业的特点主要体现在以下几个方面：

（1）具有长期在卫星通信领域的研发和制造历史，具有商用化的卫星通信产品。
（2）目前具有低轨卫星星座建设计划。
（3）专利数量在行业内领先。

因此，虽然摩托罗拉和高通也拥有大量的相关专利，但在当前研发热潮中，上述两家公司没有提出明确的低轨卫星星座的建设计划，因此这些企业没有被纳入到重点国外申请人的行业。

本节将针对上述5位重要申请人开展深度专利分析，关注这些企业相关动向，为相关企业和机构提供参考。

6.3.1　专利申请趋势分析

与第2章整体行业趋势以及第6章涉及多领域的波音相比，5位申请人的数据呈现出明显的差异化特征。如图6-3-1所示，低轨通信卫星技术呈现出两次明显的研发阶段，在1990年后的10年以及2010年后近10年分别呈现了两个明显研发周期，且最近一轮研发周期的发展速度加快。对于诸如Globalstar等专注在卫星通信领域的企业而言,除非本领域出现了较大的扩张机会,否则行业格局将保持稳定,因此专利申请的意义将降低。这意味着在 21 世纪第一个 10 年里低轨卫星通信技术处于一个缓慢发展阶段。

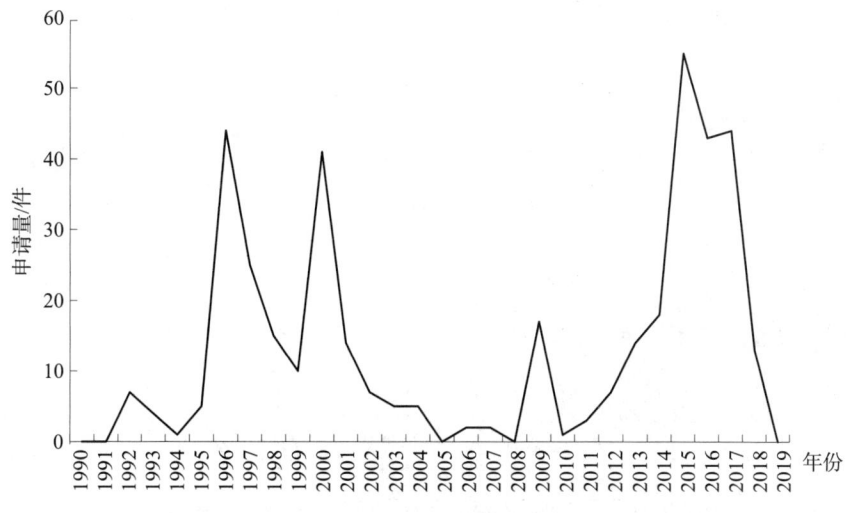

图 6-3-1　国外其他主要申请人低轨卫星通信领域专利申请趋势

如图 6-3-2 所示,结合 5 位主要申请人的专利申请总体趋势和单独申请趋势可知,Globalstar 专注在卫星通信领域;技术储备与第一轮低轨卫星热潮同步,此后研发投入逐步减少;Hughes、Space Systems 都参与了第一轮和第二轮商业化热潮,与 Globalstar 发展趋势明显不同;Thales 技术发展起步晚,重点关注卫星制造;WorldVu 作为新兴企业,发展迅猛,专注低轨卫星通信。

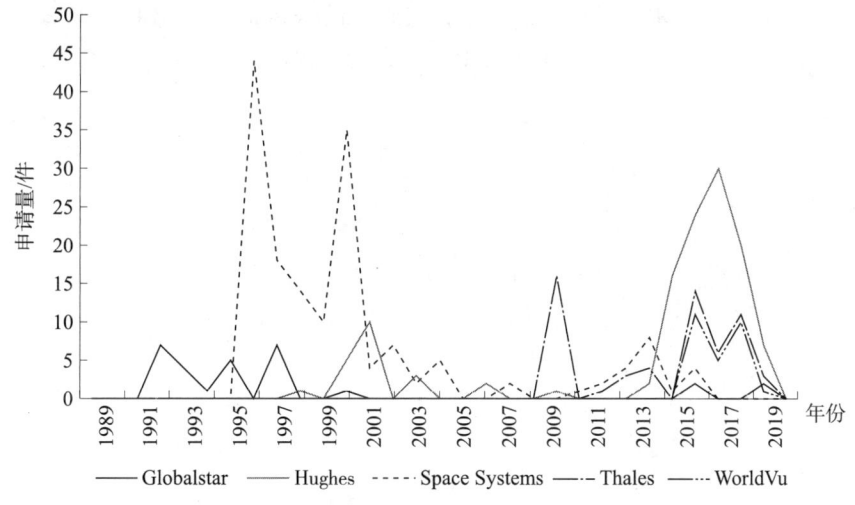

图 6-3-2　低轨卫星通信领域 5 位主要申请人专利申请趋势

如图 6-3-3 所示,结合 5 位主要申请人的区域分布可知,Globalstar 虽然没能发展成全球化的商业卫星通信服务机构,但其视野始终是全球化的,在欧洲专利分布最多,其次是中国、美国、加拿大、日本等;Hughes、Space Systems、Thales 专利布局放弃中国市场,集中在美国和欧洲,其他还包括日本、墨西哥、俄罗斯等;Thales 技术发展起步晚,重点关注卫星制造,作为法国企业集中在欧美市场;WorldVu 与空客合作,卫星研制及星座部署进展迅速,主要在美国、中国和欧洲,全球化布局也比较明显。

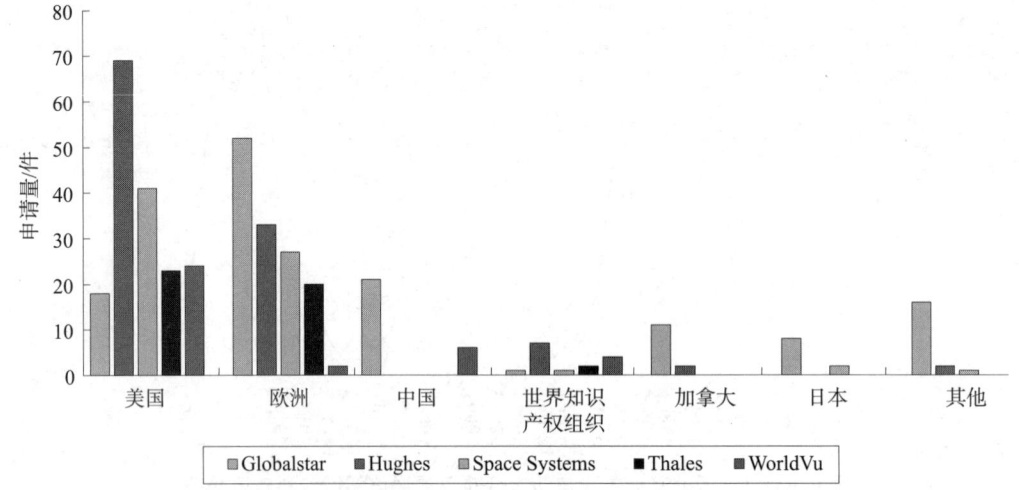

图 6-3-3　低轨卫星通信领域 5 位主要申请人专利区域分布

6.3.1.1　Globalstar

如图 6-3-4 所示,从 Globalstar 专利申请趋势中可以清晰地看到,Globalstar 的专利数量较多,但是申请量主要发生在 20 世纪末期。在 2001 年之后,Globalstar 的专利申请量大幅度下降,并没有发生提升。该趋势可以清晰地反映出,Globalstar 的技术储备是在早期低轨卫星热潮期间产生的,随着与同期的 Iridium 等企业的大规模商用化失败,Globalstar 此后的研发投入也随之减少,并且没有伴随此次新的技术热潮而兴起。

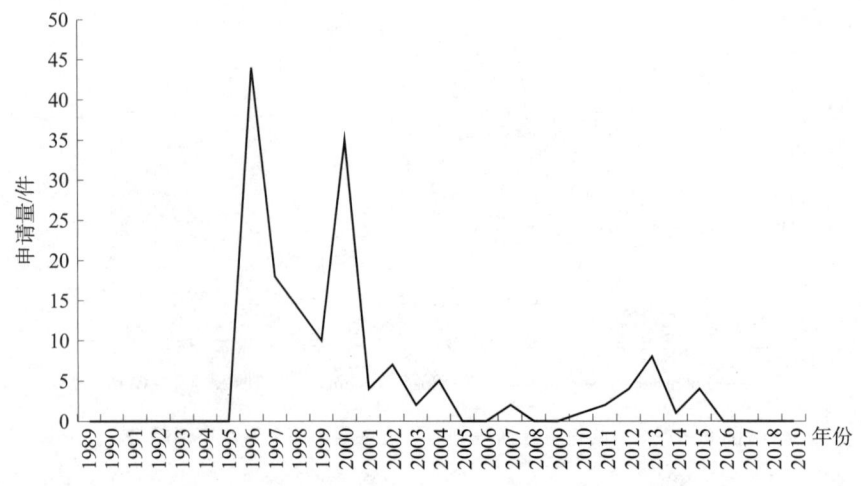

图 6-3-4　低轨卫星通信 Globalstar 专利申请趋势

如图 6-3-5 所示，从 Globalstar 的专利布局中可以看到，尽管 Globalstar 的专利申请时期较早，彼时中国市场规模仍然较小，但其仍然在中国进行了重要的布局。由此可见 Globalstar 虽然没能发展成全球化的商业卫星通信服务机构，但其视野始终是全球化的。

6.3.1.2 Hughes

从图 6-3-6 中可以看到 Hughes 专利申请趋势，在 20 世纪末，Hughes 与 Globalstar 均参与了上一轮的商业化尝试，因此在 1997~2002 年出现了一次申请高峰，此后也同样陷入一个长达 10 年的低谷。然而，Hughes 与 Globalstar 截然不同的是，在 2010 年后的这一次低轨卫星商业化过程中，Hughes 再次发起了大量的专利申请，并且超过了此前的申请量。

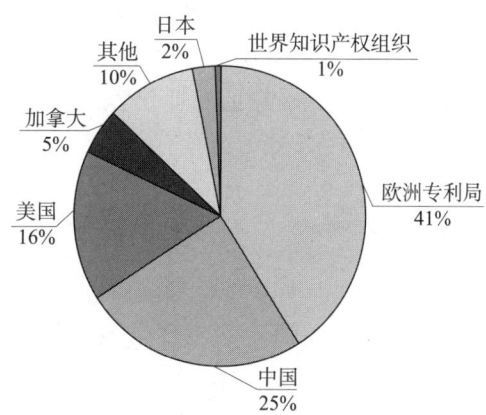

图 6-3-5　Globalstar 专利申请地域布局

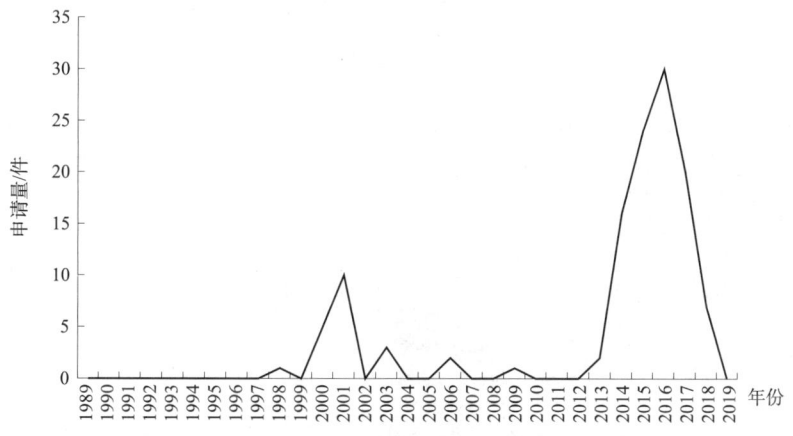

图 6-3-6　低轨卫星通信 Hughes 专利申请趋势

从图 6-3-7 中可以看到 Hughes 专利申请地域布局，Hughes 的全球化布局呈现非常独特的特征，除了在欧洲和美国进行大量专利布局以外，Hughes 的专利完全没有进入中国。可以清晰地看出，Hughes 与 Globalstar、波音不同，其在专利保护方面完全放弃了中国市场。

6.3.1.3 Space Systems

从图 6-3-8 中可以看到 Space System 专利申请趋势，Space Systems 拥有悠久的低轨

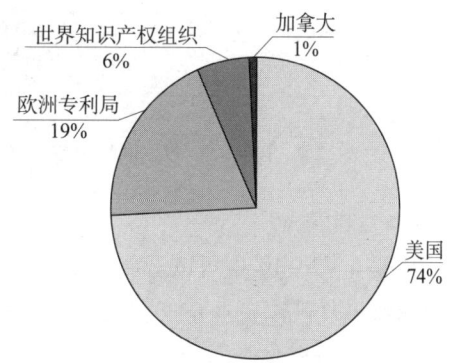

图 6-3-7　低轨卫星通信 Hughes 专利申请地域布局

卫星技术研发历史，在20世纪末的10年里，Space Systems 持续有研发活动转化成专利申请。类似的，在2000年后，Space Systems 也进入了长达10年的低谷期，期间没有任何专利产生。在这一轮的商业化尝试中，Space Systems 与其他企业同样发起了新的研发热潮，在2014年之后持续有新的申请出现，并保持高速的增长。

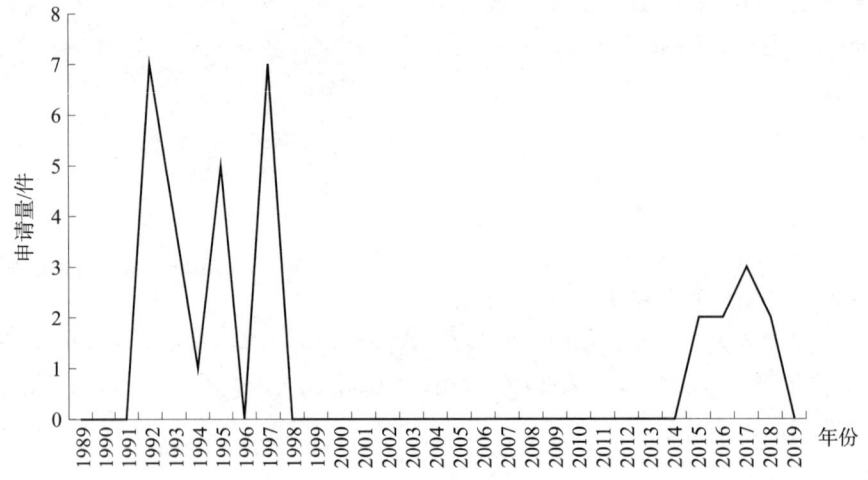

图6-3-8 低轨卫星通信 Space Systems 专利申请趋势

如图6-3-9所示，从 Space Systems 专利申请地域布局中可以看到，Space Systems 的布局集中在传统的卫星通信市场欧洲和美国。与 Hughes 的布局策略相同，Space Systems 的专利也完全没有进入中国。

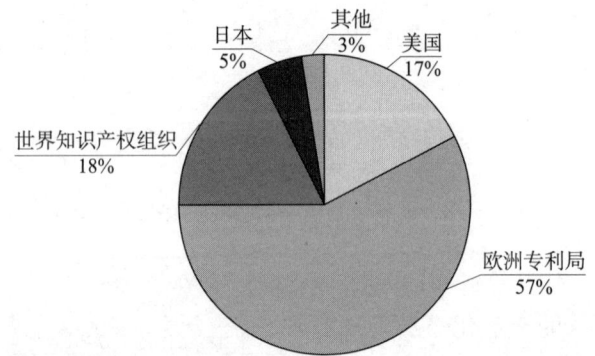

图6-3-9 低轨卫星通信 Space Systems 专利申请地域布局

6.3.1.4 Thales

从图6-3-10中可以看到 Thales 专利申请趋势，Thales 加入低轨卫星技术研发的时间相较另外几家企业是比较晚的，其专利并没有出现在20世纪末的热潮中。这可能由于 Thales 虽然有悠久的航空航天历史，但 Thales 并不是专注在卫星通信尤其是低轨卫星通信技术领域。

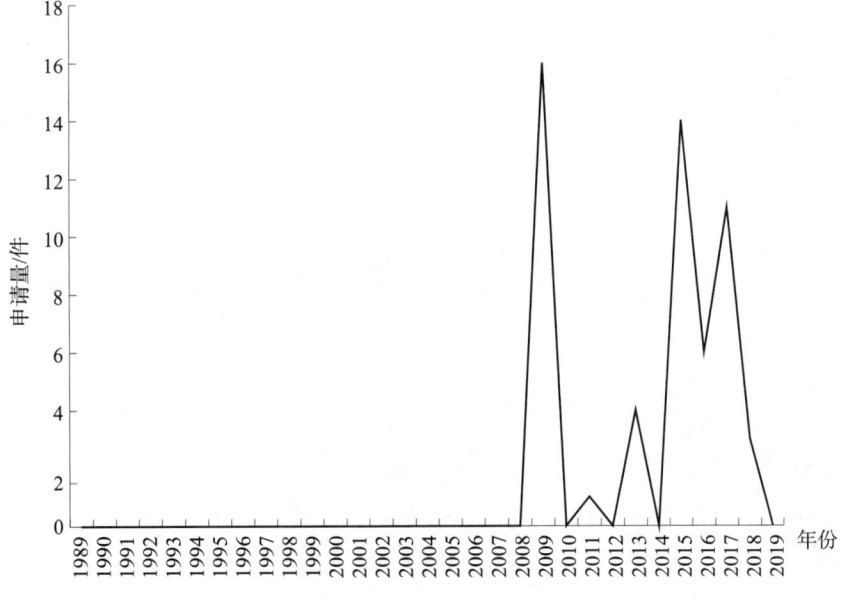

图 6-3-10 低轨卫星通信 Thales 专利申请趋势

如图 6-3-11 所示，Thales 专利基本集中在欧洲和美国，其他区域没有相关的专利申请。该分布与 Thales 作为法国企业的现状相吻合，其主要市场集中在比较一体化的欧美市场。

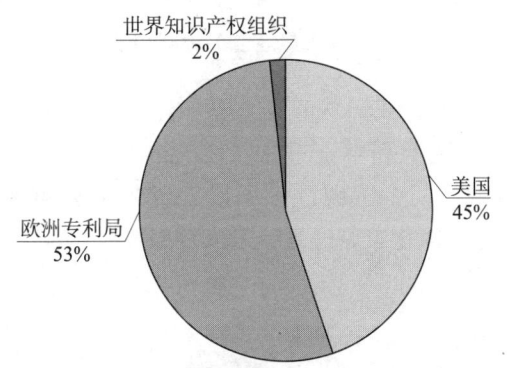

图 6-3-11 低轨卫星通信 Thales 专利申请地域布局

6.3.1.5 OneWeb-WorldVu

一网公司（OneWeb）是一家美国初创公司，旨在利用大规模低轨卫星星座提供全球宽带通信服务。2014 年 5 月，获得频谱许可并已公布发展计划。以 WorldVu 公司的名义获得原 SkyBridge 公司申请的 Ku 频段全球卫星频率使用权，该公司公布在低轨轨道部署数百颗宽带通信小卫星星座计划。

2015 年 6 月，该公司签署卫星研制与发射合同，与 Airbus Defence and Space（空客防务与航天）公司合作开展卫星的研制工作。2016 年 6 月，签署卫星分系统研制合同，对加拿大 MDA 公司（MacDonald Dettwiler and Associates Ltd.）、法国 Sodern 公司以及英国 Teledyne Defence 公司作为天线分系统、星敏感器以及转发器分系统的承包商，稳步推进卫星的研制工作。

从图 6-3-12 来看，WorldVu 的专利也体现了其是一家行业内新进的玩家。其专利申请趋势在这一轮研发热潮中起步略微较晚，2015 年才开始有相关的专利申请，并且在其后的数年内申请量有一定程度的下降。作为一家新兴的企业，其申请量在短时间内达到了与其他几家国外主要申请人相同的数量级别，可见 WorldVu 具有非常强的技术实力并且在行业内具有独特的优势。

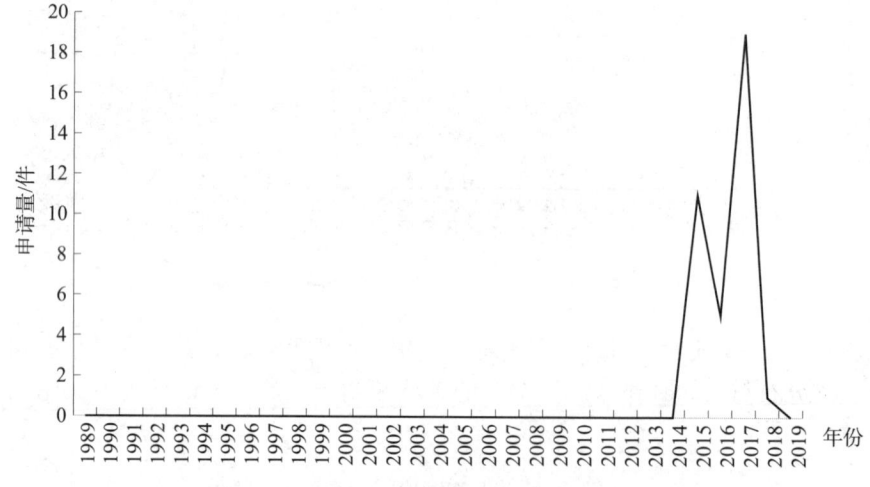

图 6-3-12　低轨卫星通信 WorldVu 专利申请趋势

从图 6-3-13 可以看到，WorldVu 不仅是一家非常激进的新创企业，而且其具有非常全球化的布局目标，其专利申请进入了美国、中国、欧洲三大主要市场。由于 WorldVu 的专利申请较晚，其中国或欧洲同族专利的公开可能尚不充分，可以理解 WorldVu 的专利技术具有全球化布局计划，未来可以预见 WorldVu 将继续将其专利布局到几个主要市场。

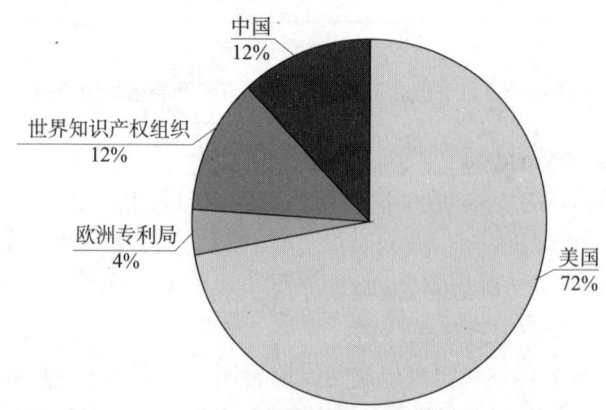

图 6-3-13　低轨卫星通信 WorldVu 专利申请地域布局

6.3.1.6 小　　结

通过本小节的基本趋势分析，我们可以将行业内除波音外的5位主要申请人的基本信息进行汇总，具体如表6-3-1所示。

表6-3-1　低轨卫星通信国外5位主要申请人专利分布对比

企业	是否为新进企业	研发历史	当前是否活跃	布局区域
Globalstar	否	始于1996年	否	中、美、欧、日
Hughes	否	始于1998年	是	欧、美
Space Systems	否	始于1992年	是	欧、美
Thales	否	始于2003年	否	欧、美
WorldVu	是	始于2015年	是	中、美、欧

6.3.2　布局策略和关键专利技术分析

6.3.2.1　星载天线

如图6-3-14所示，在星载天线方面，可以见到两次研发周期内主要申请人均有所涉及，这也意味着低轨卫星星载天线是一个需要持续解决的技术问题。其中，Globalstar在1996年申请了5件专利，成为最高的纪录。在2010年后的研发周期内，各家企业开始逐步出现一些申请，并保持平稳。值得注意的是，WorldVu尚且没有出现星载天线相关的专利。

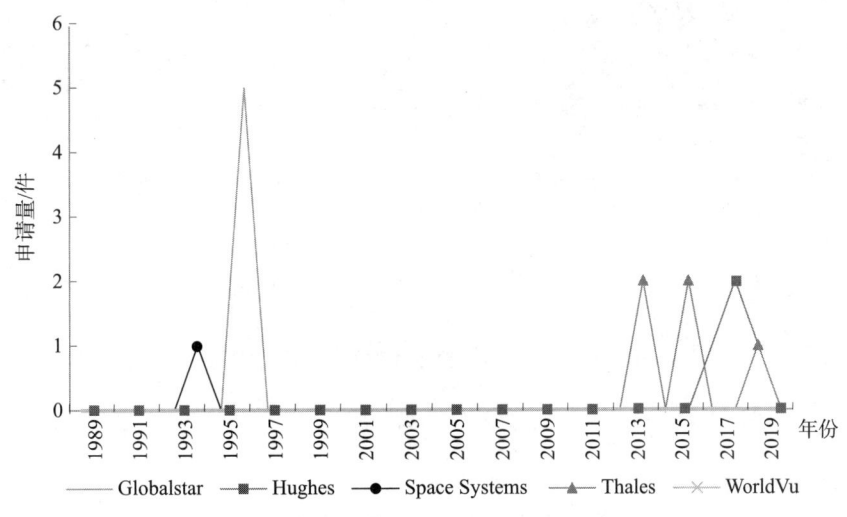

图6-3-14　其他主要申请人星载天线全球专利申请趋势

目前，有两代Globalstar卫星在轨运行，其中第一代卫星由劳拉空间系统公司（SS/L）和高通的合资公司负责建设。采用LS-400平台，星体为六面体箱型结构，其中2007年发射的8颗卫星由劳拉和TAS公司合作，涉及C波段喇叭天线，S波段有源相控阵天线、91个辐射元、形成16个点波束，L波段有源相控阵天线、61个辐射元、形成16个点波束。1991年中期，Globalstar向美国联邦通信委员会（FCC）提出了运营许可申请。FCC对该系统及相关应用的协调工作从1992年一直持续到1994年。1995年1月，Globalstar系统获得了运营许可，2000年5月其开始在中国地区提供服务。在2007年，由于全球星星体部件出现问题，所有全球星卫星无法提供语音业务，因此，全球星公司暂时关闭了语音业务，只提供短数据包业务，随后谋求第二代全球星的开发。到2012年，随着补网卫星的发射，全球星的话音业务恢复运行。

第二代Globalstar卫星由欧洲泰雷兹阿莱尼亚航天公司（Thales Alenia Space，TAS）研制，星座构型未变。

劳拉高通（Loral qualcomm satellite services，inc.）于1994年8月23日通过专利权利转移受让了申请号为US08/294633的专利（发明名称为"Antenna for multipath satellite communication links"）。该专利提出了一种多径卫星通信系统的天线系统，在前向链路（网关到用户）和反向链路（用户到网关）上都可以降低卫星功率，提供的附加增益还能相应降低用户终端发射机输出功率（见图6-3-15）。值得注意的是，该专利1995年同时在英国、加拿大、美国、日本、中国、韩国、巴西、芬兰、印度尼西亚、菲律宾、俄罗斯、新加坡、南非等多个国家和地区进行了同族专利保护。

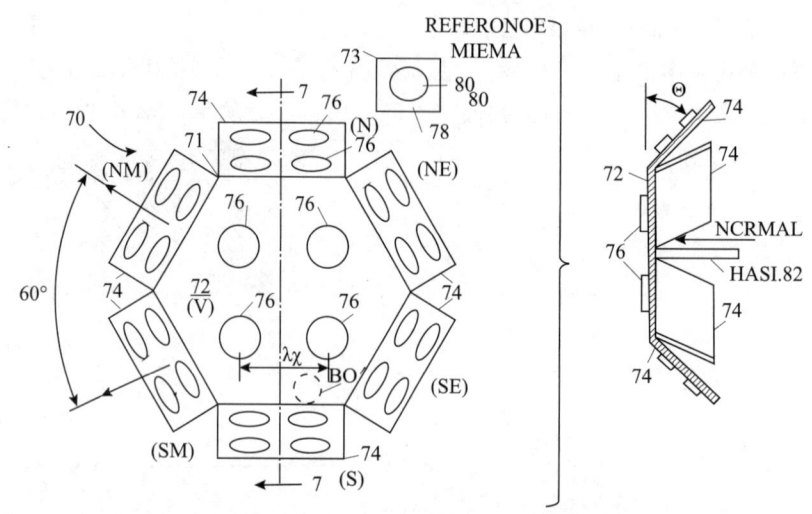

图6-3-15　多径卫星通信系统的天线系统

该专利（US08/294633）于1995年8月转让给Globalstar公司；2007年12月17日转让给赛默基金有限责任公司（Thermo funding company llc）。

在2017年，Hughes申请了专利技术US20180192298A1。该方案是一种星载相控阵雷达的指向控制方法。虽然相控阵雷达的精准指向控制在地面站侧属于成熟技术，但是卫星侧在未来可能也需要装配具有更精准的相控阵天线。该专利的启示在于，星载天线的一个重要发展趋势在于将各种成熟的技术适配到有限的星载设备之中。就具体方案而言，US20180192298A1说明书附图如图6-3-16所示。该专利利用了雷达领域成熟的差分检测的方法,来获得天线指向的误差角度。

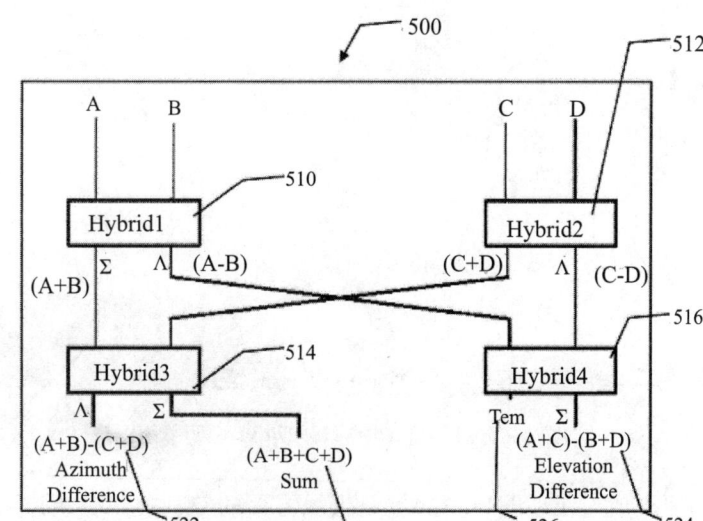

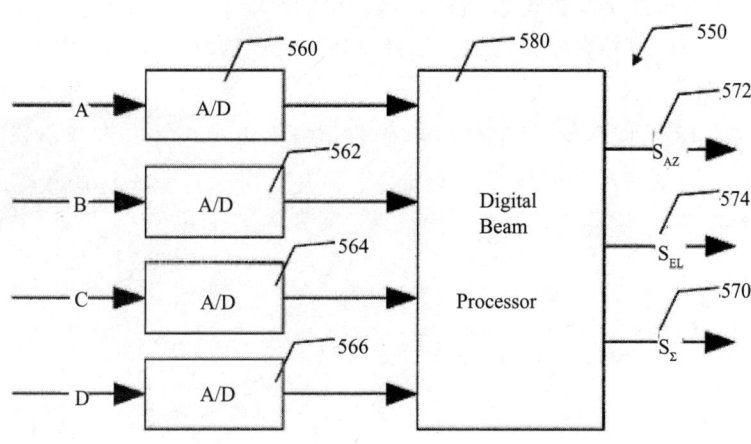

图 6-3-16 US20180192298A1 说明书附图

在 2018 年,Space Systems 申请了专利技术 US20180288374A1。在该方案中,低轨卫星的一组定向天线实现了复用的功能。如图 6-3-17 所示,在一个周期内,该定向天线指向地球某个区域,在第二个周期内,该定向天线可以被控制指向另外一颗低轨卫星。该方案具有代表性之处在于,星间通信将是大规模星座建成之后必要的技术方案,而传统方法依靠激光通信来实现该目的,并没有考虑将星载天线用于星间通信。而该方案创造性地复用了星载天线。

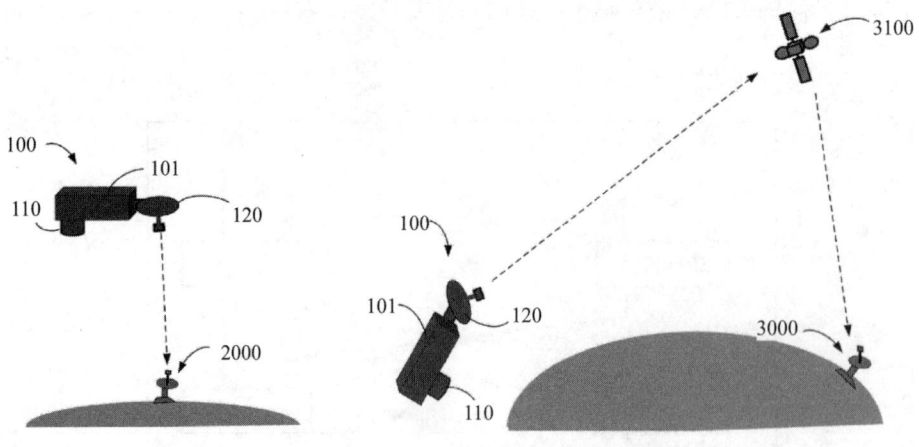

图 6-3-17　US20180288374A1 说明书附图

通过对主要申请人在近期申请的星载天线方面的专利技术分析，可以得到非常具有指导性的结论：相比上一次研发周期的技术，集成电路和信号处理技术的进步使得过去在卫星侧无法使用的复杂技术逐渐变为可能。鉴于本章所涉及的主要申请人在相关技术领域拥有深厚的沉淀，可以预料到这些企业将会在未来快速布局大量基础技术专利。相关机构应尽早展开研发规划，提升自身技术竞争力。

6.3.2.2　转发器

从图 6-3-18 可以看到，WorldVu 在转发器方面没有相关的专利，其他几位主要申请人均参与了至少一次研发周期内的研发，其中，Space Systems 在两次研发周期内

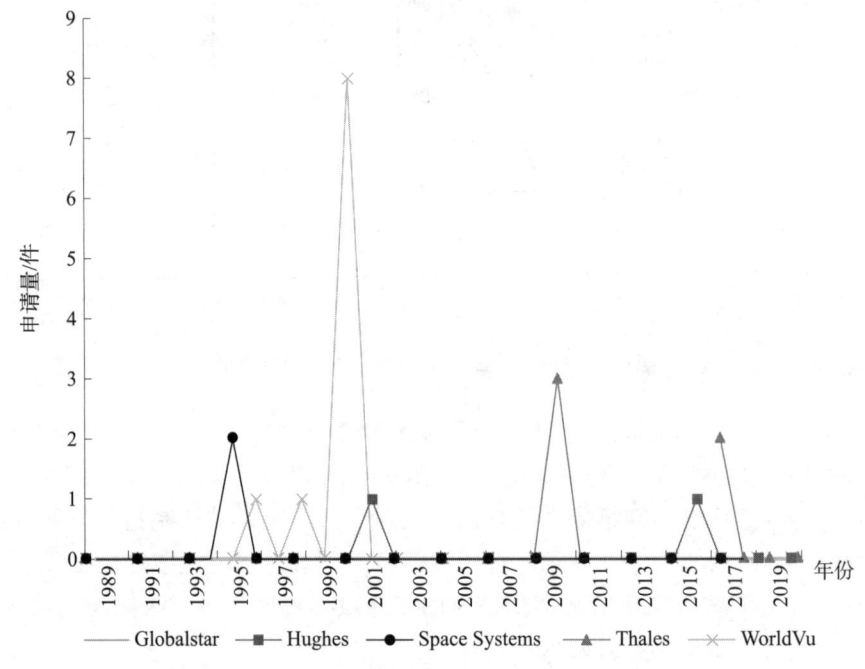

图 6-3-18　其他主要申请人转发器全球专利申请趋势

均有转发器相关专利产生。Globalstar 虽然在上一轮研发周期内比较活跃，但近期没有新的相关专利产出。Thales 仅在此轮研发周期内有专利产生。

Globalstar 在 1996 年申请了专利技术 CN1140942A，其使用了多个卫星转发器实现了分集发送的功能。如图 6-3-19 所示，该技术并不是关于转发器本身的技术方案，而是如何利用转发器，尤其是在具有多个卫星资源的情况下利用卫星转发功能的方法。虽然该专利已经撤回，但在未来可以预见的大规模星座场景下，如何利用转发器的功能可能会涌现出不同的方案。

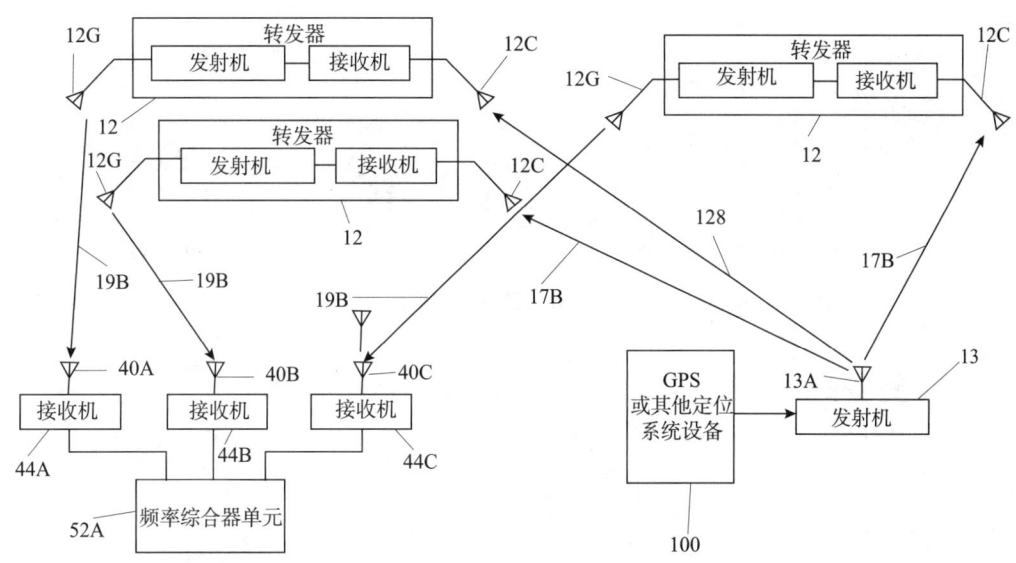

图 6-3-19 CN1140942A 说明书附图

在转发器方面，随着星载处理能力的增强，传统透明转发器将逐步被基于数字信号处理的收发机替代，进而基于更复杂的接收和发送流程，不同类型的转发器应用可能被研发出来，该专利作为一个早期的尝试提供了参考价值。

6.3.2.3 卫星姿态控制

如图 6-3-20 所示，从其他主要申请人专利申请趋势可以看出，只有 Globalstar 和 Hughes 在上一轮的研发周期内有卫星姿态控制相关的技术。在新一轮研发周期内，包括 WorldVu 在内的所有主要申请人均在卫星姿态控制领域有所布局。从需求方面，大规模、小型化、集成化的卫星星座建设必然对卫星姿态控制提出新的挑战，因此此轮研发周期是由全新需求驱动的。SpaceX 的氪离子电推发动机技术的工程应用也印证了这个新趋势。

Globalstar 在 1997 年申请了 EP0785132A1 所述技术的专利。该方法是一个传统的三维姿态控制方法，如图 6-3-21 所示，该专利技术公开了一个关于测量姿态并生成姿态控制信号的方法。

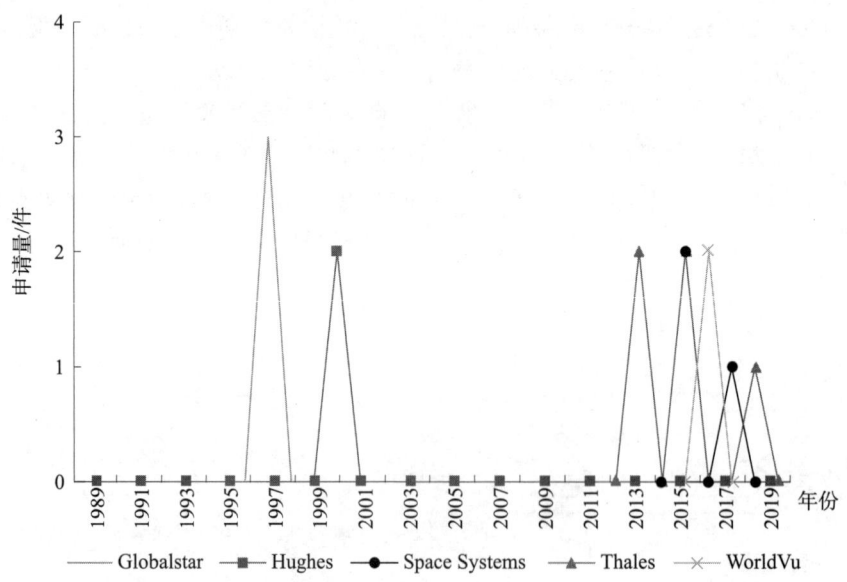

图 6-3-20　其他主要申请人卫星姿态控制全球专利申请趋势

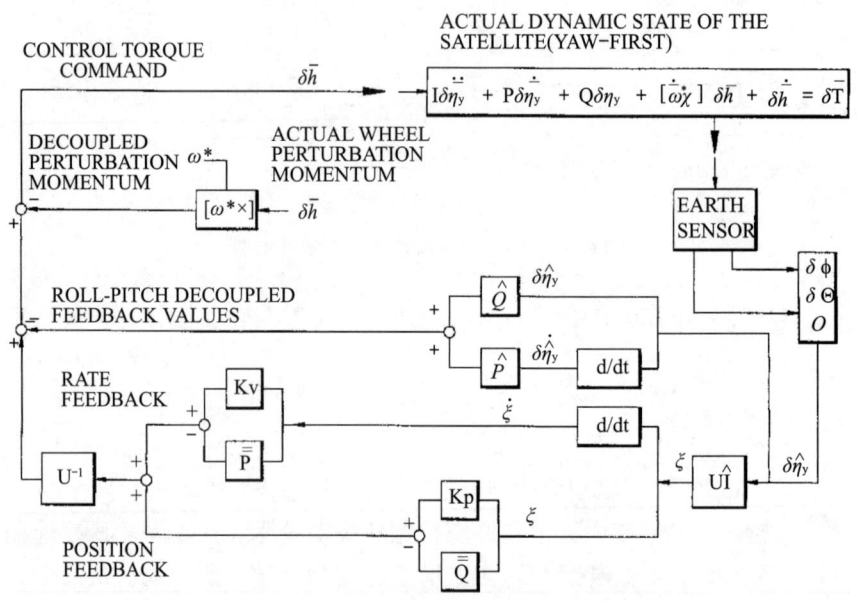

图 6-3-21　EP0785132A1 说明书附图

2015 年，Space Systems 在 US20160244189A1 中提出了一种无工质的姿态控制方法。如图 6-3-22 和图 6-3-23 所示，该方法利用了控制平面（103）与大气层分子之间的相互作用，实现了卫星姿态的控制。该方法对未来的低轨卫星具有非常好的启示，出于经济性的考虑，低轨卫星要尽可能地延长服务寿命，而利用推进剂的姿态控制方法则意味着高昂的成本和有限的姿态控制能力。因此，该专利给出的启示在于，低轨卫星星座的大规模化预期可能带来新的姿态控制技术。

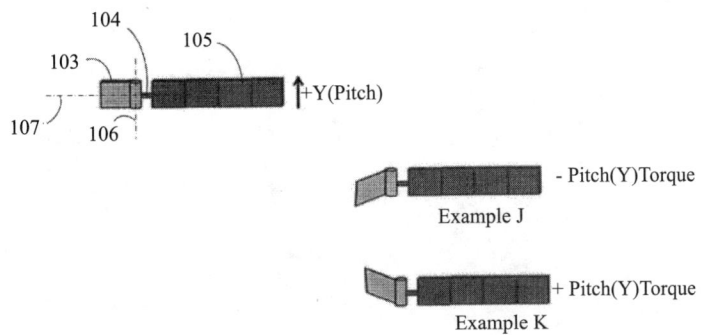

图 6-3-22 US20160244189A1 说明书附图1

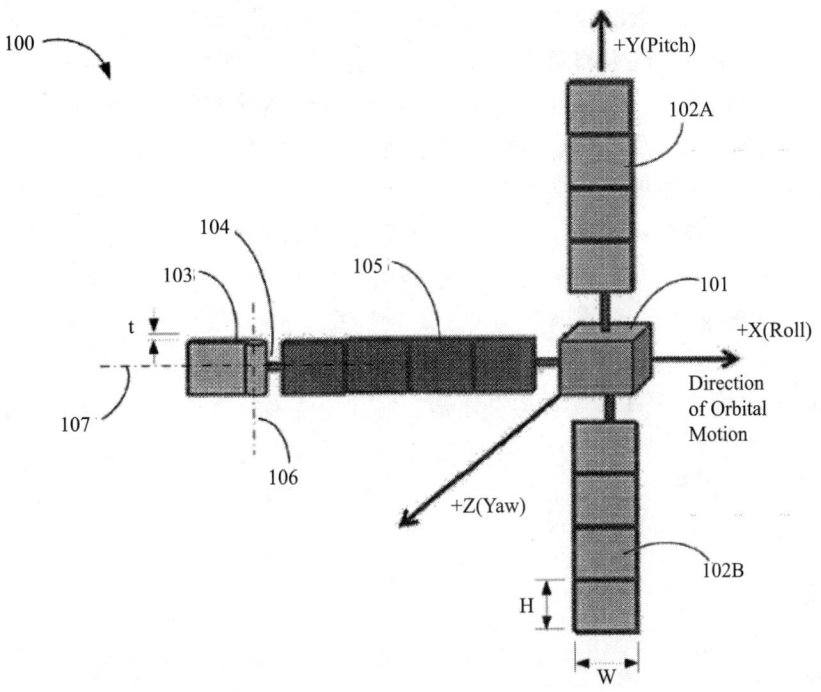

图 6-3-23 US20160244189A1 说明书附图2

类似的，Thales 在 2018 年申请了一种基于激光烧蚀的新型姿态控制技术（US20180222604A1）。该方法也没有使用传统推进剂的方式来实现姿态控制，而是使用激光烧蚀导致的物质喷射产生的反作用力来实现姿态控制。如图 6-3-24 所示，烧蚀目标（3）与航天器通过连接器（4）连接，因此在激光照射而产生的物质喷射时，会相应地产生所需的推力。

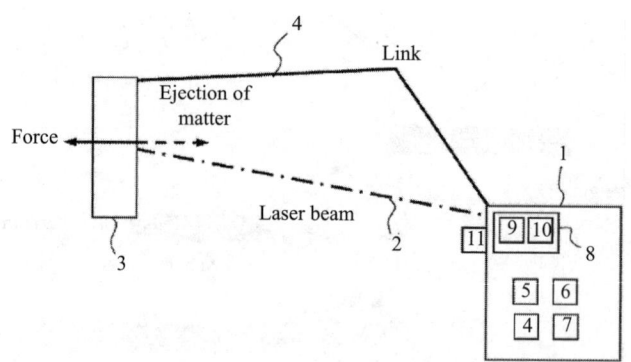

图 6-3-24　US20180222604A1 说明书附图

从以上多个典型专利可以看出，卫星姿态控制技术发生了较大的转变，从最初的传统姿态控制问题，到近期探索非传统的方法，背后的驱动力并不是技术本身的性能或可行性，而是来自于成本和商业化应用方面的因素。此外，尽管没有发现相关专利，但近期行业内测试的 Air-Breathing Electric Thruster 创造性地利用了低轨轨道内的气体分子，并通过离子化以及电推加速的方式实现了姿态控制，这种概念与上述多个技术背后均体现出了相同的理念。从本节主要申请人的技术看到，对使用创新性方法为自身带来差异化的优势是其共识，例如上述新型的姿态控制方法，如果能够具备更长的运行周期，则意味着自身产品在成本方面将具有更大优势。

6.3.2.4　星间链路

如图 6-3-25 所示，在星间链路技术方面，主要申请人均没有较多的布局，只有 Space Systems 仅在 2016 年有一件专利申请。在其他技术分支里，本节的主要申请人均具有领先的专利储备，相比而言，在星间链路方面的稀缺性特征较为明显，与大部分

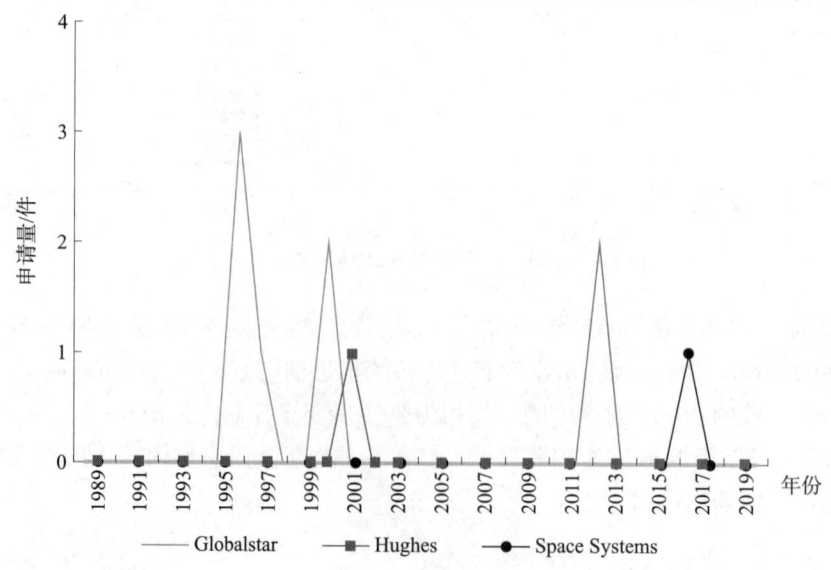

图 6-3-25　其他主要申请人星间链路全球专利申请趋势

低轨星座星间不存在星间直接切换的建设需求有关。

6.3.2.5　组网构型

如图 6-3-26 所示，在组网构型方面，WorldVu 和 Thales 都是新晋企业，而且随着各家机构规划的星座开始进入实际建设阶段，相关专利技术正在快速发展。Globalstar 和 Hughes 在上一轮研发周期中已经探索了组网构型相关方案，并且在近年也再次启动了相关研究。但整体上组网构型本身属于一次性工作，因此反映在数据上相关专利较少，未来可能也不会出现爆发性增长。

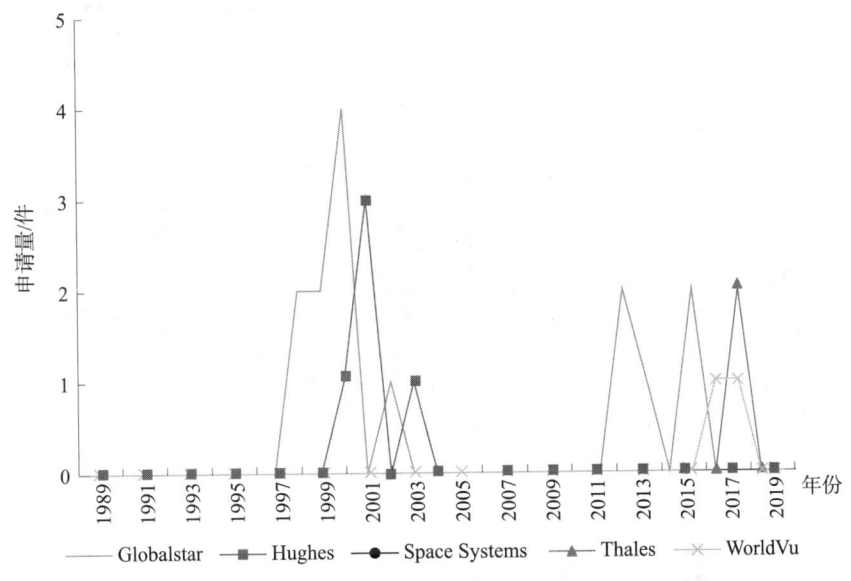

图 6-3-26　其他主要申请人组网构型全球专利申请趋势

2017 年，WorldVu 申请了一项具有代表性的专利 US20180022474A1。如图 6-3-27 所示，该方案提供了一种新型卫星组网构型，其代表性在于其技术方案较为新颖，权利要求特征也比较简洁：低轨卫星星座的不同轨道高度不同。不同卫星轨道之间相对的高度差距可以避免卫星碎片带来卫星之间的碰撞。虽然传统的同高度、同离心率轨道设计简单，相同的高度意味着大量卫星均满足相同的集合，并且所受扰动也一致，但考虑到大规模星座部署中的现实问题，例如卫星碎片问题，则可能需要引入更为复杂的组网构型。该方案的启示在于，建设一个商用化大规模星座可能需要引入违反传统设计原则的方案，并且这些方案很可能成为未来行业内的核心壁垒型专利，对其他竞争对手带来"卡脖子"的效果。

6.3.2.6　空间网络技术

如图 6-3-28 所示，在空间网络技术方面，本节主要申请人的专利数量非常少，只有 Globalstar 一家在 2000 年申请了 3 项专利。本节主要申请人在空间网络技术的趋势与上述星间链路的趋势是吻合的，因为星间链路技术是构建空间网络的底层构件。结合星间链路的数据，一种推测性结论是国外其他申请人暂时不认为构建星间通信网络是短期内需要重点关注的方向。

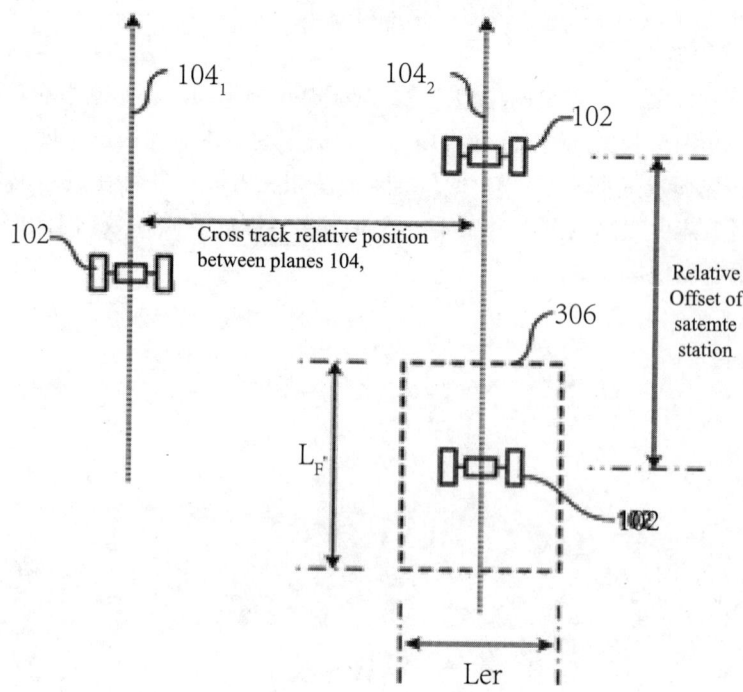

图6-3-27　US20180022474A1 说明书附图

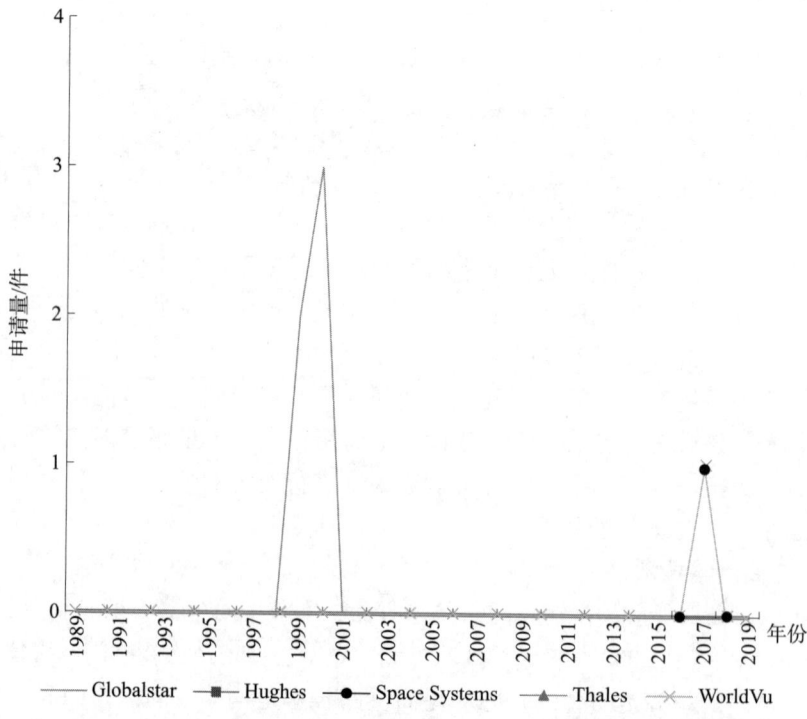

图6-3-28　其他主要申请人空间网络技术全球专利申请趋势

6.3.2.7 调制编码

如图 6-3-29 所示，在调制编码技术上本节主要申请人的专利数量非常少，基本不具备趋势分析的基础，只有 Hughes 在 2016 年有 1 件申请。这可能是由于调制编码在通信技术领域已经发展非常成熟，QAM 调制、OFDM 多载波、自适应调制编码（AMC）等技术均在过去被广泛研究和部署，因此该方向可能不具备较大的创新空间。

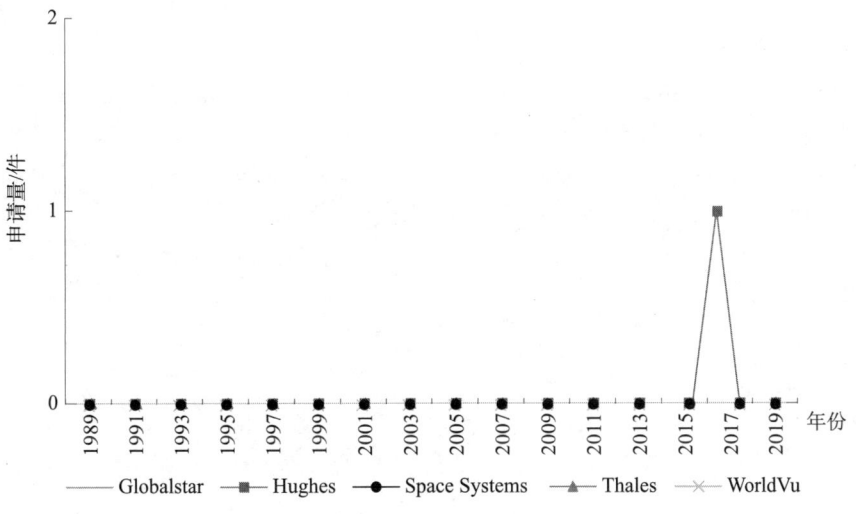

图 6-3-29　其他主要申请人调制编码全球专利申请趋势

Hughes 于 2016 年申请的专利 US20180167133A1 具有较强的代表性。如图 6-3-30 所示，该方案是一种自适应调制编码的方法（Adaptive Coding and Modulation）。该专利

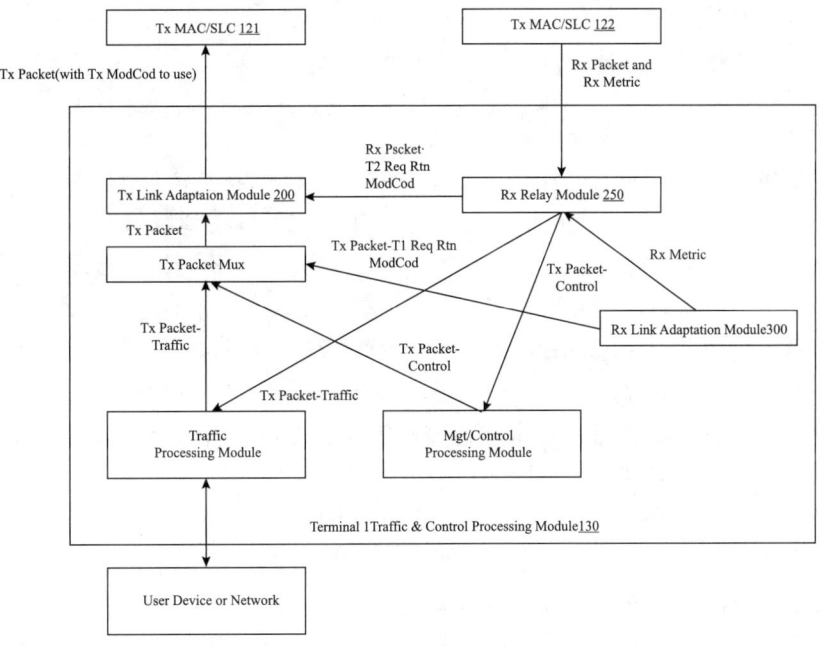

图 6-3-30　US20180167133A1 说明书附图

在卫星通信系统中引入了自适应调制编码的方法。在通信技术中，自适应调制编码虽然能够利用信道信息，在衰落信道下提供更好的系统容量，但是需要复杂的信道估计、反馈以及调制编码计算过程，这可能也是在过去星上处理能力受限情况下没有大规模应用的原因。该专利的启示在于，随着预期星载处理能力的提升，整个行业也面临一个模式的转变，更多先进的通信技术将逐步被应用到卫星一侧，而这些技术的应用将转化为这些企业产品的核心竞争力。

6.3.2.8 干扰规避技术

如图6-3-31所示，在干扰规避方面，显而易见的是，随着星座建设的推进，干扰问题将会越发严重，因此该领域可能是一个需要持续关注的方向。在大部分技术分支内，Globalstar在本轮研发周期内均没有积极的活动，但在干扰规避方面则呈现相反的态势。Globalstar一直在干扰规避技术方面保持较高的产出。

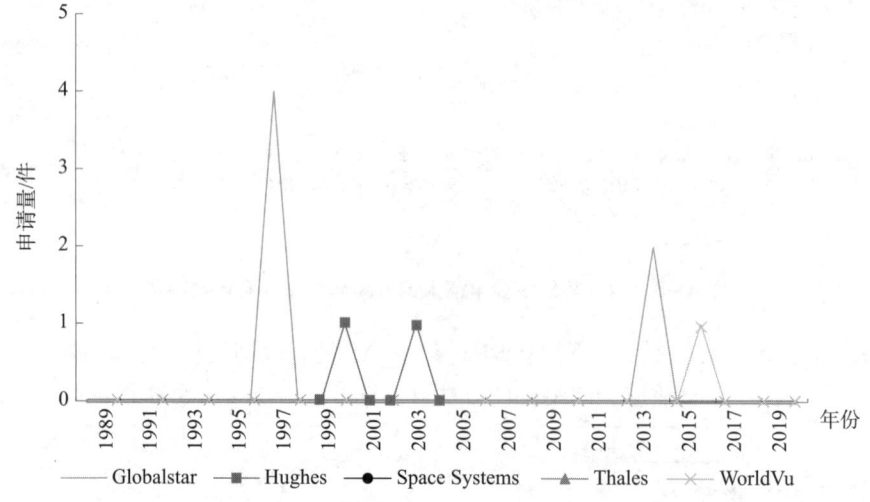

图6-3-31 其他主要申请人干扰规避技术全球专利申请趋势

早在2003年，Hughes就提出了一种在小区切换过程中规避干扰的方法，并申请了专利US20040110467A1。由此可见，对干扰管理，尤其是在利用蜂窝小区频谱资源分配情况下的干扰规避研究有悠久的历史。但是干扰管理也非关键性技术，而是优化性技术，因此对该问题的研究可能要在大规模星座初具规模后才能变得更为关键。

WorldVu在2015年申请了一项关于干扰规避的专利技术CN107210805A，如图6-3-32所示，该方案是一个利用波束控制实现共享频谱的技术方案。该方案的代表性在于，频谱资源的高效利用在传统的卫星通信技术中并不是首要考虑的问题，尤其是在一个大型星座网络下的频谱利用率。尽管在地面通信系统中各种先进的干扰规避、干扰消除方法均被广泛地研究，但是在大规模卫星星座中应用相关的技术是具有较高技术挑战的。该方法是利用了对波束模式的控制，实现了动态的干扰规避，其使用的方法还是比较简单和基础。该专利的启示在于，为了在通信服务中获得更高回报，利用更先进也更复杂的技术对企业具有较强的诱惑力，在可见的未来更先进的干扰管理方案会在卫星侧得到探索和应用。

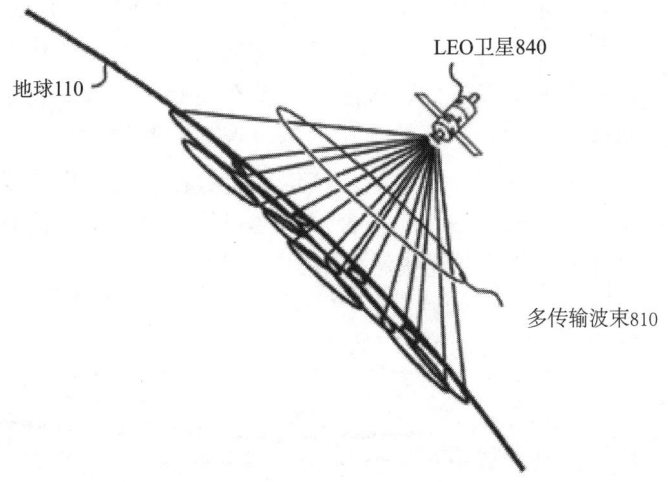

图 6-3-32　CN107210805A 说明书附图

以上专利能够给出的启示在于，与其他通信系统类似的，当低轨卫星星座密集化并且利用蜂窝技术来实现频率复用后，信号干扰将变成整个系统容量的瓶颈，此时增强的干扰规避技术将不可避免地被应用到卫星侧。而在当前阶段，是否开发或部署相应的技术则属于当前行业内领先企业自身战略的一部分。

6.3.2.9　无线资源管理

如图 6-3-33 所示，在无线资源管理方面，Globalstar 拥有较多的储备，但在此轮的研发周期内没有出现新的技术。Globalstar 的上述趋势与其干扰规避技术趋势吻合，反映了 Globalstar 在频谱资源利用和管理方面的长期沉淀。此外，Thales 和 Space Systems 拥有少量零星的申请。从整体上看，本节主要申请人对无线资源的管理方面没有特别重视。

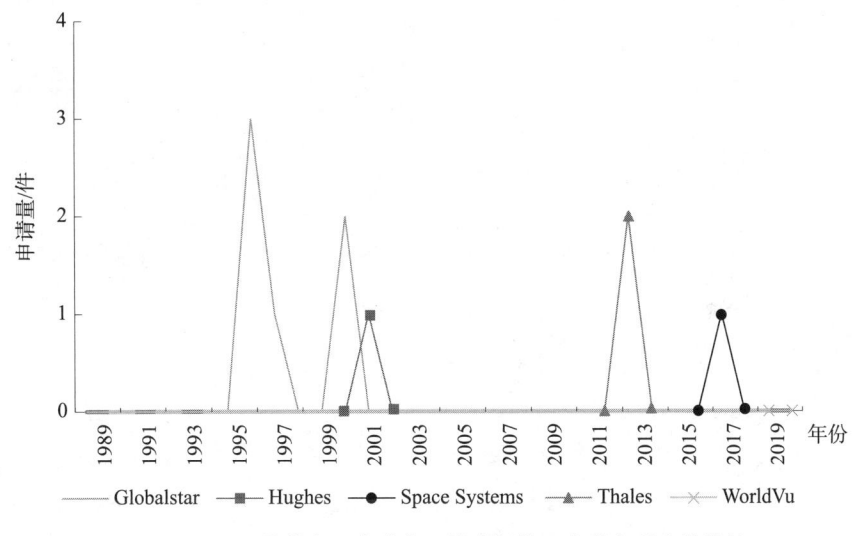

图 6-3-33　其他主要申请人无线资源管理全球专利申请趋势

Thales 于 2017 年申请了一项关于无线资源管理的专利技术 EP3209088A1。如图 6-3-34 所示，该方案的核心在于与地面蜂窝通信系统的一体化无线资源管理方法。该方案可以说是一个未来多通信系统融合的基石性专利。该专利的另一个启示在于，在此轮低轨卫星建设的过程中，精细化的资源管理，例如该专利所涉及的多层级蜂窝设计，将会取代简单的资源复用方法。这也意味着精细化利用无线资源时代的到来。结合上述无线资源技术的发展，一个合理的推测是低轨卫星通信系统利用先进的系统架构和信号处理能力来提高频谱资源效率的时代到来了。

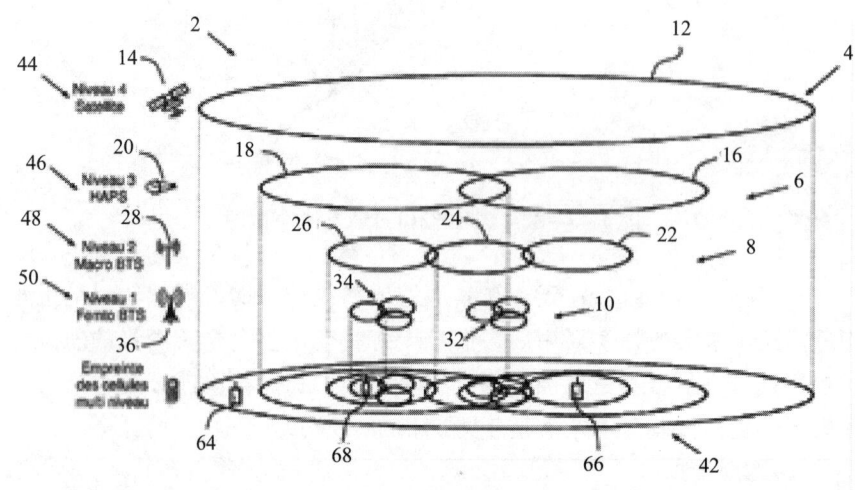

图 6-3-34　EP3209088A1 说明书附图

6.3.2.10　移动性管理

如图 6-3-35 所示，在移动性管理方面，Hughes 呈现出一家独大的特点，其不仅在过往的历史中保持一定量的申请，并且在近期重新开启了新一轮的增长。其他几位

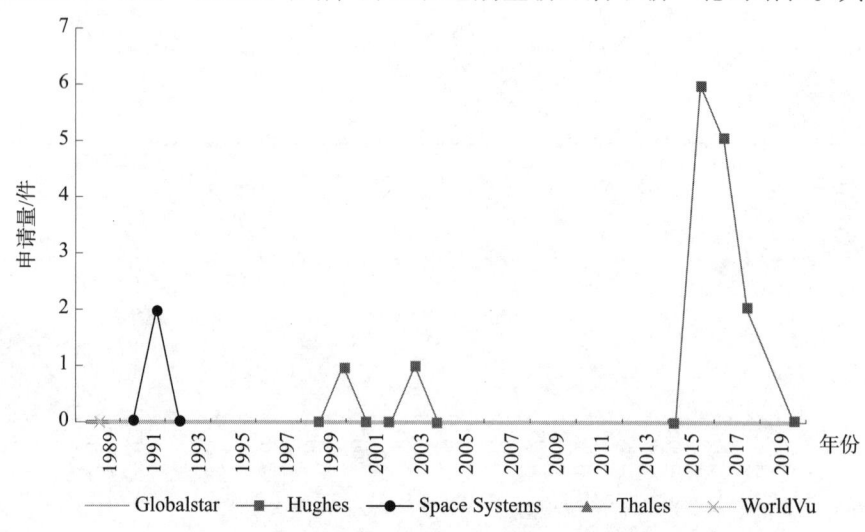

图 6-3-35　其他主要申请人移动性管理全球专利申请趋势

主要申请人则没有相应的研发活动。移动性管理和资源管理属于类似的技术方向，均是建立在大规模星座基础之上才有明显的意义，星座之间的信号干扰和空间位置关系随着卫星数量的增多而会变得越发复杂，而在初期卫星较少的情况下则易于应对，这也可能是当前阶段各主要申请人没有进行积极布局的原因。

早在1992年，Space Systems 就申请了关于卫星通信与地面通信的漫游技术。可见移动性管理是一个被长期已知的技术问题，但该技术方案解决的仅仅是异构通信系统之间的移动性问题。然而时至2015年，Hughes 就提出了小区切换的专利技术US20150271730A1。如图6-3-36所示，Hughes 的方案里已经提供了一种基于蜂窝技术的小区切换方法。以上两个典型专利提供了非常清晰的启示，移动性管理已经从保障基础漫游功能演进到以蜂窝小区为基本颗粒度的移动性管理时代。也就是说满足基础可用的移动性已经无法满足未来的需求，精细化的移动性管理技术将在低轨卫星通信系统中得到探索和部署。

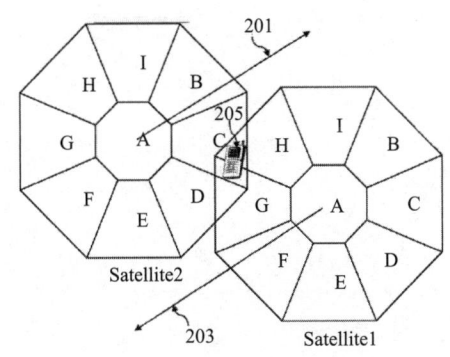

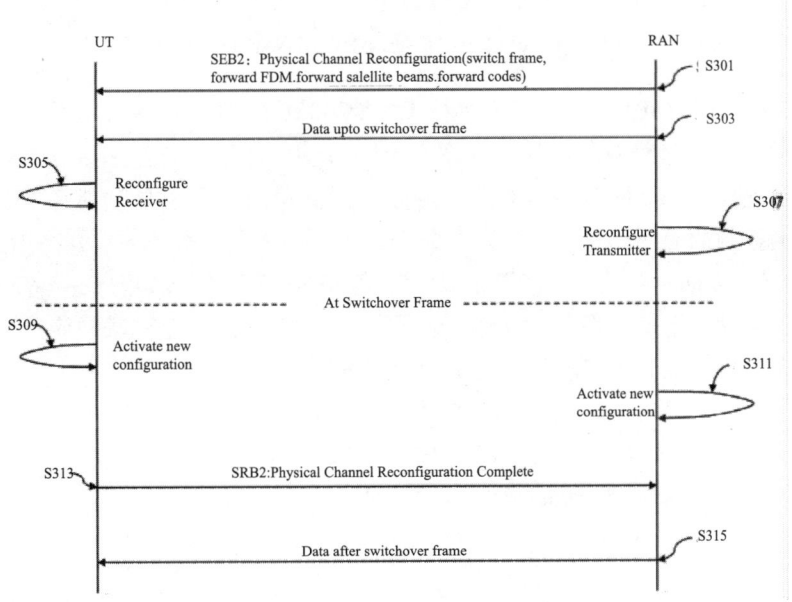

图6-3-36 US20150271730A1 说明书附图

6.3.2.11 物联网

如图6-3-37所示,在物联网应用方面,本节主要申请人的数据呈现出与其他技术分支截然不同的趋势。这主要体现在,物联网应用技术专利在本轮周期内的专利数量大幅度超过上一轮的研发周期,而其他技术分支则是相反的趋势。此外,所有主要申请人均在近年开始快速提升各自的专利申请量,这与当前的行业现状也是吻合的。物联网应用可能是初期星座建设不完整时最佳的应用场景,也就是非实时的、小数据量的业务在地面无线通信系统无法覆盖的区域率先由稀疏的低轨卫星来服务。国外其他主要申请人均具有一定量的星座基础,因此其积极展开应用相关的专利布局属于可预期的行为。

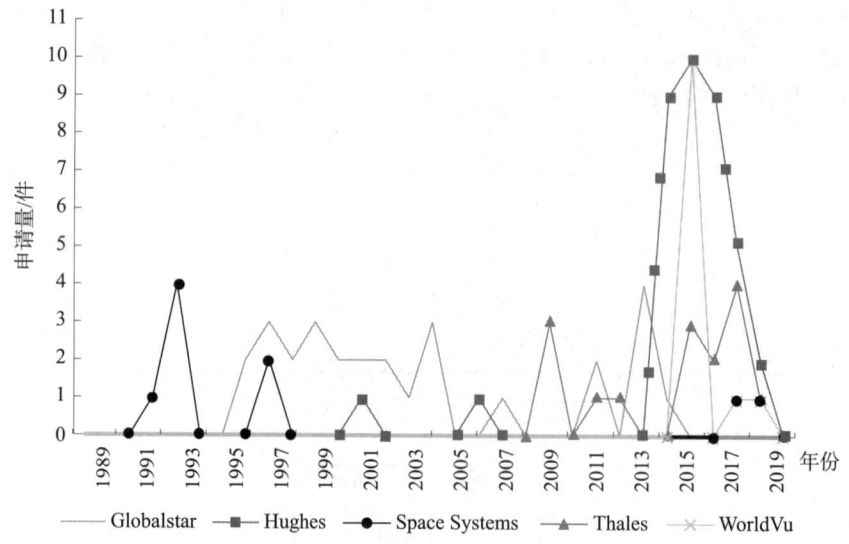

图6-3-37 其他主要申请人物联网全球专利申请趋势

早在2006年,Hughes申请了专利技术WO2006116118A1。该方案是一个通过低轨卫星实现远程物联网控制的方法。如图6-3-38所示,该方法主要是通过特定的网关,实现了远程的物联网应用。因此,可以看到低轨卫星在很早就锁定了在边远地区进行物联网控制的应用场景。

2014年,Hughes申请了一项新的技术方案EP3025439A1。如图6-3-39所示,该方法给出了一种基于低轨卫星的车辆传感网络。可以看到,在物联网应用方面,本节主要申请人一直在探索不同场景下的不同应用方法。

从以上代表性专利的分析中可以看出,物联网应用将会是一个持续被行业内重点企业高度关注的技术方向。但是该方向较为分散,需要围绕不同的场景开发的解决方案。从远程控制到车辆传感,低轨卫星行业正在瞄向更大的物联网应用市场空间。

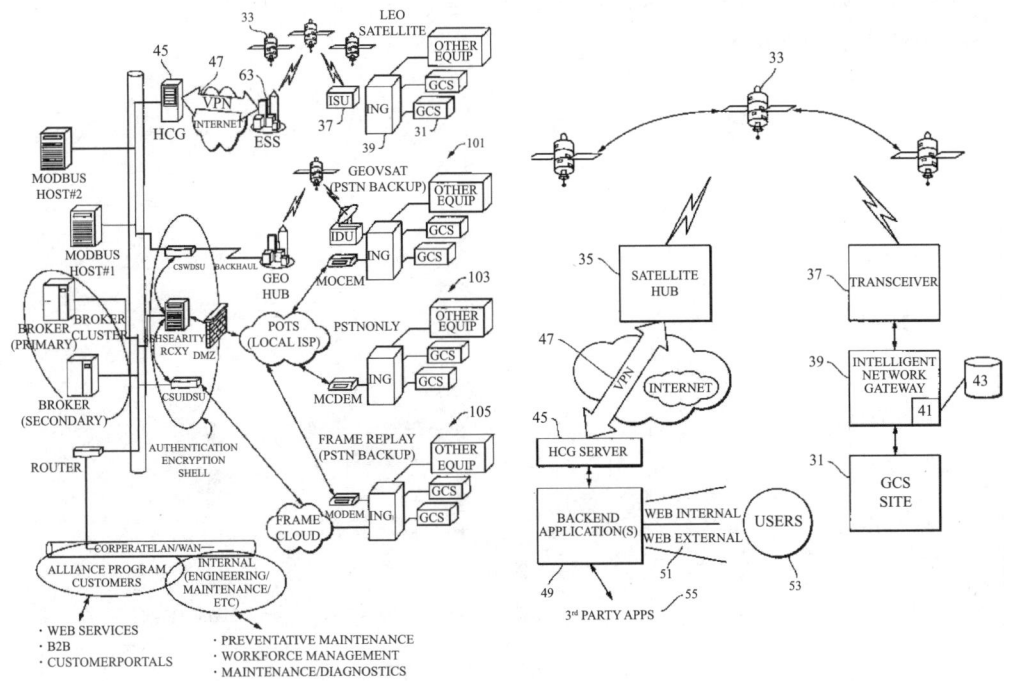

图 6-3-38　WO2006116118A1 说明书附图

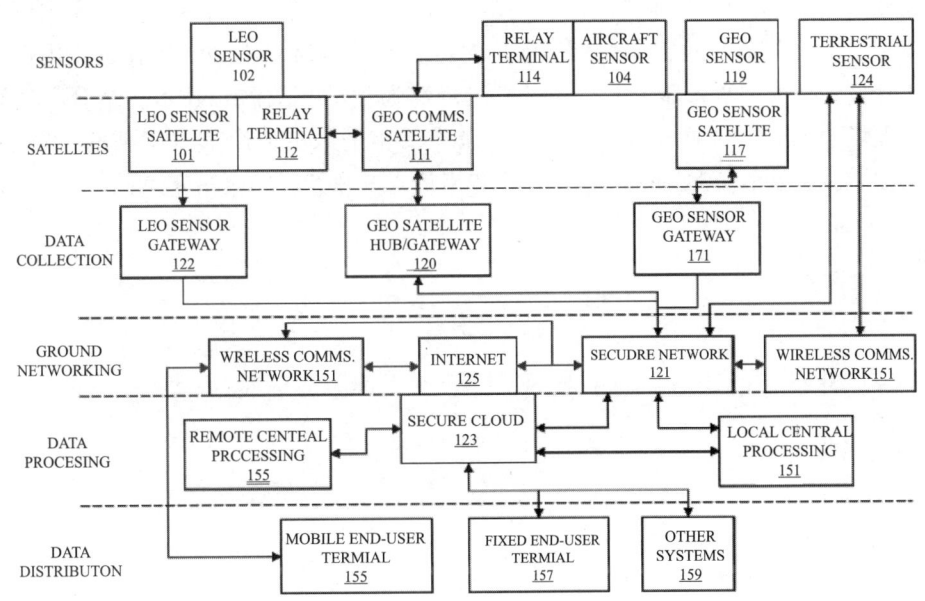

图 6-3-39　EP3025439A1 说明书附图

6.3.2.12　导航增强

如图 6-3-40 所示,相比物联网应用,国外其他主要申请人在导航增强方面的专利数量非常稀少,基本不具备趋势分析的基础。与波音不同,国外其他主要申请人均不具有航空领域的相关产业。因此可以推测，导航增强不是它们所关注的方向，未来该趋势可能不会发生较大变化。

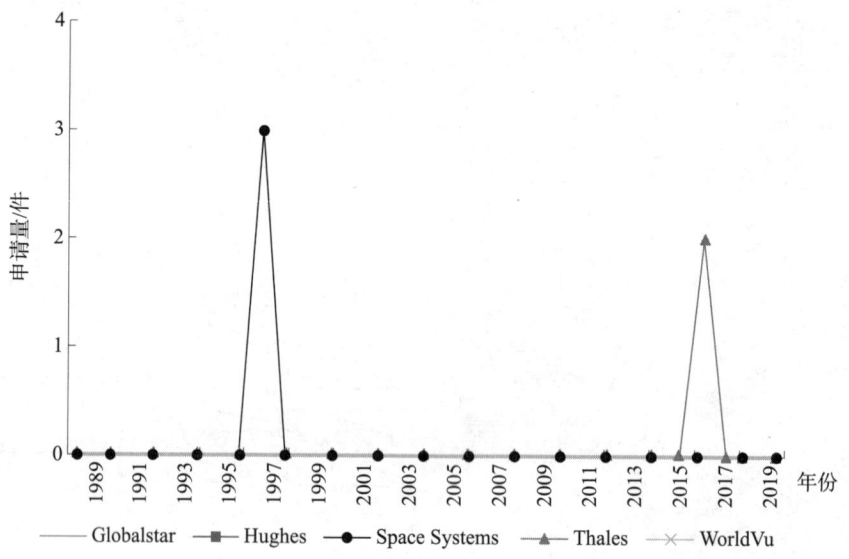

图 6-3-40　其他主要申请人导航增强全球专利申请趋势

6.3.2.13　LEO 蜂窝星地融合通信

从图 6-3-41 可以清晰地看到，与蜂窝通信的融合技术是所有其他主要申请人的关注对象。Globalstar 在两次研发周期内均保持一定的产出，Hughes 则在近年内保持较高的申请量，此外，WorldVu 也在积极布局蜂窝通信的相关融合技术。结合上述物联网、导航增强的数据，可以推测出关于本节主要申请人的一个非常清晰的战略趋势：提供用户数据交换服务是国外除波音外主要申请人一致看好的应用方向。

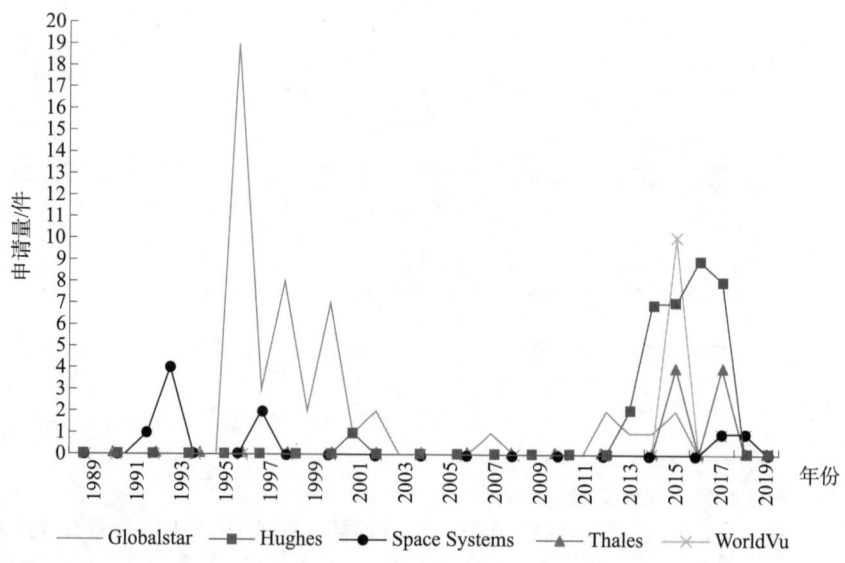

图 6-3-41　其他主要申请人 LEO 蜂窝星地融合通信全球专利申请趋势

2015年，Thales申请了一项卫星与地面星地融合通信的架构技术（US14880855）。在该方案中，如图6-3-42所示，低轨卫星（NG1）与地面网络通过网关（CDN1）完成了融合。该方案的启示在于，行业内对未来与蜂窝通信系统的融合是存在共识的，差异只在于具体实现的方式不同，也就是更具体的网关设计和接入方式不同。

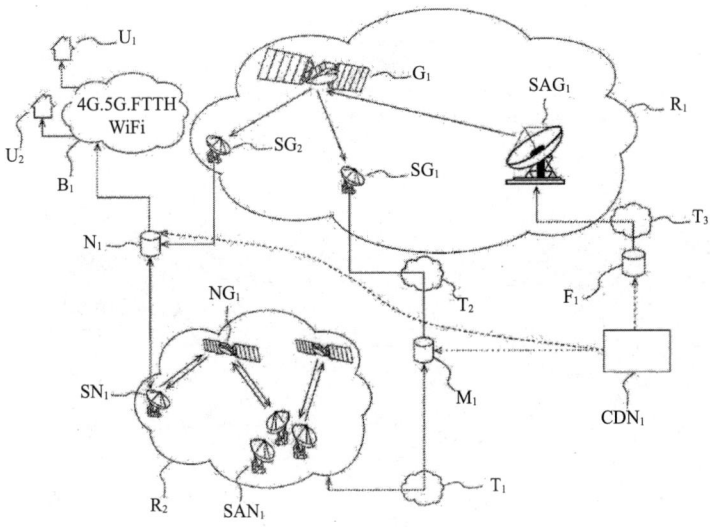

图6-3-42 US14880855说明书附图

6.3.2.14 互联网接入

如图6-3-43所示，在互联网接入方面，国外其他主要申请人所呈现的趋势与蜂窝星地融合通信技术的趋势吻合，尤其是Space Systems近年在该领域的增长非常明显。相反，Globalstar虽然在上一研发周期内有大量储备，但在此轮研发周期内活跃度较低。

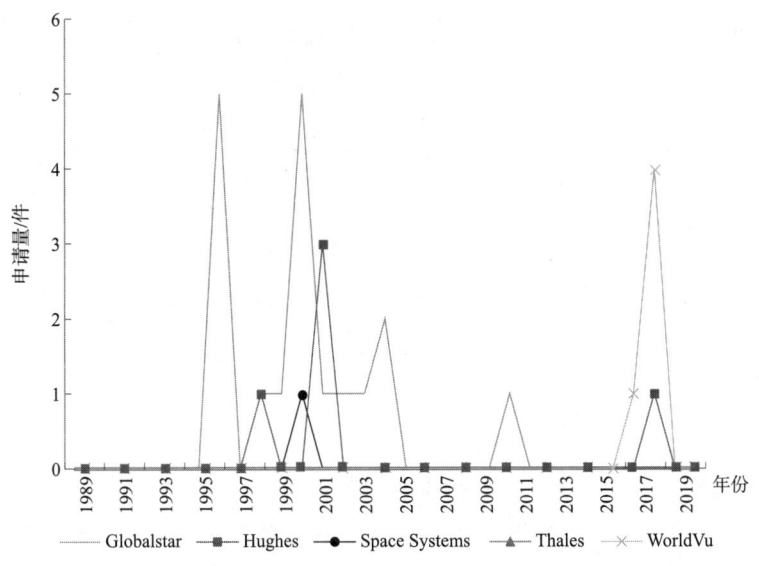

图6-3-43 其他主要申请人互联网接入全球专利申请趋势

早在 2000 年，Globalstar 就申请了专利 EP1024610A3，该方案涉及一种微型通信系统提供互联网接入的方法。如图 6－3－44 所示，该方法实现了最基础的方法，即建立一个网关，使得卫星通信数据接入互联网。

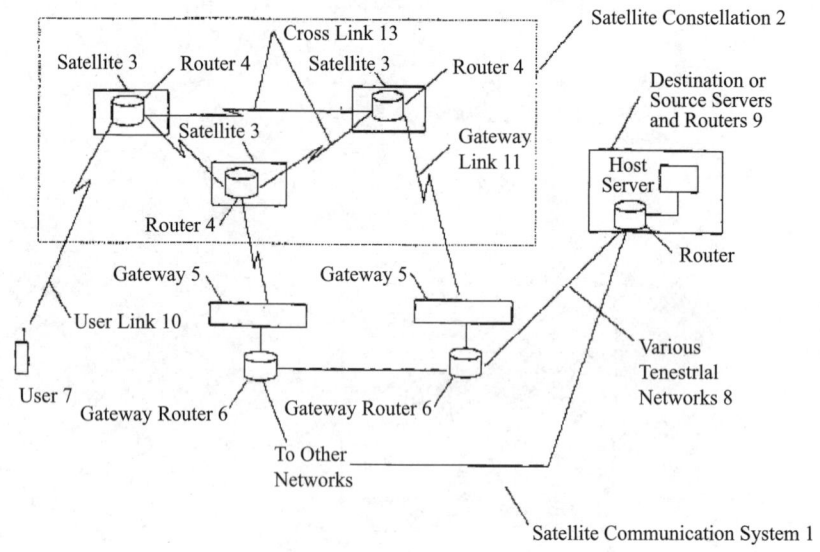

图 6－3－44　EP1024610A3 说明书附图

2017 年，WorldVu 申请了专利技术 US20170280326A1。相比上述早期的方案，在该方案中已经给出了详细的互联网接入的具体方法，精细的接入控制方法在该专利中被提出，该接入控制能够通过不同的用户或业务类型，动态地控制用户接入卫星网络的权限（见图 6－3－45）。

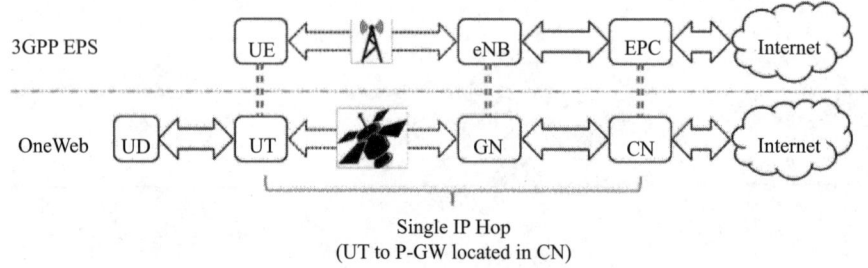

图 6－3－45　US20170280326A1 说明书附图

从以上代表性专利可以看出，互联网接入应用一直是低轨卫星数据服务一个必不可少的环节，但是在上一轮研发周期之后，随着整个行业的消沉，相关技术并没有得到深入的探索。但是在此轮研发周期内，由行业领导性企业，也就是国外其他主要申请人开始系统性规划星座建设以及相应的互联网接入方案。US20170280326A1 反映了行业内对具体的接入方法中的细节性方案已经有所探讨，未来可以预期更多的接入控制技术将被提出。

6.3.2.15 航空监视

如图 6-3-46 所示,与导航增强应用相同,国外其他主要申请人在航空监视方面的数据非常少,基本不具备趋势分析的基础,Thales 在 2009 年有过一些申请,并在此后没有其他的相关申请。

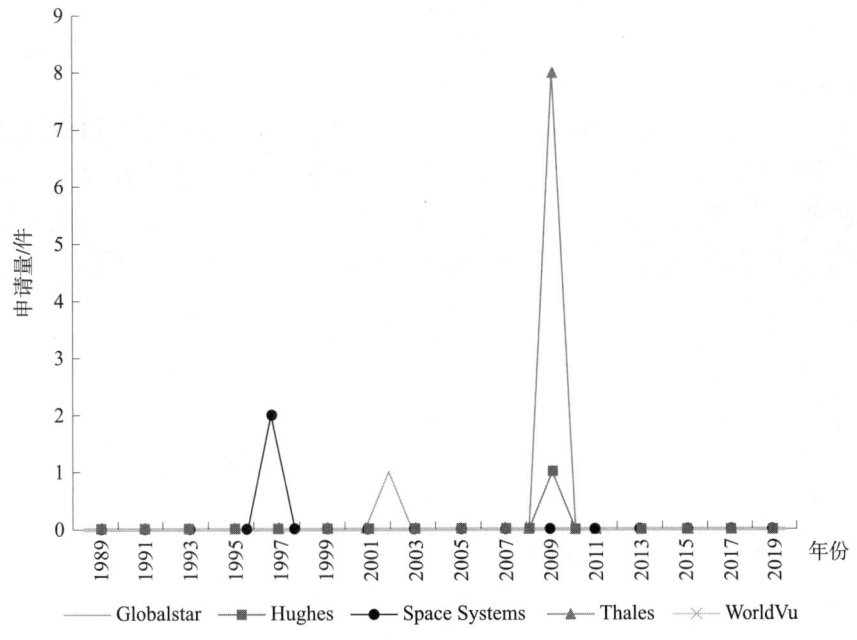

图 6-3-46 其他主要申请人航空监视全球专利申请趋势

6.3.3 小 结

通过本节的相关分析,我们可以得到除波音公司以外的主要国外申请人的一些总结性判断:

(1) 低轨卫星行业内的企业经历了具有清晰界限的两个研发周期,第一研发周期是 1992~2002 年的十年周期,第二研发周期在 2012 年之后。两个研发周期中间行业内经历了一个"失去的十年"。

(2) 传统卫星通信企业,例如 Globalstar、Space Systems、Thales、Hughes 在两个研发周期内均有活跃的表现。WorldVu 则作为新兴企业仅在本轮研发周期内活跃,但其表现非常积极,成绩显著。

(3) 第一研发周期内的技术集中在低轨卫星的基本功能方面,例如通信链路的物理层通信技术、提供互联网或蜂窝通信的基础网关技术、简单的星座管理或无线资源管理方法。这些专利技术或者已经失效,或者已经不具备参考价值。此外,第一研发周期内计算设备处理能力落后也决定了一些基础性问题无法得到解决。可以说,第一研发周期内的专利基本丧失经济和专利价值。

(4) 第二研发周期内的技术主要朝着建设可商用化的大规模低轨卫星星座而来。

从商业需求反向倒推的技术需求带来了大量使用突破性技术的方案,例如新型的组网构型、先进的星载信号处理能力、精细化的蜂窝无线资源管理、与地面网络全面融合的网络架构等方案均被提出。可以预见这些方法将成为持续性研发的技术方向,需要相关机构重点关注。

(5)国外其他主要申请人在第二研发周期内保持领先地位,拥有一定数量的高壁垒专利,能够形成"卡脖子"效应,对后来竞争者较为不利,并且这种壁垒仍然在增强。国内企业应该重视主要面临的专利风险。

(6)目前低轨卫星星座仍处在建设初期,本节主要申请人在专利部署方面也缺少足够的投入,在各技术方向上仍然存在较大的探索空间,是后来机构进行积极专利布局的好时机。

第 7 章　专利风险分析

以上章节从不同技术或申请人的专利角度进行识别或分析，但是分析均为从单个技术分支或申请人的角度来阐述某件专利的风险性。本章将结合行业整体趋势数据并汇总技术分支以及重点专利，生成以整个低轨卫星通信行业为视角的专利风险分析结论。行业专利风险分析的视角意味着任何一家新进入该行业的企业，将面临整个行业内领先企业构建的既有壁垒，以及未来产生的专利风险。也就是说，该视角旨在帮助新进企业得到行业专利风险是否会对自身发展造成毁灭性打击的战略性结论。

本章将重点对航空航天业领先企业波音公司，以及垂直行业领先企业如 Globalstar、Hughes、Space Systems、Thales、WorldVu 等企业的专利，结合其潜在的战略意图进行分析。由于这些企业极有可能成为低轨卫星行业的主导性企业，并会成为相关产品或标准的制定者，因此有足够的实力和动力在未来形成行业垄断性力量。因此，本章将尽可能挖掘相关数据背后潜在的行业性力量，以供参考。

课题组认为，低轨卫星通信行业面临的最主要的专利风险包括专利侵权风险、专利抢占风险和专利标准化风险 3 种。

7.1　专利侵权风险分析

专利侵权风险是最需要关注的一种专利风险。专利侵权可能导致巨额的专利使用费支出和专利诉讼，并可能导致市场禁令。因此专利侵权风险是最致命的专利风险，它对企业融资、产品上市、企业声誉甚至股价都将产生较为显著而直接的影响。因此，有别于常规的行业专利风险，作为一种特色专利分析方法，课题组专门对可能造成侵权风险的高威胁专利进行了专门的分析。

前面的章节分析了行业领先的申请人在一些重要技术方向上申请的较为关键的技术，这些技术中的一部分是通往未来全球全时通信覆盖的低轨卫星星座必由之路。这些关键性技术基本集中在行业 2012 年后的研发周期内，具有较高的壁垒性，可能对后来者产生"卡脖子"的效果，这些专利往往就是可能带来较高侵权风险的专利，需要重点防范。

7.1.1　专利侵权风险识别方法

为了便于理解专利风险分析过程，课题组将重要专利的风险进行分级管理，具体方法为：将一件专利置于一个细分的技术领域，并在该细分的技术领域内评估一件专利的威胁等级。

(1) 相关的等级定义

● 高风险：在该细分的技术领域内，该专利保护的技术属于不可替代或者在未来产品演进过程中属于必经之路的技术，应用前景好。同时，专利权利保护范围较大，专利规避难度高。被行业技术标准定义的专利技术也被列入高风险专利行列。

● 中风险：在该细分的技术领域内，该专利保护的技术属于具有较大创新的方法，可能成为未来被普遍采纳或标准化定义的技术方案，专利权利保护范围较大，但该方法不属于解决该领域问题的唯一解决方案，尽管对替代方案的具体细节和性能尚不明确，但存在其他替代的可能。

(2) 确定专利风险等级的方法

◆ 专利撰写质量：专利撰写质量是一件专利最重要的评价角度。一件撰写质量高的专利应当具备以下特点：一是独立权利要求简洁清晰，独立权利要求中应包含全部必要特征，同时保护范围尽可能宽广，不包含非必要特征；二是从属权利要求考虑全面，从属权利要求应尽可能地保护相关特征；三是说明书能够支持权利要求，并应当做到充分公开，即人们可以通过阅读说明书了解如何实施技术，尤其是权利要求提及的技术方案。

◆ 专利优先权/申请日：随着时间的推移，技术也在不断演进。若一件专利能在某项技术发展初期甚至更早进行申请，那么这件专利就可能拥有更大保护范围和更稳定的特征，因此更有可能经得住专利无效程序的挑战，具有更高的价值。

◆ 专利过往诉讼、无效及许可历史：若专利曾经历过诉讼、无效及许可等历史，则从一个维度证明该专利具有相对优秀的保护范围和相对稳定的权利要求，同时这种保护范围得到了业内一定程度的认可，这种稳定性也得到了法官一定程度的认可，因此具有更高的价值。

(3) 确定风险专利

按照上述风险等级定义，通过大量专利文献阅读，课题组梳理了当前行业内已公开的、具有较高侵权风险的专利，选取其中具有代表性的专利进行重点剖析。这 8 件专利与星载天线、星座组网构型、通信切换、姿态控制等相关，均是上述领域具有较高侵权风险的专利。如表 7-1-1 所示。

表 7-1-1　风险专利统计

公开号	发明名称	专利权人	技术分支	风险等级
US20180192298A1	用于定向相控阵天线的方法和系统	Hughes	星载天线	高
US20180288374A1	具有两用定向天线的低地球轨道航天器	Space Systems	星载天线	高
US20180022474A1	具有大量 LEO 卫星的星座配置	WorldVu	组网构型	高
EP3209088A1	具有有序分层小区覆盖的集成无线电通信系统	Thales	无线资源管理	高

续表

公开号	发明名称	专利权人	技术分支	风险等级
US20150271730A1	用于低地球轨道（LEO）卫星系统的有效切换的装置和方法	Hughes	移动性管理	高
US20170280326A	卫星互联网接入和运输的准入控制系统	WorldVu	互联网接入	高
US20180222604A1	通过激光烧蚀推进的卫星	Thales	卫星姿态控制	中
US20160244189A1	航天器具有空气动力学控制	Space Systems	卫星姿态控制	中

7.1.2 代表性专利分析

（1）US20180192298A1：用于定向相控阵天线的方法和系统（见图7-1-1和表7-1-2）。

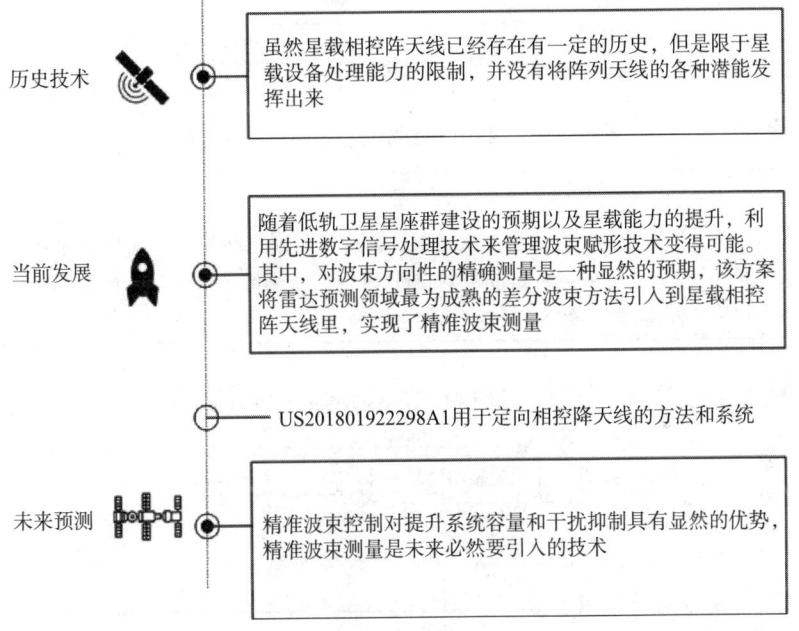

图 7-1-1　US20180192298A1 说明书附图

表 7-1-2　US20180192298A1 专利风险分析

创造性分析	在关键时间点创造性地引入即将成熟的技术
侵权风险分析	由于该方法是阵列天线指向性测量最成熟的方法，如果未来卫星侧普遍采用了精准波束测量的方法，Hughes将垄断卫星侧的阵列天线精准指向测量方法

（2）US20180288374A1：具有两用定向天线的低地球轨道航天器（见图7-1-2和表7-1-3）。

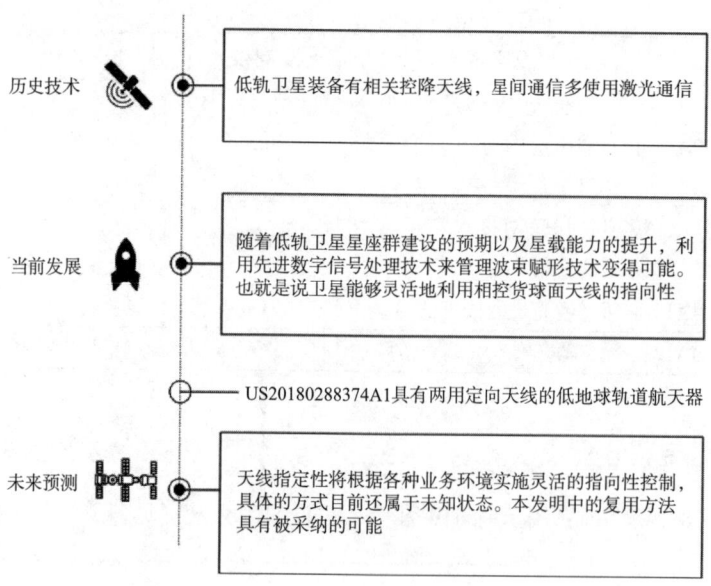

图 7-1-2　US20180288374A1 说明书附图

表 7-1-3　US20180288374A1 专利风险分析

创造性分析	创造性地复用了现有星载设备
侵权风险分析	该方案的核心为将卫星毫米波雷达复用到星间通信。如果该专利获得授权则意味着 Space Systems 将垄断这种使用毫米波天线灵活指向地面和临近卫星的方法

（3）US20180022474A1：具有大量 LEO 卫星的星座配置（见图 7-1-3 和表 7-1-4）。

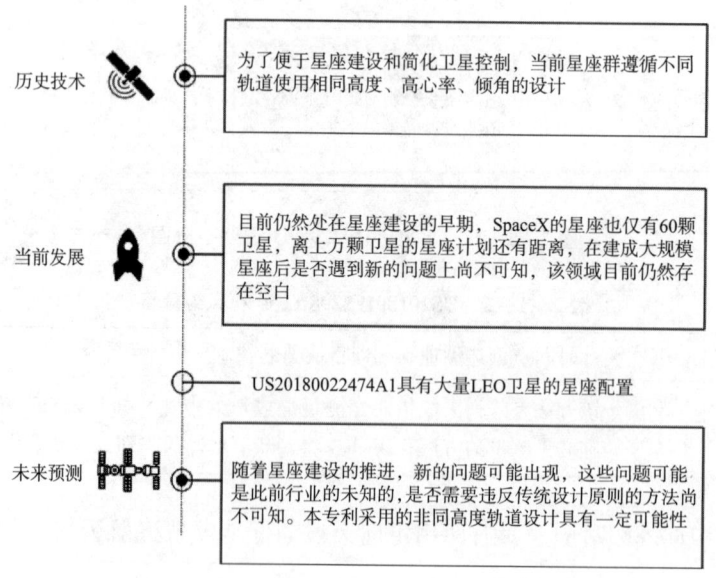

图 7-1-3　US20180022474A1 说明书附图

表7-1-4　US20180022474A1专利风险分析

创造性分析	引入了突破性的概念
侵权风险分析	如果获得授权，WorldVu将垄断具有不同高度的轨道的组网构型方法。虽然这种组网构型较为复杂，在卫星管理方面也有一定的挑战。但如果行业内普遍认可这种设计方案，则意味着WorldVu将在组网构型方法上具有垄断力量

（4）EP3209088A1：具有有序分层小区覆盖的集成无线电通信系统（见图7-1-4和表7-1-5）。

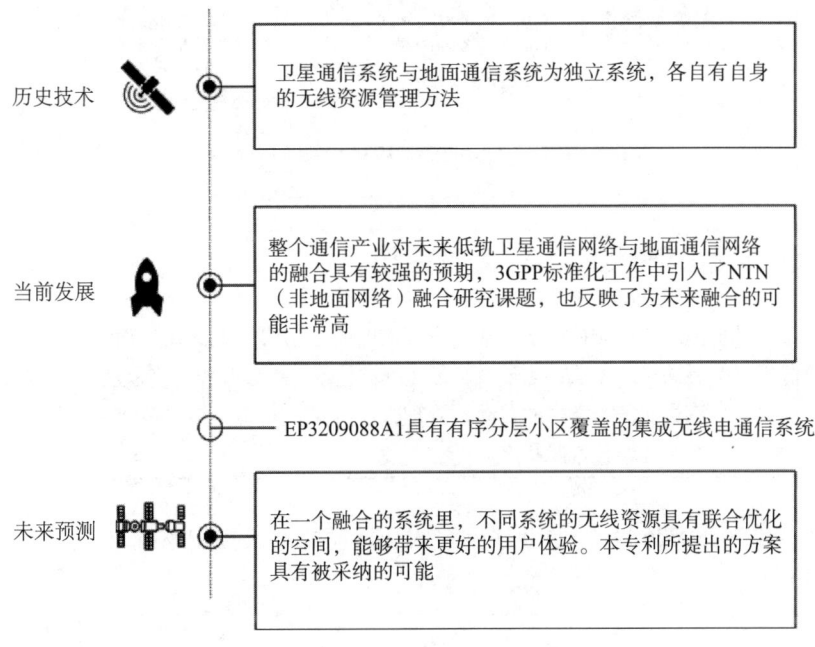

图7-1-4　EP3209088A1说明书附图

表7-1-5　EP3209088A1专利风险分析

创造性分析	在关键时间点引入了即将成熟的技术
侵权风险分析	Thales将在未来融合地面通信的卫星通信系统中垄断一种多层资源联合优化的方法。在行业发展后期，这种联合优化是一种必然趋势，如果采用的方法被该专利的方案所覆盖，Thales将在无线资源管理方面获得垄断性力量

（5）US20150271730A1：用于低地球轨道（LEO）卫星系统的有效切换的装置和方法（见图7-1-5和表7-1-6）。

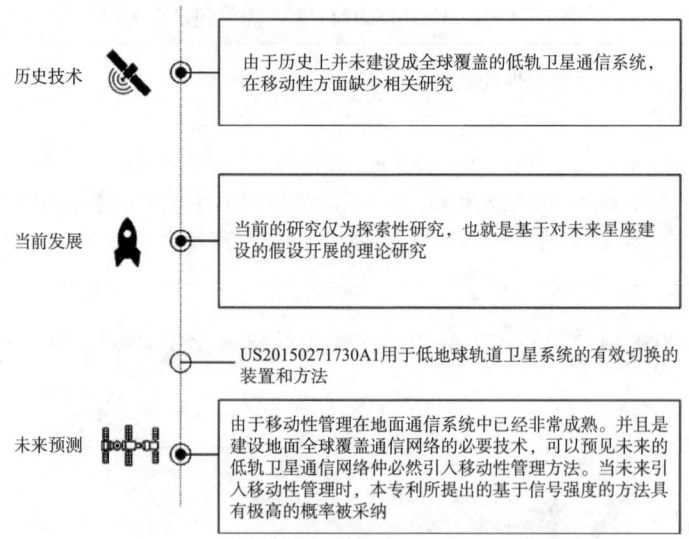

图 7-1-5　US20150271730A1 说明书附图

表 7-1-6　US20150271730A1 专利风险分析

创造性分析	在关键时间点引入了即将成熟的技术
侵权风险分析	尽管具体权利要求中存在一定的限定，但 Hughes 将垄断一种基于信号强度的卫星小区切换方法。基于信号强度的小区切换方法在地面移动通信中属于广泛采用的方法，属于被验证的可靠技术。可以预见，在星座建设初具规模后，则必然需要类似的移动性管理方法。也就是说，该专利正卡在短期未来中一个必要的技术路径之上

（6）US20170280326A：卫星互联网接入和运输的准入控制系统（见图 7-1-6 和表 7-1-7）。

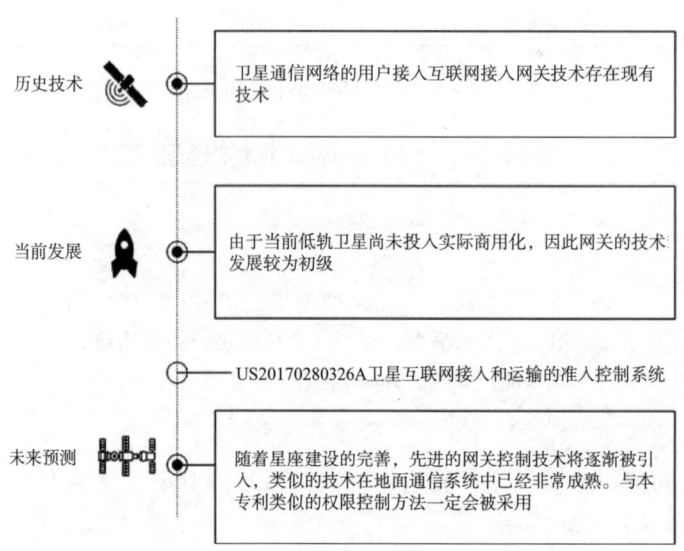

图 7-1-6　US20170280326A 说明书附图

表 7-1-7　US20170280326A 专利风险分析

创造性分析	在关键时间点引入了即将成熟的技术
侵权风险分析	如果获得授权，WorldVu 将垄断用户向低轨卫星接入的分级权限管理方法。该方法在可预见的未来将是必由之路，这是由于根据业务、用户权限、运营商策略等因素的分级权限管理已经在各种通信系统中广泛应用。该专利可以被认为是卡在低轨卫星通信的一个必要技术路径之上

（7）US20180222604A1：通过激光烧蚀推进的卫星（见图 7-1-7 和表 7-1-8）。

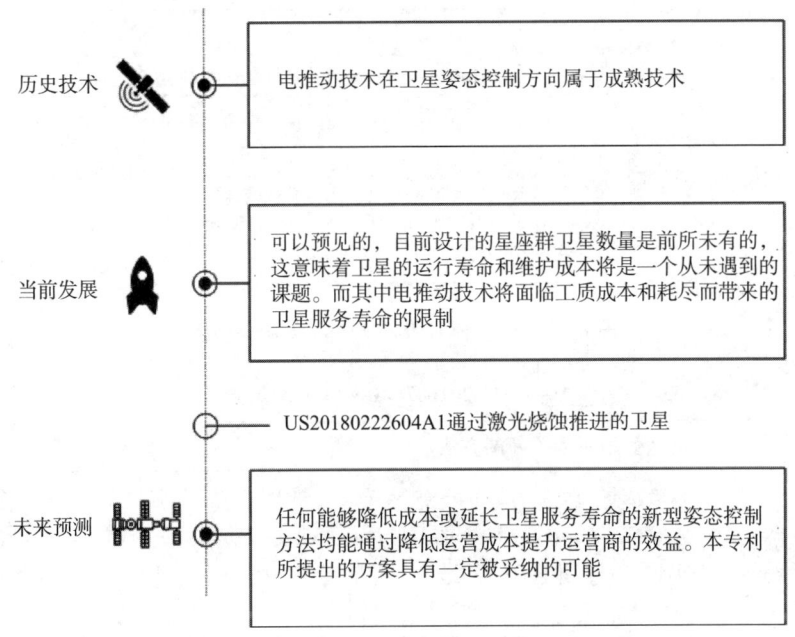

图 7-1-7　US20180222604A1 说明书附图

表 7-1-8　US20180222604A1 专利风险分析

创造性分析	创造性地引入了新的方法
侵权风险分析	该方法将为 Thales 提供一种新型的卫星姿态控制方法。虽然该方法具有较高的垄断性，但属于非必要技术，传统电推动技术仍然能实现相同的功能，无法产生垄断性效果

（8）US20160244189A1：航天器具有空气动力学控制（见图7-1-8和表7-1-9）。

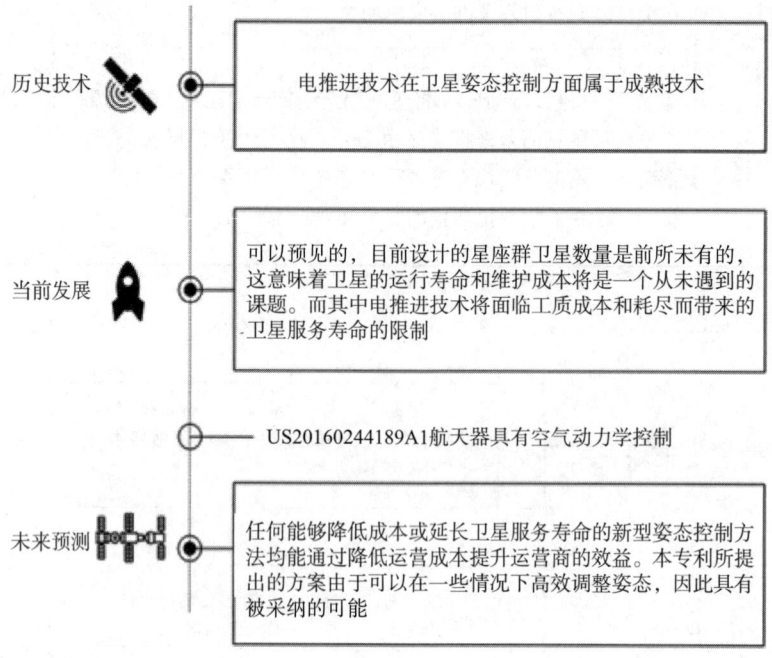

图7-1-8　US20160244189A1说明书附图

表7-1-9　US20160244189A1专利风险分析

创造性分析	创造性地引入了新的方法
侵权风险分析	该方法将为Space Systems独家提供一种无工质姿态控制方法，如果得以实施则意味着Space Systems的卫星运行寿命更长。当然，目前可用的电推动技术仍将可用，并且尚不知道该专利的无工质方法是否具有可工程化的性能，因此该专利具有可替代性

7.2　专利抢占风险分析

产品未动、专利先行，比竞争对手抢先一步把未来自己可能用到的、竞争对手可能用到的专利提前充分布局，这就是专利抢占。从一个企业的视角出发，竞争对手率先实现了专利抢占就构成了专利抢占风险。专利抢占风险是基础性专利风险，它的负面影响呈现一定滞后性，容易被忽略。但专利抢占风险一旦形成，则构成现实的专利壁垒，无论对特定企业还是对整个行业都形成巨大威胁，且在长时间内无法得到有效消除。

根据课题组得到的趋势数据、技术分支及相关的技术逻辑以及本章的现存风险专利分析，我们得以对整个低轨卫星通信技术发展的历程和专利布局的特征进行总结。由此，本小节将对低轨卫星未来中长期发展过程中存在的专利抢占风险进行分析和预测。

在操作层面，专利抢占风险是指虽然在当前没有识别相关的专利，但在可预见的高威胁技术方案存在被行业主导性企业抢先申请专利的风险。因此，抢占风险预测旨在对行业发展的关键技术路径进行预判，确定该路径是否存在被垄断的机会。本节将尝试给出抢占这些关键技术可能的技术研发和专利布局策略，以供相关机构参考。

7.2.1 专利抢占风险识别方法

课题组将尽可能遍历低轨卫星通信行业内各技术分支，并结合报告中的趋势数据以及高威胁专利，生成每个技术分支当前壁垒的高度以及对未来的预判。进一步，以上技术分支可以按照未来低轨卫星通信行业的发展，进行关键性预判。也就是说，关键性是从行业发展的角度来评价一个技术方向。具体技术的关键性划分可以遵循以下原则：

◆ 关键技术：在该技术满足预定性能指标之前，低轨卫星通信网络无法提供有竞争力的产品和服务。

◆ 重要技术：该技术能够提升某一方面的性能指标或用户体验，但该技术仅属于优化性方案，在缺少该技术时不影响低轨卫星通信网络的基本部署和应用。

◆ 无关技术：仅有少量部署价值，可有可无。

除了上述关键性的评价角度，还可以对某一技术方向未来是否可能存在垄断专利进行判断。当某一专利技术无法或很难被规避，即使在有竞争对手已经申请了相关专利情况下，行业内产品或服务也不得不采用该技术时，课题组将对其预测为存在垄断可能。反之，尽管该方向属于关键技术方向，但存在各种性能不同的解决方案，任何一件专利均无法垄断所有技术方案，则将对其预测为不存在垄断可能。也就是说，垄断性是从专利方案的可规避性角度来判断的。

本章结合对各技术分支的专利阅读及分析，对星上系统、无线通信、应用层等16个技术分支进行了分析，结论如表 7-2-1 至表 7-2-3 所示。

（1）星上系统专利抢占风险分析如表 7-2-1 所示。

表 7-2-1　星上系统风险专利分析

技术方向	细分技术方向	核心技术问题	是否为关键技术	是否存在壁垒	是否存在专利抢占风险
姿态控制	推动材料	低成本、高性能电推动工质	是	是（轻度）	是
	推动技术	姿态控制方法，包括使用的工质及控制方法	是	是（轻度）	否
	遥测控方法（TT&C）	遥测控相关的信号处理、发送及命令执行方法	是	否	否

续表

技术方向	细分技术方向	核心技术问题	是否为关键技术	是否存在壁垒	是否存在专利抢占风险
转发器	—	—	—	否	—
星载天线	相控阵天线结构设计	具有高精度、低重量、低成本的天线振元及结构设计	是	是（轻度）	是
星载天线	相控阵天线材料	具有高精度、低重量、低成本的天线制造材料	是	否	是
星载天线	接收波束对准	接收波束方向与地面站或邻近卫星的发送波束对准，包括发送波束方向的测量以及接收波束赋形的控制	是	是（轻度）	是
星载天线	发送波束对准	向地面站及邻近卫星的预订方向精准发射波束	是	否	是
星载天线	多波束管理	管理卫星侧的多个波束方向及功率，包括在不同时间、频率资源上管理波束资源	否	是（轻度）	否
星载天线	星-地波束管理	在对地面站和对邻近卫星的波束管理，包括资源复用以及干扰管理	是	否	否
星载天线	星-地波束复用	将同一组天线在对地面站及对邻近卫星的链路中复用	否	是（重度）	是
星载天线	波束形态	发送或接收的波束波形	否	否	否
星间链路	—	—	—	否	—

续表

技术方向	细分技术方向	核心技术问题	是否为关键技术	是否存在壁垒	是否存在专利抢占风险
组网构型	组网构型	设计有效的星座轨道、高度、倾角、离心率等	是	是（高度）	是
	星座管理	通过遥测控技术对星座进行管理和控制，包括单颗或多颗卫星的姿态及位置的控制	是	是（轻度）	是
	星座维护	对星座进行周期性的维护，包括卫星的报废以及更换	是	否	否

（2）无线通信方向专利抢占风险分析如表7-2-2所示。

表7-2-2 无线通信风险专利分析

技术方向	细分技术方向	核心技术问题	是否为关键技术	是否存在壁垒	是否存在专利抢占风险
空间网络	—	—	—	否	—
随机接入	随机接入	基于激光或无线电的星间通信链路的随机接入过程	是	是（轻度）	否
	载波同步及定时	载波频率估计及时间估计	是	否	否
	多址技术	适用于卫星通信的多址技术	否	否	否
	分布式接收	地面站采用分布式天线增强卫星信号接收可靠性	否	是（高）	是
调制编码	自适应调制编码	自适应调制编码，包括信道反馈	否	是（轻度）	否
	多载波调制	适用于卫星通信的多载波调制	否	否	否

续表

技术方向	细分技术方向	核心技术问题	是否为关键技术	是否存在壁垒	是否存在专利抢占风险
调制编码	功率控制	星间或星地信号功率控制方法	是	否	否
	重传控制	星间或星地重传控制	是	否	否
无线资源管理	无线资源复用	频谱资源在不同卫星之间的复用	是	是（轻度）	否
	信道分配	在同一卫星或小区内不同用户间的信道资源分配	是	否	否
干扰规避	干扰规避	通过对具体资源的管理以避免卫星之间以及卫星对地面终端的干扰	是	是（轻度）	否
移动性管理	移动性管理	由于卫星移动或终端移动带来的服务卫星或小区的切换，包括信号测量，切换流程	是	是（高度）	是
	与地面通信系统资源联合优化	对具有同时支持低轨卫星及地面通信系统的终端资源进行联合优化和控制	否	是（中度）	是

（3）应用层方向专利抢占风险分析如表7-2-3所示。

表7-2-3 应用层风险专利分析

技术方向	细分技术方向	核心技术问题	是否为关键技术	是否存在壁垒	是否存在专利抢占风险
物联网	—	—	—	否	—
导航增强	—	—	—	否	—
互联网接入	网关设计	接入互联网的网关设计	是	是（轻度）	是
	权限控制	用户权限管理	是	是（轻度）	是

续表

技术方向	细分技术方向	核心技术问题	是否为关键技术	是否存在壁垒	是否存在专利抢占风险
互联网接入	接入控制	基于业务的接入权限控制	否	是（高度）	是
	QoS 管理	QoS 管理	否	是（中度）	是
蜂窝融合通信	—	—	—	否	—
航空监视	—	—	—	否	—

从以上分析中，我们能够根据关键性以及未来产生垄断的可能性，总结出一定的结论。具体包括：

（1）在通信系统的通用技术中，不存在垄断的可能，众多方案已经属于现有技术，可以直接适用于低轨卫星通信系统。例如多载波调制、随机接入方法等。

（2）由于大规模低轨卫星星座从未被成功建设，随之而来的独有问题缺少足够的现有技术，任何解决相关问题的新手段均可能获得较大的专利保护范围，如果该技术分支恰巧是关键技术分支，则将形成强垄断。

（3）应用型技术仅能在某一种应用中产生垄断效果，由于不涉及基础架构的方案，较难产生行业级的垄断效果。

（4）星载天线、星座管理、组网构型、星地融合通信等领域是目前存在的主要专利抢占风险区。

7.2.2 小　　结

课题组根据本节的结果，整理出整个低轨卫星通信系统的抢占风险汇总，如表 7-2-4 所示，所述高抢占风险的技术问题，也意味着较好的专利布局机会。

表 7-2-4　低轨卫星通信系统风险专利分级

	关键技术	重要技术	无关技术
高垄断可能	相控阵天线结构 相控阵天线材料 接收波束对准 发送波束对准 推动材料 推动技术 组网构型 星座管理 移动性管理 网关设计 权限控制 接入控制	星-地波束复用 星座维护 与地面通信系统无线资源联合优化 QoS 管理	航空监视

续表

	关键技术	重要技术	无关技术
低垄断可能	星-地波束管理 遥测控方法 随机接入 载波同步及定时 自适应调制编码 多载波调制 多址技术 功率控制 重传控制 分布式接收 无线资源复用 信道分配 干扰规避	多波束管理 波束形态	物联网 导航增强

7.3 专利标准化风险分析

7.3.1 标准研究方法与意义

标准必要专利抢占风险是其中最主要的一种专利抢占风险。所谓标准必要专利，简单地讲就是为遵循标准而不得不实施的专利，具有强制实施性的特点，具有巨大的经济和战略价值。因此，国外专利实体都特别注重提前布局大量专利并伺机进行标准化。尽管符合全球标准的标准必要专利许可需要遵循"公平、合理和非歧视"（Fair, Reasonable and Non-Discriminatory，FRAND）原则，但高昂的许可费用会为企业带来沉重的成本负担，甚至间接导致企业无法参与竞争，退出市场。

当一个行业发展起来之后，行业标准化势在必行。标准是指在一定的范围内、经协商一致制定并由公认机构批准、共同且重复使用的规则；而标准化是为了实现这一目的，对现实问题或潜在问题制定共同使用和重复使用条款的活动。

合理的标准化活动将从以下几个方面推动行业发展：

（1）使用标准可以助力行业有序发展

当各企业各自分散地发展自身技术时，常常使得用户面临一个问题：来自不同企业的产品相互之间无法联动，无法兼容。因此，当行业缺乏统一的标准时，不同企业之间是相对封闭的，一个企业的发展并不能迅速转化为整个行业的发展，而是只能在相当长时间内促进自身发展。同时，对整个行业而言，这种技术壁垒将造成不同企业都需要针对同一技术重复进行研发，是对行业资源的重大浪费。

（2）标准化可以鼓励企业创新，推动新技术的诞生

企业创新的动力主要为经济利益因素，想在市场上抢得先机。而技术壁垒常常表现在专利布局上。专利侵权的判定常常比较复杂，技术难度较高，并不能很容易地为企业带来利益。而当行业开始标准化后，若企业所研发的新技术被纳入行业标准，既可以有效推动整个行业的技术发展，也能够为企业带来可观的专利许可利益。

（3）标准化可以推进中小型企业的发展

若行业缺乏标准化，大型企业将建立起更广泛的技术壁垒。中小型企业往往缺乏建立一整套产品的实力，而更倾向于对产品中的某一个模块进行改进和创新。当行业标准化实行较好的时候，中小型企业改进或创新的模块将有更广泛的适用性，而不需要针对多个复杂的、不兼容的产品进行调整，更加容易实现产业化。

如今，多个企业发布了自己的低轨卫星星座计划，低轨卫星通信行业的标准化也在逐步推进。

标准化对行业发展具有重大意义，课题组对国内外低轨卫星通信技术相关标准进行了全面调研和分析，主要方法和步骤如下：

（1）邀请专家进行集中研讨：邀请通信行业专家进行咨询，对国内外通信领域相关标准进行研讨，通过研讨确定标准的查询范围，同时在检索后对结果进行校验。

（2）资料查询与筛选：根据专家意见确定目前标准发展，国内标准在通标网（http：//www.ptsn.net.cn/）、中国标准化协会（http：//www.ccsa.org.cn/）进行检索，国外标准在3GPP（https：//www.3gpp.org/）、IEEE（https：//ieeexplore.ieee.org/）、ITU（https：//www.itu.int/）、ETSI（https：//www.etsi.org/）进行检索，最终确定相关标准范围。

（3）按时间顺序进行分析：在分析资料过程中，发现低轨卫星通信技术相关标准的发展具有阶段性，在不同时间体现出了不同特征，尤其是铱星技术和后续技术之间出现了断代，因此，最后采用时间顺序对标准进行分析，以更好地理解当前标准发展状态。

（4）对国内外进行差异化分析：在分析标准的过程中发现，目前标准主要处于开发阶段，还没有最终定论，国内外标准的发展并不同步，所以对国内外低轨卫星通信相关标准进行了分别分析。

7.3.2 国内低轨卫星通信标准发展

国内与卫星通信有关的标准最早可以追溯到1987年《国内卫星通信地球站工程设计暂行技术规定》，如今此规定已经作废。之后在1991～1999年中，每年国家都颁布针对不同方面的卫星通信标准，涵盖了命名、进网技术要求、VSAT地球站设计、测量方法等方面。但这时候的卫星通信技术标准并不是针对低轨卫星通信的技术标准，而是中高轨、主要针对电视广播以及定位等技术规范。

2000年是低轨卫星通信第一次进入国家标准的一年。在2000年1月1日，国家颁布了标准号为YD/T 1042—2000的《铱卫星移动通信系统技术要求》标准。此标准目

前可查信息较少,在标准网站已经不提供全文下载,但最新审核日期为2017年5月12日,可见标准尚处于有效状态,只是未对公众开放。同时,在之后十几年内,都没有再颁布和低轨卫星通信相关的标准。

尽管如今铱卫星的卫星通信主要为军方使用,在民用领域还没有被广泛推广开来,但此标准的诞生依然具有划时代的意义。

之后,通信标准没有再诞生单独针对低轨卫星通信的标准,但是,依然能够通过标准的变迁来看出低轨卫星通信标准化的发展。

在2013年之前,通信标准中颁布的与卫星通信有关的标准均是针对C频段和Ku频段。而在2013年颁布的标准号为YD/T 2476—2013的标准《卫星通信地球站设备 高功率变频放大器技术要求》首次将适用范围改成了"本标准适用于工作在C波段、Ku波段以及Ka波段的高功率变频放大器"。此标准是卫星地球站设备系统系列标准之一,该系列标准从一个较为宽泛的角度规定了地球站需要达到的技术指标,而没有更进一步细致的规定,如图7-3-1所示。

```
5 性能要求
5.1 工作频段范围
5.1.1 定义
    工作频段是指高功率变频放大器在线性工作状态下的实际工作频率范围。
5.1.2 指标要求
    高功率变频放大器的工作频段范围应满足:
    输出频率:
    • C频段:5850~6425MHz 或 5850~6650MHz;
    • Ku频段:12.75~13.25GHz 或 13.75~14.5GHz 或 14.0~14.5GHz;
    • Ka频段:27~31GHz(可分段覆盖)。
    输入频率:
    • L频段:950~1525MHz 或 950~1450MH 或 950~1750MHz;
    • 中频频段:70±18MHz 或 140±36MHz。
5.2 额定输出功率
5.2.1 定义及说明
    额定输出功率:指全频段范围内最大输出功率的最小值。SSPA指1dB压缩点输出功率。KPA、TWTA
    指饱和输出功率。
5.2.2 容限
    在设备工作环境条件下,高功率变频放大器的输出功率在工作频带内应不低于额定输出功率。
```

图7-3-1 YD/T 2476—2013标准节选图

在此之后颁布的卫星标准均将频率范围改成了包含Ka波段。Ka波段是电磁频谱的微波波段的一部分,Ka波段的频率范围为26.5~40GHz,具有可用带宽宽,干扰少,设备体积小的特点。因为Ka波段相比之前的C波段和Ku波段频带更宽,因此,Ka波段卫星通信系统可为高速卫星通信、千兆比特级宽带数字传输、高清晰度电视(HDTV)、卫星新闻采集(SNG)、VSAT业务、直接到户(DTH)业务及个人卫星通信等新业务提供一种崭新的手段。在之前,Ka波段主要用于星间通信,而在低轨卫星逐渐发展之后,许多低轨卫星星座的星地数据交换均计划采用Ka波段进行。

因此,卫星通信标准在2013年之后将支持的频段扩展到Ka波段可以看作是一种对于低轨卫星通信的预备(见表7-3-1)。

表 7-3-1 目前国内支持 Ka 波段的通信标准

标准号	标准名称	发布日期	状态
YD/T 5028—2018	国内卫星通信小型地球站（VSAT）通信系统工程设计规范	2018-12-21	有效
YD/T 5050—2018	国内卫星通信地球站工程设计规范	2018-12-21	有效
YD/T 2870—2015	卫星通信地球站设备　车载（移动中使用）天线和伺服系统测试方法	2015-07-14	有效
YD/T 2871—2015	卫星通信地球站设备　车载（静止中使用）天线和伺服系统测试方法	2015-07-14	有效
YD/T 2872—2015	卫星通信地球站设备　可搬运便携天线和伺服系统测试方法	2015-07-14	有效
YD/T 2472—2013	卫星通信地球站设备　低噪声放大器技术要求	2013-04-25	有效
YD/T 2473—2013	卫星通信地球站设备　高功率放大器技术要求	2013-04-25	有效
YD/T 2474—2013	卫星通信地球站设备　上下变频器技术要求	2013-04-25	有效
YD/T 2475—2013	卫星通信地球站设备　低噪声变频放大器技术要求	2013-04-25	有效
YD/T 2476—2013	卫星通信地球站设备　高功率变频放大器技术要求	2013-04-25	有效

从以上信息可以看出，我国在低轨卫星通信领域已经开展了一定的标准化工作，但这些标准还属于比较宽泛的标准，只定义了基本的技术规格要求，对于技术细节和方法等，还远没有达到移动通信网络（4G/5G）的标准化程度，因此，尚未有真正意义上符合国内低轨卫星通信技术的标准必要专利。随着低轨卫星的进一步发展，民用商用的逐渐增强，未来标准化将进一步推进，是企业难得的标准必要专利机遇。

7.3.3　国外低轨卫星通信标准发展

2018 年 6 月，3GPP RAN 全会（第三代合作项目）在美国圣地亚哥召开，会上公布了 5G 首个全球商业化标准，同时，欧洲航天局（ESA）网站于 2018 年 7 月 2 日发表评论文章称此次会议为 5G 与卫星的融合铺平了道路。

3GPP 成立于 1998 年 12 月，最初的工作范围是为第三代移动通信系统制定全球适用的技术规范和技术报告，这之后也积极地推进了 LTE、5G 的标准化工作。如今，随着智能手机的普及，3GPP 标准规范已经成为全球应用最广泛的通信标准规范之一。

3GPP 标准第一次引入卫星通信，是在 20 世纪 70 年代，在第 7 版标准中发布了题为 "Global Navigation Satellite System（GNSS）in UTRAN" 的研究项目，首次将和卫星有关的通信和地面移动网络结合。此时卫星通信的功能主要是基于 GNSS 的导航与定位。之后，在第8版中，对卫星导航进行了进一步的完善。

在这之后数年内，卫星通信并没有和地面移动网络进行进一步的融合，直到2010年3月的RAN第47次全会上，发布了编号为RP-100338的文件，规定了一个新的缩写：MSS（Mobile Satellite Service）。MSS是指为移动电话和可携带无线电话服务的卫星通信网络，相比之前的GNSS，此时的卫星通信和地面移动网络进一步融合（见表7-3-2）。

表7-3-2 MSS第一次进入3GPP标准时所修改内容

TS or CR（s）Or external document	Clause	Remarks
TS 36.101	5.1	Other frequency bands and channel bandwidths may be considered in future releases
TS 36.104	5.1	Other frequency bands and channel bandwidths may be considered in future releases
FCC 03-15, Report and Order and Notice of Proposed Rulemaking, IB Docket Nos. 01-185; 02-364	18 FCC Rcd 1962（2003）	Flexibility for Delivery of Communications by Mobile Satellite Service Providers in the 2 GHz Band, the L-Band, and the 1.6/2.4 Bands, Adopted: January 29, 2003, Released: February 10, 2003
In 2004, FCC granted SkyTerra license to reuse its satellite spectrum for terrestrial service	19 FCC Rcd 22144（2004）	
Second Order of Reconsideration	20 FCC Rcd 4616（2005）	
RP-010278	—	LS on Operating Frequency Band as a Release independent work item（From TSG-RAN to TSG-SA）

移动卫星服务采用的中低轨道卫星，通过多颗卫星完成移动通信的全球覆盖，然而此时应用最为广泛的系统依然是基于GPS的全球定位系统。在第12版标准中，3GPP增加了对北斗导航卫星系统的支持，依然是以导航定位为主的高轨卫星服务。

可以看出，在第16版本之前，标准中对于低轨卫星通信仅仅是有一定预备性的准备。

由于想要支持高速的卫星通信，低轨卫星比中高轨卫星具有明显的优势，因此，当最近数年低轨卫星进一步发展后，3GPP才开展了进一步的星地融合的推进。

在 2017 年底发布的技术报告 22.822 中，3GPP 工作组 SA1 对与卫星相关的接入网协议及架构进行了评估，并计划进一步开展基于 5G 的接入研究。在 2018 年，在第 16 版中，3GPP 启动了数个和卫星通信有关的研究项目。同时，在 2018 年 8 月，颁布了和卫星通信相关的标准 TR 38.821 "Technical Specification Group Radio Access Network; Solutions for NR to support non terrestrial networks（NTN）（Release 16）"第一版（见表 7-3-3）。

表 7-3-3　R16 卫星通信相关研究项目

UID	Code	Title	Release
800010	5GSAT	Integration of Satellite Access in 5G	Rel-16
770002	FS_5GSAT	… Study on using Satellite Access in 5G	Rel-16
800048	—	… Stage 1 of 5GSAT	Rel-16
800026	FS_5GSAT_ARCH	Study on architecture aspects for using satellite access in 5G	Rel-16
800099	FS_NR_NTN_solutions	Study on solutions for NR to support non-terrestrial networks（NTN）	Rel-16
830025	FS_5GSAT_MO	Study on management and orchestration aspects with integrated satellite components in a 5G network	Rel-16

从表 7-3-3 可以看出，2018 年启动的 R16 标准，对卫星通信和地面移动网络的融合达到了一个新的高峰。3GPP 提出了一个新的概念——非地面组网（Non-Terrestrial Networks，NTN）。

NTN 的目的和效果在于，卫星在一些要求广域覆盖的工业应用场景中具有显著优势，可以在地面 5G 覆盖的薄弱地区提供低成本的覆盖方案，对于 5G 网络中的 M2M/IoT，以及为高速移动载体上的乘客提供无所不及的网络服务，借助卫星优越的广播/多播能力，可以为网络边缘网元及用户终端提供广播/多播信息服务。

按照 3GPP 的定义，5G 网络中的 NTN 应用场景包括 8 个增强型移动宽带（eMBB）场景和 2 个大规模机器类通信（mMTC）场景。借助卫星的广域覆盖能力，可以使运营商在地面网络基础设施不发达地区提供 5G 商用服务，实现 5G 业务连续性，尤其是在应急通信、海事通信、航空通信及铁路沿线通信等场景中发挥作用。TR 38.821 规定的卫星网络架构可能包含的系统组成包括（见图 7-3-2）：

（1）NTN 终端：3GPP 用户终端（UE）和非 3GPP UE（卫星终端）；

（2）用户链路（Service Link）：UE 和卫星之间的链路；

（3）空间平台（Space Platform）：搭载弯管或者具备星上处理能力的卫星；

（4）星间链路（ISL：Inter-Satellite Links）：对于具备星上处理能力卫星间的链路；

（5）信关站（Gateway）：连接卫星和地面核心网的网元；

（6）馈电链路。

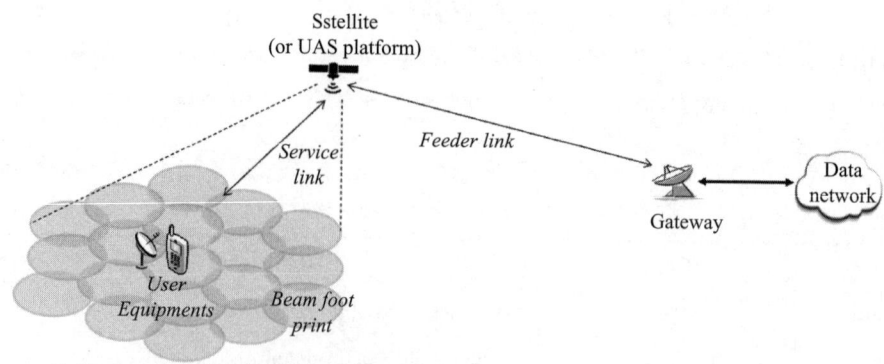

图7-3-2 标准TR 38.821中典型非地面组网结构

2019年10月，TR 38.821颁布了0.8.0版本，相比只有十几页的第一版，此时已经长达80页。但需要注意都是，TR系列编号的标准是研究报告，并不是最终的技术规范，同时，此时标准依然主要是从架构和应用场景方面对卫星通信，同时遗留下了诸多待解决的问题，以供各个研发企业进一步提出自己的方案。

尽管3GPP对于非地面组网的研究和国内一样，尚处于研究阶段，但通过这几年频繁的版本迭代和会议讨论，可以发现3GPP正在大力推进这一研究。对企业而言，这是一个机遇：标准正在逐步推进，提出许多仍待解决的问题，正在面向成员征集解决方案，若能在这个过程中占得先机，将在未来的行业发展中取得进一步的优势。

7.3.4 潜在的标准相关专利布局

虽然目前相关标准尚处于研究阶段，但已经有企业开始对非地面组网技术进行布局。由于标准化方向尚未明晰，技术细节还未有定论，还没有实际上的标准必要专利诞生，课题组统计了相关技术专利（见表7-3-4）。可以看出，高通、三星等公司已经在随机接入、数据重传、干扰等关键方向进行了专利布局，这些专利是潜在的标准必要专利。

表7-3-4 NTN方向专利布局

公开（公告）号	发明名称	申请日	当前申请（专利权）人	相关技术
WO2018220077A1	A network device for use in a wireless communication network and an end-to-end over-the-air test and measurment system for one or more network devices	2018-05-30	Fraunhofer-gesellschaft zur förderung der angewandten forschung e. v.	测量与测试

续表

公开（公告）号	发明名称	申请日	当前申请（专利权）人	相关技术
WO2019063108A1	System for non-terrestrial communications	2017-10-25	Fraunhofer-gesellschaft zur förderung der angewandten forschung e. v.	数据重传
CN106575992A	用于有助于源自非地面网络的通信的系统和方法	2015-05-29	GOGO 有限责任公司	语音通信
US20170272131A1	Interference mitigation systems in high altitude platform overlaid with a terrestrial network	2016-03-16	Google llc	干扰规避
WO2019195446A1	Hybrid automatic repeat request (HARQ) techniques for non-terrestrial networks	2019-04-03	Idac holdings, inc.	数据重传
WO2019195457A1	Timing advance for non-terrestrial network communication	2019-04-03	Idac holdings, inc.	定时提前
WO2019161044A1	Random access in a non-terrestrial network	2019-02-14	Idac holdings, inc.	随机接入
WO2019160737A1	Methods and procedures for HARQ management in nr-based non-terrestrial networks	2019-02-07	Idac holdings, inc.	数据重传
WO2019170867A1	Bearer configuration for non-terrestrial networks	2019-03-08	Ipcom gmbh & co. kg	数据重传
GB201910721D0	Improvements in and relating to HARQ in a non-terrestrial network	2019-07-26	Samsung Electronics Co. Ltd.	承载
GB201812978D0	Method and apparatus for signalling for group handover or cell re-selection in non-terrestrial networks	2018-08-09	Samsung Electronics Co. Ltd.	小区切换与重选

续表

公开（公告）号	发明名称	申请日	当前申请（专利权）人	相关技术
WO2019216706A1	Method and apparatus for performing random access in wireless communication system	2019－05－10	Samsung Electronics Co., Ltd.	随机接入
WO2019107961A1	Method and apparatus for improving in and relating to integrated access and backhaul and non terrestrial networks	2018－11－29	Samsung Electronics Co., Ltd.	回程与接入
GB2573569A	Improvements in and relating to random access in a telecommunication network	2018－05－11	Samsung Electronics Co., Ltd.	随机接入
WO2019097922A1	Terminal device, base station device and method	2018－10－15	Sony Corporation	定时提前
WO2019201810A1	Wireless communications apparatus and methods	2019－04－12	Sony Corporation, Sony Europe B. V.	移动性管理

第 8 章 结论和建议

课题组通过对低轨卫星通信行业的专利数据和关键技术进行分析，较好地掌握了低轨卫星通信技术和产业发展趋势、面临的国内外专利风险、标准化进展、未来技术创新和专利布局的方向。

8.1 技术和市场发展阶段判断

大规模低轨卫星星座通信发展迅速，应用层专利申请活跃，行业规模化商业应用快速临近。

（1）国外主流星座建设进展明显，发展势头良好

如图 8-1-1（见文前彩色插图第 2 页）所示，全球低轨卫星通信领域专利技术发展主要呈现出三个阶段。

第一阶段（1990~1999 年），低轨卫星通信始于 20 世纪 90 年代，其中最有代表性的低轨卫星移动通信系统是铱星系统、轨道通信卫星系统和全球星系统。在此发展阶段，低轨卫星通信技术的应用层创新研发加大投入，早期系统只能支持用于车辆和飞行器的通信，不能支持大量的小型终端用户。技术和市场等多重因素导致铱星、轨道通信卫星、全球星三个星座先后申请破产保护。整个行业经历了短暂的快速上升期，此后快速回落。

第二阶段（2000~2009 年），全球低轨卫星通信技术的专利申请维持在一个较低的水平，技术创新以储备为主进入缓慢发展阶段。全球创新主体中，以波音为首的航空制造公司及 GPS 的产业规模化带动导航增强领域快速发展，无线通信技术发展相对卫星的星上系统通信技术创新发展加快，包括 LEO 蜂窝星地融合通信、物联网、互联网接入、导航增强，而卫星系统包括姿态控制、转发器等专利布局数量相对较少。这表明应用层面的研发已经有相当的规模，从技术角度来看，低轨卫星通信技术距离大规模应用已经有一定的基础。

第三阶段（2010~2018 年），全球航天科技和电子信息技术的进步降低了卫星研制、量产和发射的成本，而卫星通信资费的降低和数据传输速率的提升又催生出时时互联的互联网，相继有多个低轨卫星移动通信系统被开发出来并投入运行，专利申请量大幅上升。以 OneWeb 为代表、由初创型公司引领的第二次低轨通信星座建设潮流迅速蔓延至全球，获得大额的产业内外融资，建设进程不断加快，低轨卫星通信技术发展开始迈入实质性创新建设阶段，专利技术呈现出应用层专利布局进一步加强，空间网络、随机接入等代表大规模星间及星地通信加大，星上系统稳步推进。国外主流星

座建设速度不断加快，边建边用是主要特点。

（2）国内星座建设以及科研院所为主，紧跟国外发展

国内申请人主要集中在科研院所、国有航天企业、高校，航天科技投资的鸿雁星座和航天科工投资的虹云星座于2018年底发射了首颗实验星，计划2022年左右正式投入运营，紧跟国外发展节奏。同时，民营资本介入活跃，银河航天、九天微星等多家民营公司均提出了星座计划，2016年以来，国内在该领域的专利申请量激增。

（3）专利申请量持续攀升，特别是在应用层布局

低轨卫星通信领域关键技术专利分布中，卫星系统的姿态控制、转发器等近两年大量专利申请涌现，但专利布局数量相比应用层较少，星上系统关键技术经过几十年的积累建设基础，技术创新在一定程度上满足目前组网需求。

无线通信方面的空间网络、随机接入、无线资源管理等是星地无线通信研发的重点，是保证低轨卫星通信应用能否被市场接受的关键，与卫星无线资源稀缺有关，提高频谱利用效率、降低传输时延等关键技术问题的解决促使专利出现创新集中。

此外，应用层低轨卫星通信的LEO蜂窝星地融合通信、物联网、互联网接入、导航增强技术创新相对突出，成为低轨卫星通信技术主要专利布局领域，为该领域创新技术的大规模推广使用奠定基础。从专利申请涉及的技术来看，高威胁专利集中在组网构型、星载天线、卫星姿态控制、干扰规避、通信切换等星上系统和无线通信领域，均属行业内基础核心技术范畴，应用层专利虽多，但未形成"关键垄断"，可开发余地仍很大。当前低轨通信行业的商业化发展仍处于技术发展的上升阶段，市场空间很大。

8.2 国内企业面临的专利风险

国内低轨卫星通信行业面临国外机构的专利风险已经形成，而且正在加强。

（1）低轨星座建设不是并存关系，专利战和市场战不可避免

国外的星座和国内的星座之间不是并存关系，而是相互竞争的关系，因此市场战、专利战必不可免，未来将对国内星座发展、产业生态形成等产生重大的影响。从频轨资源抢占到技术研发布局，再到业务应用开展等均面临着巨大、严峻且急迫的国际竞争形势。

（2）以波音为代表的国外申请人在中国有相当数量的专利布局

波音、Globalstar、WorldVu等典型的国外低轨卫星系统公司在中国均有数量不等的专利布局。其中，波音在中国申请的相关专利最多，近100项，申请超过了国内所有的专利申请人。可以看出，国外公司在中国的专利布局意识较强，可能导致将来中国企业哪怕只在中国进行生产和销售，也可能构成对国外公司的专利侵权。

（3）国内申请人海外专利布局极少

通过大量专利阅读，进行区域分析后发现，中国除了鸿富锦精密工业（深圳）有限公司在国外有个位数的专利申请外，其他申请人国外专利申请均几乎为零。

这将导致两种可能的风险。第一，国内申请人如果在海外进行产品生产或销售，

将得不到任何专利保护。第二，如果国外机构对中国企业提出专利侵权指控，中国企业可能无合适的专利用于反制，尤其当国外机构在中国有专利申请但自己不在中国进行产品生产和销售的情况。

（4）威胁程度较高的专利集中在国外申请人手里

波音、Hughes、WorldVu 等国外申请人分别在组网构型、干扰控制等关键技术方向布局了一些技术先进、权利保护范围大、应用前景广、规避措施少的高威胁专利，其中一些是潜在的标准必要专利。而我们尚未看到国内申请人开展有组织的标准必要专利培育。

我们分析看到，国内一些企业、高校、科研院所拥有为数众多的专利，但其中拥有的高威胁专利数量极少。这就意味着中国申请人随时可能受到国外机构的专利侵权指控或将面临国外竞争对手的专利挤压，而中国申请人却没有相应的反制手段。

从以上几个方面分析，可以判断国内低轨卫星通信行业面临国外机构的专利风险已经形成，而且正在加强。因此国内申请人要未雨绸缪，尽快采取专利风险防范措施。

8.3 技术创新和专利布局机会

通过本课题研究可以发现，存在如下几个创新空间较大、市场应用前景广的方向。

（1）LEO 蜂窝星地融合通信应用技术

2019 年 11 月，我国正式宣布成立国家 6G 技术研发推进工作组和总体专家组，标志着中国的 6G 技术研发工作正式启动。按照目前业界的理解，6G 网络将实现卫星与地面网络之间的深度融合和空天地海无缝覆盖与应用，是牵引未来信息技术发展的重大方向。也是国外多个低轨星座当前发展受到各国政府支持力度不断加大的背景原因，建议应加快卫星与地面融合应用技术的专利布局和技术研发，推动我国在卫星+5G 甚至 6G 网络方向抢占先发优势，服务国家的总体战略利益布局。

当前，LEO 蜂窝星地融合通信技术有关的专利申请数量并不多，其当前研究热点主要集中在多址接入、切换（移动性管理）、调制编码和功率控制等技术方向上，课题组认为这些方向仍有较大的创新潜力。具体包括移动性管理、网关设计、权限控制、接入控制、接收波束对准、发送波束对准等。

对于 LEO 提供蜂窝通信的回程链路，业界有一定的探讨，但从专利角度来看，仍属于专利技术空白点，值得进一步挖掘。

（2）智能星座管理

大规模卫星部署背景下，高效的运管技术（如自主运管）对星座的效能起到了重要甚至决定性的作用。星座根据任务需求，智能分配卫星资源实现任务目标，能够在无人干预下实现星座的长期自主运行，并且能够在单星功能故障或受损的情况下，进行星座的智能重构，不降低星座的整体能力。

（3）LEO 星载天线

与 GEO 或 MEO 相比，LEO 需要同时容纳更多的用户接入，更多的用户接入必然导致用户干扰的增大。因此，在 LEO 中通过相控阵天线技术实现波束成形可以起到减低用户间干扰、提高信道容量的目的。LEO 星载天线在低轨通信系统的部署中具有非常重要的作用，且面临很大的挑战，创新空间大。目前仍存在很多需要解决的问题，比如相控阵天线的小型化。

（4）LEO 组网构型

现有的第一代星座一般拥有 60~70 颗卫星，以窄带通信为主，但随着第二代大规模星座的部署，动辄上千上万颗卫星的部署，极有可能出现新的问题。当前卫星组网构型方向专利空白点较多，可以提前布局，规避可能出现的专利风险。比如，国外申请人提出了利用 GEO 和 LEO 结合提供卫星组网的技术。

8.4 其他建议

（1）加大全球专利申请布局力度并适当前置

低轨卫星通信行业的高威胁专利主要掌握在国外申请人手里。课题组认为一个主要原因在于国内申请人还不擅长实施前瞻式专利布局模式。所谓前瞻式专利布局模式就是指专利先行，技术和产品研发在后，而国内申请人习惯于技术和产品研发在前，专利申请在后。从专利申请时间上可以看出这个趋势非常明显。国外申请人的专利申请趋势往往能体现当年投资多当年专利申请就多，比如 WorldVu 相当一部分专利都属于尚在实验室阶段甚至概念阶段的技术。比其他人更早申请专利，就更容易获得较大的权利保护范围，抢占专利布局先机。而国内申请人在专利申请时机上相对保守，往往是投入研发资金数年后才能看到规模化专利申请，要获得保护范围大、应用前景广的专利就变得更困难了。

照此发展，如果低轨卫星通信行业未来能规模化发展，那么极有可能重蹈今天移动通信行业每年要支付巨额专利使用费的局面。因此，国内申请人应该尽快进行全球化专利的前瞻性布局。

（2）积极推进专利与标准融合发展

低轨卫星通信领域创新主体应更多参与国际交流与竞争，将专利与技术标准融合发展作为知识产权工作未来发展的方向之一。同时，在肯定专利技术标准化正确方向的同时，也应清醒地意识到，实现专利技术标准化需要一个长期的过程，不可能一蹴而就，应根据国际、国内标准的编制需求，遵从标准化组织的专利政策和规则，逐步将保有的优势技术融入或嵌入标准中，体现该领域的技术优势，以赢得行业或国际声誉。

行业内领头企业应对相关政策、法规信息进行不断的跟踪、分析，同时也需要根据技术领域内竞争对手、优势企业的态势变化，及时做出相应的战略调整。通过主动布局，沿"联盟模式"的途径，从实施途径选择、方案设计、目标技术确定，到实现专利技术标准化后的标准实施、相关专利技术许可等，系统规划、合理布局，在未来专利与技术标准融合发展中取得预期效果。

(3) 进一步推进产学研深度融合

通过前面的研究可以发现，我国的企业、科研院所和高校对各技术领域都有相应的专利申请，但从整体来看，研究力量整体规模不大、研究领域分散的情况还比较突出，竞争实力不强。因此，应进一步推进产学研深度融合，在关键技术研发领域开展多层次的合作与交流，发挥我国在低轨通信技术领域的整体实力。

(4) 密切跟踪国际发展，不断增强中国的话语权

低轨卫星通信星座的建设是一项复杂的系统工程，除了技术方面外，与低轨频谱、轨位、轨道碎片、废弃卫星的处理等有关的一系列政策法律问题也是目前国际上研究的热点。中国在开展低轨卫星通信系统工程论证和建设的同时，应密切关注相关的政策法律问题，及时提供中国方案，在国际舞台上维护中国的权益，发出属于中国的声音。

附录　主要申请人名称约定表

约定名称	对应申请人名称
航天五院	中国航天科技集团第五研究院 中国航天科技集团公司五院 中国空间技术研究院 China Academy of Space Technology
北京空间飞行器总体设计部	航天五院 501 部 Beijing SpaceAerocraft Collectivity Design Section Beijing Space Aerocraft General Design Department
北京控制工程研究所	北京控制工程研究所 Beijing Institute of Technology Beijing Control Engineering Research Institute
哈尔滨工业大学	哈尔滨工业大学 哈尔滨工业大学深圳研究院 Harbin Institute of Technology Harbin Institute of Technology Shenzhen Graduate School
北京邮电大学	北京邮电大学 Beijing University of Posts and Telecommunications
西安电子科技大学	西安电子科技大学 Xi'an University of Electronic Science and Technology
北京信威通信技术股份有限公司	北京信威永胜通信技术有限公司 北京信威通信技术股份有限公司
波音	波音公司 BOEING The Boeing Company THE BOEING COMPANY THE BOEING COMPANY SEATTLE BOEING CO MCDONNEL DOUGLAS CORP C/O THE BOEING CO BOEINGDEFENSE & SPACE GROUP BOEING AEROSPACE & ELECTRONICS THE BOEING CO BOEING COMMERCIAL AIRPLANES GROUPS BOEING NORTHAMERICAN

续表

约定名称	对应申请人名称
Iridium	铱星公司 IRIDIUM LLC IRIDIUM LIMITED IRIDIUM IP, LLC IRIDIUM LTD, SPOL, S R. O. IRIDIUM SATELLITE LLC IRIDIUM DYNAMICS PTY LTD IRIDIUM INVESTMENTS (PTY) LTD IRIDIUM COMMUNICATION INC. IRIDIUM DEVELOPMENTS PTY LTD IRIDIUM MEDICAL TECHNOLOGY CO., LTD.
WorldVu	一网公司 世界卫星有限公司 WorldVu（OneWeb） OneWeb LTD WORLDVU LLC ONEWEB LUX, SA WORLDVU SATELLITES WorldVu Satellites Limited WORLDVU SATELLITES LIMITED
高通	高通公司 高通股份有限公司 高通連接經驗公司 高通科技股份有限公司 夸尔柯姆股份有限公司 Qualcomm Incorporated QUALCOMM INC. QUALCOMM INCORPORATED QUALCOMM TECHNOLOGIES, INC. QUALCOMM CONNECTED EXPERIENCES, INC. QUALCOMM TECHNOLOGIES INTERNATIONAL, LTD.
Globalstar	全球星公司 环球星有限合伙人公司 環球星有限合伙人公司 GLOBALSTAR L. P. GLOBALSTAR L. P. SAN JOSE

续表

约定名称	对应申请人名称
空客	空中客车公司 空客防务与航天 空中客车防务和空间有限责任公司 AIRBUS DS SAS Airbus Defence and Space AIRBUS DEFENCE & SPACE AIRBUS DEFENCE AND SPACE SAS Airbus Defence and Space Limited AIRBUS ONEWEB SATELLITES SAS ASTRIUM SAS ASTRIUM LTD
Space Systems	劳拉空间系统公司 加拿大麦克唐纳·德特威勒公司 加拿大 MDA 公司 MacDonald Dettwiler and Associates Ltd. Space Systems SPACE SYSTEMS SPACE SYSTEMS/LORAL, INC.
Thales	泰雷兹 泰勒斯公司 泰雷兹集团公司 泰雷斯集团公司 泰雷兹阿莱尼亚宇航瑞士有限公司 Thales Alenia Space THALES THALES GROUP THALES PARIS THALES AVIONICS S. A. THALES CANADA INC. THALES NEDERLAND B. V. THALES HOLDINGS UK PLC THALES RAYTHEON SYSTEMS COMPANY SAS HALES ALENIA SPACE ITALIA S. P. A. CON UNICO SOCIO

续表

约定名称	对应申请人名称
Hughes	休斯电子公司 HUGHES ELECTRONICS HUGHES NETWORK SYST HUGHES NETWORK SYSTEMS, LLC Hughes Network Systems，LLC HUGHES ELECTRONICS CORPORATION
Ico 服务公司	ICO 服務股份有限公司 Ico Services Ltd ICO SERVICES LTD
摩托罗拉	摩托罗拉公司 摩托羅拉公司 摩托罗拉移动公司 摩托罗拉解决方案公司 MOTOROLA MOTOROLA INC. MOTOROLA LIMITED MOTOROLA MOBILITY LLC MOTOROLA, INC., A CORPORATION OF THE STATE OF DELA-WARE
Maxlinear	迈凌有限公司 最大線性股份有限公司 Maxlinear inc MAXLINEAR, INC. MAXLINEAR ISRAEL LTD MAXLINEAR INCORPORATED MAXLINEAR ASIA SINGAPORE PTE LTD MAXLINEAR ASIA SINGAPORE PRIVATE LIMITED
SpaceX	美国太空探索技术公司

图 索 引

图 2-1-1 低轨卫星通信全球专利申请趋势（11）
图 2-1-2 低轨卫星通信全球专利公开趋势（12）
图 2-1-3 低轨卫星通信全球主要申请人专利申请量排名（12）
图 2-1-4 低轨卫星通信全球专利申请地域分布（13）
图 2-1-5 低轨卫星通信全球专利技术分支分布（14）
图 2-1-6 低轨卫星通信全球专利法律状态统计（14）
图 2-2-1 低轨卫星通信中国专利申请趋势（15）
图 2-2-2 低轨卫星通信国内主要申请人专利申请排名（15）
图 2-2-3 低轨卫星通信专利国内主要省市申请排名（16）
图 2-2-4 低轨卫星通信专利中国专利申请法律状态（16）
图 3-1-1 卫星姿态控制全球专利申请趋势（19）
图 3-1-2 卫星姿态控制全球专利申请地域分布（20）
图 3-1-3 卫星姿态控制全球主要申请人专利申请量排名（21）
图 3-1-4 专利 US5791598 示意图（21）
图 3-2-1 星载天线全球专利申请趋势（23）
图 3-2-2 星载天线全球专利申请地域分布（24）
图 3-2-3 星载天线全球主要申请人专利申请量排名（24）
图 3-2-4 US08/384789 专利附图（25）
图 3-2-5 US08/642454 专利附图（26）
图 3-2-6 EP0956612A1 专利附图（27）
图 3-2-7 公开号 CN104852759A 专利附图（27）
图 3-2-8 EP2485328A1 专利附图（28）
图 3-2-9 US16/062966 专利附图（28）
图 3-3-1 转发器全球专利申请趋势（30）
图 3-3-2 转发器全球专利申请地域分布（30）
图 3-3-3 转发器全球主要申请人专利申请量排名（31）
图 3-3-4 EP1085680A2 专利附图（32）
图 3-4-1 星间链路全球专利申请趋势（33）
图 3-4-2 星间链路全球专利申请地域分布（33）
图 3-4-3 星间链路全球主要申请人专利申请量排名（34）
图 3-4-4 US5430729 专利附图（34）
图 3-5-1 组网构型全球专利申请趋势（36）
图 3-5-2 组网构型全球地域分布（36）
图 3-5-3 组网构型全球主要申请人专利申请量排名（37）
图 3-5-4 EP0746498B1 专利附图（37）
图 3-5-5 US5884142 专利附图（38）
图 4-1-1 空间网络技术领域全球专利申请趋势（43）
图 4-1-2 空间网络技术领域全球专利申请主要国家或地区分布（44）
图 4-1-3 空间网络技术领域全球主要申请人专利申请量排名（45）
图 4-1-4 CN105099947B 专利附图（46）
图 4-1-5 CN106230719B 专利附图（46）
图 4-2-1 随机接入技术领域全球专利申请趋势（48）
图 4-2-2 随机接入技术领域全球专利区域分

图 索 引

图 4-2-3 随机接入技术领域全球主要申请人专利申请量排名 （49）
图 4-2-4 US9191778B2 示意图 （50）
图 4-2-5 US10104594B2 示意图 （50）
图 4-2-6 CN104506267A 示意图 （52）
图 4-2-7 多址接入技术领域全球专利申请趋势 （54）
图 4-2-8 多址接入技术领域全球专利申请主要国家和地区分布 （54）
图 4-2-9 低轨通信卫星系统多址接入技术全球主要专利申请人排名 （55）
图 4-2-10 CN104378152A 说明附图 （56）
图 4-2-11 US10128949B2 说明附图 （57）
图 4-2-12 FFML 实现框图 （57）
图 4-2-13 上行帧结构 （60）
图 4-2-14 下行帧结构 （60）
图 4-2-15 CN105024748B 示意图 （60）
图 4-2-16 随机接入领域技术专利功效矩阵 （61）
图 4-3-1 自适应调制编码原理框图 （62）
图 4-3-2 信道估计过程图 （63）
图 4-3-3 调制编码技术领域全球专利申请趋势 （63）
图 4-3-4 调制编码技术领域中国专利申请趋势 （64）
图 4-3-5 调制编码技术领域全球专利申请区域分布 （64）
图 4-3-6 调制编码技术领域全球主要申请人专利申请量排名 （65）
图 4-3-7 EP2974072A1 说明附图 （66）
图 4-4-1 干扰规避技术领域全球专利申请趋势 （68）
图 4-4-2 干扰规避技术领域中国专利申请趋势 （68）
图 4-4-3 干扰规避技术领域全球专利申请区域分布 （69）
图 4-4-4 干扰规避技术领域全球主要申请人专利申请量排名 （70）
图 4-4-5 CN107809298B 说明附图 （70）
图 4-4-6 EP1955090A2 说明附图 （71）
图 4-5-1 低轨卫星无线资源管理体系 （73）
图 4-5-2 无线资源管理技术领域全球专利申请趋势 （74）
图 4-5-3 无线资源管理技术领域全球专利申请主要国家和地区分布 （74）
图 4-5-4 无线资源管理技术领域主要申请人专利申请量排名 （75）
图 4-5-5 US6240124 说明附图 （76）
图 4-5-6 CN106254003B 说明附图 （77）
图 4-6-1 移动性管理技术领域全球专利申请趋势 （79）
图 4-6-2 移动性管理技术领域中国专利申请趋势 （79）
图 4-6-3 移动性管理技术领域全球专利申请主要国家和地区分布 （80）
图 4-6-4 移动性管理技术领域全球主要申请人专利申请量排名 （81）
图 5-1-1 物联网应用技术领域全球专利申请趋势 （85）
图 5-1-2 物联网应用技术领域全球专利申请来源国家/地区分布 （86）
图 5-1-3 物联网应用技术领域全球主要申请人专利申请量排名 （86）
图 5-1-4 CN108134835A 说明书附图 （88）
图 5-1-5 US20150318916A1 说明书附图 （88）
图 5-2-1 导航增强应用技术领域全球专利申请趋势 （90）
图 5-2-2 导航增强应用技术领域全球专利申请来源国家/地区分布 （91）
图 5-2-3 导航增强应用技术领域全球主要申请人专利申请量排名 （92）
图 5-2-4 CN106646517A 说明书附图 （93）
图 5-2-5 CN107229061A 说明书附图 （94）
图 5-3-1 LEO 蜂窝星地融合通信技术领域全球专利申请趋势 （96）
图 5-3-2 LEO 蜂窝星地融合通信技术领域全球专利申请来源国家/地区分布 （97）
图 5-3-3 LEO 蜂窝星地融合通信技术领域全球主要申请人专利申请量排名 （97）

205

图5-3-4	CN106850431A 说明书附图 (99)		图6-1-12	波音随机接入技术专利申请趋势 (121)
图5-3-5	CN106253964A 说明书附图 (99)		图6-1-13	波音调制编码技术专利申请趋势 (122)
图5-3-6	LEO蜂窝星地融合通信技术专利功效矩阵 (100)		图6-1-14	波音干扰规避技术专利申请趋势 (122)
图5-4-1	互联网接入技术领域全球专利申请趋势 (102)		图6-1-15	波音低轨卫星通信应用关键技术专利申请分布 (123)
图5-4-2	互联网接入技术领域全球专利申请来源国家/地区分布 (103)		图6-1-16	波音物联网技术专利申请趋势 (124)
图5-4-3	互联网接入技术领域全球主要申请人专利申请量排名 (104)		图6-1-17	波音互联网接入技术专利申请趋势 (124)
图5-4-4	CN109547096A 说明书附图 (105)		图6-1-18	波音LEO蜂窝星地融合通信技术专利申请趋势 (125)
图5-4-5	CN109037968A 说明书附图 (105)		图6-1-19	波音导航增强技术专利申请趋势 (126)
图5-5-1	航空监视技术领域全球专利申请趋势 (108)		图6-1-20	波音航空监视技术专利申请趋势 (126)
图5-5-2	航空监视技术领域全球专利申请来源国家/地区分布 (109)		图6-1-21	波音航天器设计与控制技术专利申请趋势 (127)
图5-5-3	航空监视技术领域全球主要申请人专利申请量排名 (109)		图6-1-22	波音航天器设计与控制技术全球专利区域分布 (128)
图5-5-4	CN108693545A 说明书附图 (110)		图6-1-23	EP1110862B1 说明书附图 (128)
图5-5-5	CN108768492A 说明书附图 (111)		图6-1-24	US20150197350A1 说明书附图 (129)
图6-1-1	波音低轨卫星通信专利申请趋势 (114)		图6-1-25	US20180194495A1 说明书附图 (130)
图6-1-2	波音低轨卫星通信专利美国和其他国家分布占比 (114)		图6-1-26	波音无线通信技术专利申请趋势 (130)
图6-1-3	波音低轨卫星通信全球专利主要国家/地区分布 (114)		图6-1-27	波音无线通信技术全球专利布局 (131)
图6-1-4	波音低轨卫星通信专利申请法律状态 (115)		图6-1-28	CN100367689C 说明书附图 (131)
图6-1-5	波音低轨卫星通信专利IPC分类排名 (115)		图6-1-29	CN1327636C 说明书附图 (132)
图6-1-6	波音星上系统关键技术专利申请分布 (117)		图6-1-30	波音无线通信技术专利申请趋势 (133)
图6-1-7	波音星载天线技术专利申请趋势 (117)		图6-1-31	波音无线通信技术全球专利区域分布 (133)
图6-1-8	波音星载天线技术全球专利区域分布 (118)		图6-1-32	US20160095109A1 说明书附图 (134)
图6-1-9	波音转发器技术专利申请趋势 (118)		图6-1-33	US20170318610A1 说明书附图 (134)
图6-1-10	波音星间链路技术专利申请趋势 (119)			
图6-1-11	波音无线通信关键技术专利分布 (120)			

图6-1-34	US10206161B2说明书附图 (135)	图6-3-8	低轨卫星通信Space Systems专利申请趋势 (148)
图6-1-35	波音导航与定位增强技术专利申请趋势 (135)	图6-3-9	低轨卫星通信Space Systems专利申请地域布局 (148)
图6-1-36	波音导航与定位增强技术全球专利区域分布 (136)	图6-3-10	低轨卫星通信Thales专利申请趋势 (149)
图6-1-37	EP2227702A1说明书附图 (137)	图6-3-11	低轨卫星通信Thales专利申请地域布局 (149)
图6-1-38	US10036813B2说明书附图 (137)	图6-3-12	低轨卫星通信WorldVu专利申请趋势 (150)
图6-1-39	US20170261616A1说明书附图 (138)	图6-3-13	低轨卫星通信WorldVu专利申请地域布局 (150)
图6-1-40	波音数据传输与交换技术专利申请趋势 (138)	图6-3-14	其他主要申请人星载天线全球专利申请趋势 (151)
图6-1-41	波音数据传输与交换技术全球专利区域分布 (139)	图6-3-15	多径卫星通信系统的天线系统 (152)
图6-1-42	CN103548308B说明书附图 (139)	图6-3-16	US20180192298A1说明书附图 (153)
图6-1-43	US20170063944A1说明书附图 (140)	图6-3-17	US20180288374A1说明书附图 (154)
图6-1-44	波音低轨卫星技术专利演进分析（彩图1）	图6-3-18	其他主要申请人转发器全球专利申请趋势 (154)
图6-2-1	航天五院低轨卫星通信专利申请趋势 (142)	图6-3-19	CN1140942A说明书附图 (155)
图6-2-2	航天五院低轨卫星通信专利关键技术分布 (142)	图6-3-20	其他主要申请人卫星姿态控制全球专利申请趋势 (156)
图6-2-3	航天五院低轨卫星通信产学研主要专利技术分布 (143)	图6-3-21	EP0785132A1说明书附图 (156)
图6-2-4	航天五院低轨卫星通信领域各技术分支专利引证和被引证数量对比 (143)	图6-3-22	US20160244189A1说明书附图1 (157)
图6-3-1	国外其他主要申请人低轨卫星通信领域专利申请趋势 (145)	图6-3-23	US20160244189A1说明书附图2 (157)
图6-3-2	低轨卫星通信领域5位主要申请人专利申请趋势 (145)	图6-3-24	US20180222604A1说明书附图 (158)
图6-3-3	低轨卫星通信领域5位主要申请人专利区域分布 (146)	图6-3-25	其他主要申请人星间链路全球专利申请趋势 (158)
图6-3-4	低轨卫星通信Globalstar专利申请趋势 (146)	图6-3-26	其他主要申请人组网构型全球专利申请趋势 (159)
图6-3-5	Globalstar专利申请地域布局 (147)	图6-3-27	US20180022474A1说明书附图 (160)
图6-3-6	低轨卫星通信Hughes专利申请趋势 (147)	图6-3-28	其他主要申请人空间网络技术全球专利申请趋势 (160)
图6-3-7	低轨卫星通信Hughes专利申请地域布局 (147)	图6-3-29	其他主要申请人调制编码全球专

	利申请趋势 （161）	图6-3-44	EP1024610A3 说明书附图 （170）
图6-3-30	US20180167133A1 说明书附图 （161）	图6-3-45	US20170280326A1 说明书附图 （170）
图6-3-31	其他主要申请人干扰规避技术全球专利申请趋势 （162）	图6-3-46	其他主要申请人航空监视全球专利申请趋势 （171）
图6-3-32	CN107210805A 说明书附图 （163）	图7-1-1	US20180192298A1 说明书附图 （175）
图6-3-33	其他主要申请人无线资源管理全球专利申请趋势 （163）	图7-1-2	US20180288374A1 说明书附图 （176）
图6-3-34	EP3209088A1 说明书附图 （164）	图7-1-3	US20180022474A1 说明书附图 （176）
图6-3-35	其他主要申请人移动性管理全球专利申请趋势 （164）	图7-1-4	EP3209088A1 说明书附图 （177）
图6-3-36	US20150271730A1 说明书附图 （165）	图7-1-5	US20150271730A1 说明书附图 （178）
图6-3-37	其他主要申请人物联网全球专利申请趋势 （166）	图7-1-6	US20170280326A 说明书附图 （178）
图6-3-38	WO2006116118A1 说明书附图 （167）	图7-1-7	US20180222604A1 说明书附图 （179）
图6-3-39	EP3025439A1 说明书附图 （167）	图7-1-8	US20160244189A1 说明书附图 （180）
图6-3-40	其他主要申请人导航增强全球专利申请趋势 （168）	图7-3-1	YD/T 2476—2013 标准节选图 （188）
图6-3-41	其他主要申请人 LEO 蜂窝星地融合通信全球专利申请趋势 （168）	图7-3-2	标准 TR 38.821 中典型非地面组网结构 （192）
图6-3-42	US14880855 说明书附图 （169）	图8-1-1	低轨卫星通信关键技术专利发展阶段 （彩图2）
图6-3-43	其他主要申请人互联网接入全球专利申请趋势 （169）		

表 索 引

表1-1-1 低轨卫星通信系统主要应用 （1-2）

表1-4-1 低轨卫星通信技术分解 （8-9）

表1-4-2 低轨卫星通信技术专利检索结果 （9-10）

表3-3-1 低轨卫星通信处理转发器主要构成及功能 （29）

表3-6-1 星上系统关键技术申请趋势表现 （38）

表4-1-1 空间网络技术领域全球专利申请主要国家和地区法律状态 （44）

表4-2-1 主要的MAC随机接入协议 （47）

表4-2-2 多址接入技术领域全球专利申请主要国家和地区法律状态 （55）

表4-2-3 信号同步专利汇总 （58-59）

表4-3-1 调制编码技术领域全球专利申请主要国家和地区法律状态 （64-65）

表4-4-1 干扰规避技术领域全球专利申请主要国家和地区法律状态 （69）

表4-5-1 无线资源管理技术领域全球专利申请主要国家和地区法律状态 （74）

表4-6-1 移动性管理技术领域全球专利申请主要国家和地区专利法律状态 （80）

表6-1-1 波音低轨卫星通信专利分类统计 （116）

表6-1-2 波音卫星姿态控制技术专利 （119）

表6-1-3 波音空间网络技术专利 （120）

表6-3-1 低轨卫星通信国外5位主要申请人专利分布对比 （151）

表7-1-1 风险专利统计 （174-175）

表7-1-2 US20180192298A1专利风险分析 （175）

表7-1-3 US20180288374A1专利风险分析 （176）

表7-1-4 US20180022474A1专利风险分析 （177）

表7-1-5 EP3209088A1专利风险分析 （177）

表7-1-6 US20150271730A1专利风险分析 （178）

表7-1-7 US20170280326A专利风险分析 （179）

表7-1-8 US20180222604A1专利风险分析 （179）

表7-1-9 US20160244189A1专利风险分析 （180）

表7-2-1 星上系统风险专利分析 （181-183）

表7-2-2 无线通信风险专利分析 （183-184）

表7-2-3 应用层风险专利分析 （184-185）

表7-2-4 低轨卫星通信系统风险专利分级 （185-186）

表7-3-1 目前国内支持Ka波段的通信标准 （189）

表7-3-2 MSS第一次进入3GPP标准时所修改内容 （190）

表7-3-3 R16卫星通信相关研究项目 （191）

表7-3-4 NTN方向专利布局 （192-194）

书　号	书　名	产业领域	定价	条　码
9787513006910	产业专利分析报告（第 1 册）	薄膜太阳能电池 等离子体刻蚀机 生物芯片	50	
9787513007306	产业专利分析报告（第 2 册）	基因工程多肽药物 环保农业	36	
9787513010795	产业专利分析报告（第 3 册）	切削加工刀具 煤矿机械 燃煤锅炉燃烧设备	88	
9787513010788	产业专利分析报告（第 4 册）	有机发光二极管 光通信网络 通信用光器件	82	
9787513010771	产业专利分析报告（第 5 册）	智能手机 立体影像	42	
9787513010764	产业专利分析报告（第 6 册）	乳制品生物医用 天然多糖	42	
9787513017855	产业专利分析报告（第 7 册）	农业机械	66	
9787513017862	产业专利分析报告（第 8 册）	液体灌装机械	46	
9787513017879	产业专利分析报告（第 9 册）	汽车碰撞安全	46	
9787513017886	产业专利分析报告（第 10 册）	功率半导体器件	46	
9787513017893	产业专利分析报告（第 11 册）	短距离无线通信	54	
9787513017909	产业专利分析报告（第 12 册）	液晶显示	64	
9787513017916	产业专利分析报告（第 13 册）	智能电视	56	
9787513017923	产业专利分析报告（第 14 册）	高性能纤维	60	
9787513017930	产业专利分析报告（第 15 册）	高性能橡胶	46	
9787513017947	产业专利分析报告（第 16 册）	食用油脂	54	
9787513026314	产业专利分析报告（第 17 册）	燃气轮机	80	
9787513026321	产业专利分析报告（第 18 册）	增材制造	54	

书 号	书 名	产业领域	定价	条 码
9787513026338	产业专利分析报告（第19册）	工业机器人	98	
9787513026345	产业专利分析报告（第20册）	卫星导航终端	110	
9787513026352	产业专利分析报告（第21册）	LED照明	88	
9787513026369	产业专利分析报告（第22册）	浏览器	64	
9787513026376	产业专利分析报告（第23册）	电池	60	
9787513026383	产业专利分析报告（第24册）	物联网	70	
9787513026390	产业专利分析报告（第25册）	特种光学与电学玻璃	64	
9787513026406	产业专利分析报告（第26册）	氟化工	84	
9787513026413	产业专利分析报告（第27册）	通用名化学药	70	
9787513026420	产业专利分析报告（第28册）	抗体药物	66	
9787513033411	产业专利分析报告（第29册）	绿色建筑材料	120	
9787513033428	产业专利分析报告（第30册）	清洁油品	110	
9787513033435	产业专利分析报告（第31册）	移动互联网	176	
9787513033442	产业专利分析报告（第32册）	新型显示	140	
9787513033459	产业专利分析报告（第33册）	智能识别	186	
9787513033466	产业专利分析报告（第34册）	高端存储	110	
9787513033473	产业专利分析报告（第35册）	关键基础零部件	168	
9787513033480	产业专利分析报告（第36册）	抗肿瘤药物	170	
9787513033497	产业专利分析报告（第37册）	高性能膜材料	98	
9787513033503	产业专利分析报告（第38册）	新能源汽车	158	

书号	书名	产业领域	定价	条码
9787513043083	产业专利分析报告（第39册）	风力发电机组	70	9787513043083
9787513043069	产业专利分析报告（第40册）	高端通用芯片	68	9787513043069
9787513042383	产业专利分析报告（第41册）	糖尿病药物	70	9787513042383
9787513042871	产业专利分析报告（第42册）	高性能子午线轮胎	66	9787513042871
9787513043038	产业专利分析报告（第43册）	碳纤维复合材料	60	9787513043038
9787513042390	产业专利分析报告（第44册）	石墨烯电池	58	9787513042390
9787513042277	产业专利分析报告（第45册）	高性能汽车涂料	70	9787513042277
9787513042949	产业专利分析报告（第46册）	新型传感器	78	9787513042949
9787513043045	产业专利分析报告（第47册）	基因测序技术	60	9787513043045
9787513042864	产业专利分析报告（第48册）	高速动车组和高铁安全监控技术	68	9787513042864
9787513049382	产业专利分析报告（第49册）	无人机	58	9787513049382
9787513049535	产业专利分析报告（第50册）	芯片先进制造工艺	68	9787513049535
9787513049108	产业专利分析报告（第51册）	虚拟现实与增强现实	68	9787513049108
9787513049023	产业专利分析报告（第52册）	肿瘤免疫疗法	48	9787513049023
9787513049443	产业专利分析报告（第53册）	现代煤化工	58	9787513049443
9787513049405	产业专利分析报告（第54册）	海水淡化	56	9787513049405
9787513049429	产业专利分析报告（第55册）	智能可穿戴设备	62	9787513049429
9787513049153	产业专利分析报告（第56册）	高端医疗影像设备	60	9787513049153
9787513049436	产业专利分析报告（第57册）	特种工程塑料	56	9787513049436
9787513049467	产业专利分析报告（第58册）	自动驾驶	52	9787513049467

书号	书名	产业领域	定价	条码
9787513054775	产业专利分析报告（第59册）	食品安全检测	40	
9787513056977	产业专利分析报告（第60册）	关节机器人	60	
9787513054768	产业专利分析报告（第61册）	先进储能材料	60	
9787513056632	产业专利分析报告（第62册）	全息技术	75	
9787513056694	产业专利分析报告（第63册）	智能制造	60	
9787513058261	产业专利分析报告（第64册）	波浪发电	80	
9787513063463	产业专利分析报告（第65册）	新一代人工智能	110	
9787513063272	产业专利分析报告（第66册）	区块链	80	
9787513063302	产业专利分析报告（第67册）	第三代半导体	60	
9787513063470	产业专利分析报告（第68册）	人工智能关键技术	110	
9787513063425	产业专利分析报告（第69册）	高技术船舶	110	
9787513062381	产业专利分析报告（第70册）	空间机器人	80	
9787513069816	产业专利分析报告（第71册）	混合增强智能	138	
9787513069427	产业专利分析报告（第72册）	自主式水下滑翔机技术	88	
9787513069182	产业专利分析报告（第73册）	新型抗丙肝药物	98	
9787513069335	产业专利分析报告（第74册）	中药制药装备	60	
9787513069748	产业专利分析报告（第75册）	高性能碳化物先进陶瓷材料	88	
9787513069502	产业专利分析报告（第76册）	体外诊断技术	68	
9787513069229	产业专利分析报告（第77册）	智能网联汽车关键技术	78	
9787513069298	产业专利分析报告（第78册）	低轨卫星通信技术	70	